高等学校计算机基础教育规划教材

C语言程序设计

（第3版）

向　艳　周天彤　主　编
潘亚平　程起才　副主编

清华大学出版社
北京

内 容 简 介

为了切合当前C语言的发展和教学的需要，对《C语言程序设计（第2版）》进行修订而形成了本书。本书以程序设计为中心，由浅入深地介绍了C语言和程序设计的基本概念和要点，把语言和算法紧密结合。依照"适用"加"实用"的原则，适当调整了教材内容，重点更加突出。调整后的主要内容包括：C程序设计入门、顺序结构程序设计、选择结构程序设计、循环结构程序设计、函数、数组、指针、结构体与共用体、动态数组与链表、文件、综合应用案例等。

本书体系合理，篇幅适中，重点突出，文字通俗易懂，内容由浅入深，知识点言简意赅，是初学者学习C语言程序设计的理想教材，可作为高等院校学生学习C语言程序设计课程的主教材，也适合计算机培训班或自学的读者使用。

图书在版编目（CIP）数据

C语言程序设计/向艳，周天彤主编. —3版. 北京：清华大学出版社，2018（2021.8重印）
（高等学校计算机基础教育规划教材）
ISBN 978-7-302-50771-0

Ⅰ. ①C… Ⅱ. ①向… ②周… Ⅲ. ①C语言－程序设计－高等学校－教材 Ⅳ. ①TP312

中国版本图书馆CIP数据核字（2018）第177391号

责任编辑：袁勤勇
封面设计：常雪影
责任校对：时翠兰
责任印制：宋 林

出版发行：清华大学出版社
网 址：http://www.tup.com.cn，http://www.wqbook.com
地 址：北京清华大学学研大厦A座 **邮 编：**100084
社 总 机：010-62770175 **邮 购：**010-83470235
投稿与读者服务：010-62776969，c-service@tup.tsinghua.edu.cn
质量反馈：010-62772015，zhiliang@tup.tsinghua.edu.cn
课件下载：http://www.tup.com.cn，010-83470236
印 装 者：三河市君旺印务有限公司
经 销：全国新华书店
开 本：185mm×260mm **印 张：**24.5 **字 数：**568千字
版 次：2008年9月第1版 2018年10月第3版 **印 次：**2021年8月第8次印刷
定 价：59.00元

产品编号：080637-01

前言

C语言是当今世界上广泛流行的一门程序设计语言，深受广大程序员和编程爱好者的喜爱。C语言不仅适用于开发系统软件，而且也是用于开发应用软件和进行大规模科学计算的常用编程语言。

由于C语言的基本概念复杂，内容丰富，使用灵活，一些初学者会发现，学习C语言的过程是一个充满挫折的艰难过程。一方面觉得学习C语言内容枯燥，难度大；另一方面即便学完了C程序设计课程，但一旦要用C语言来独立编写一些解决实际问题的程序时会感到无从下手。为此，作者通过认真分析和研究，并结合长期从事C程序设计课程教学的实践经验，于2008年编写了《C语言程序设计》一书，由清华大学出版社出版，至今共出版了两个版次。

《C语言程序设计》一书在使用中得到了广大读者的肯定，并提出了不少宝贵的意见，在此表示感谢。此次对本书做第二次修订，主要基于以下原因：

(1) 现代计算机技术不断发展，C语言及编程技术也在发展中，教材内容要与时俱进，推陈出新。

(2) 作者在教学实践和教学改革中积累了一些新的经验，对学生的学习心理有了更深刻的认识和了解。

(3) 广大读者和同仁对本书提出了一些新的建议与期望。

为此，在继续保持前两版写作风格和特色的基础上，对本书主要做了以下修订：

(1) 以VC++ 2010为编程环境，所有例题、习题都在VC++ 2010环境下调试通过。

(2) 考虑到C语言的发展和系统兼容性问题，增加了部分C99标准的新规定，所有程序风格均采用如下所示的C99标准形式：

```
int main( )
{

    return 0;
}
```

(3) 去掉了“预处理”和“位运算”两章，把宏常量和基本位运算符的内容放在了第1章；考虑到内容的关联性，把关系运算和逻辑运算的内容调整到第3章。

(4) 为了进一步巩固和综合应用各章知识，了解和掌握大型程序的设计方法，按照软件工程的方法编写了综合应用案例一章，并将项目管理和文件包含等内容融入其中。

(5) 重新组织课后习题，依照“巩固基础、综合应用、拓展创新”三个层次，呈阶梯式递进形式。

(6) 结合作者实践经验，在附录中增加了 VC++ 2010 环境 C 程序的调试运行方法，强化编程训练。

经修订后，本书内容共分为以下 11 章：

第 1 章 C 程序设计入门　介绍 C 语言的特点、程序结构、C 语言的基本数据类型、基本运算符和表达式、宏常量和常变量、基本位运算。

第 2 章 顺序结构程序设计　介绍程序设计的基本方法、C 语句的分类、基本的输入输出处理以及顺序结构程序设计的基本方法。

第 3 章 选择结构程序设计　介绍关系运算和逻辑运算、C 语言中实现选择结构的语句以及选择结构程序设计的基本方法。

第 4 章 循环结构程序设计　介绍 C 语言中实现循环结构的语句和循环结构程序设计的基本方法，还介绍了应用循环的一些常用算法，如级数求和问题、穷举法、递推法以及求素数方法等。

第 5 章 函数　介绍函数的定义、调用以及函数参数的传递方式，函数的嵌套调用和递归调用方法，全局变量和局部变量，变量的存储类别等。

第 6 章 数组　介绍一维数组、二维数组以及字符数组的定义、引用和初始化方法，数组名作为函数参数的调用方式，以及应用数组的一些算法，如排序、查找、求最大最小值、矩阵运算等。

第 7 章 指针　介绍指针的概念，指针变量的定义和引用，以及指向变量的指针、指向数组的指针、指向字符串的指针、指向函数的指针和多级指针等概念和应用。

第 8 章 结构体与共用体　介绍结构体类型、共用体类型和枚举类型的定义，以及相关变量的定义、引用、初始化和应用方法。

第 9 章 动态数组与链表　介绍 C 语言中实现动态存储分配的标准函数，以及动态数组和链表的概念和应用。

第 10 章 文件　介绍 C 语言中文件的基本概念，文件的打开和关闭方法以及文件的读写和定位方法。

第 11 章 综合应用案例　介绍综合应用各章知识，按照软件工程的方法开发一个股票交易系统程序设计和实现的全过程。

本书由向艳、周天彤担任主编并由向艳统稿，第 1、2、10 章由潘亚平和程起才共同编著，第 3、4、5、6、8、9、11 章由向艳编著，第 7 章由周天彤编著，附录由周天彤和程起才共同编著。希望通过此次修订，使本书内容更丰富，条理更清晰，实用性更强，更有利于读者学习。由于作者水平有限，书中不足在所难免，再次恳请读者批评指正。

学习 C 语言程序设计是一个循序渐进的过程。建议读者在学习中依照“一读、二仿、三写”三个步骤，即先多读一些好的程序；然后模仿实例编写相似的程序，并能举一反三；最后独立编写程序，提高编程能力。

编　者

2018 年 3 月

目录

第1章

C 程序设计入门

1.1 概　　述

1.1.1 程序和程序设计语言

1946年2月14日，在美国宾夕法尼亚大学，诞生了众所周知的世界上第一台电子数字计算机ENIAC。从第一台计算机产生至今的半个多世纪里，计算机的发展日新月异，已成为人们工作生活中必不可少的工具。

计算机之所以能按照人们的意愿有条不紊地工作，是因为人们将想要计算机做的事情用程序的形式存储到计算机的存储器中，并由CPU(Central Processing Unit，中央处理器)一条一条地执行来实现的。所谓**程序**(Program)是一组指示计算机执行动作或做出判断的指令，通常用某种程序设计语言编写，运行于某种目标体系结构上。

程序设计(Programming)是给出解决特定问题程序的过程，是软件构造活动中的重要组成部分。程序设计往往以某种程序设计语言为工具，给出这种语言下的程序。

程序设计语言(Programming Language)是用于书写计算机程序的语言。正如人与人之间进行交流，要使用语言(汉语、英语等)来表达自己的思想。人与计算机交流信息，也需要使用语言来交流，这种语言就是程序设计语言。计算机每做的一次动作，一个步骤，都是按照事先已经用程序设计语言编好的程序来执行的。在编制程序时，要严格遵循这种程序设计语言的语法和语义规则。

自20世纪60年代以来，世界上公布的程序设计语言已有上千种之多，但是只有很小一部分得到了广泛的应用。从发展历程来看，程序设计语言可以分为三代。

1. 机器语言

机器语言(Machine Language)是由二进制0和1构成，计算机能直接识别和执行的一种指令系统。机器语言具有灵活、直接执行和速度快等特点。

在计算机发展的初期，程序员要让计算机知道自己的意图，就要编写许多条由0和1组成的指令，这是一件十分烦琐的工作。这些全是0和1的指令代码，直观性、可读性非常差，还很容易出错。另外，对于不同的CPU具有不同的指令系统。不同型号的计算机其机器语言是不相通的，按照一种计算机的机器指令编制的程序，不能在另一种计算机上执行。

2. 汇编语言

由于机器语言的种种缺点，人们采用了一些助记符号来编写程序代码。例如采用ADD代表“加”，SUB代表“减”，MUL代表“乘”，DIV代表“除”等。汇编语言（Assembly Language）相对于枯燥的机器代码易于读写、易于调试和修改。但汇编语言编写的程序代码（源程序），计算机并不能直接识别和执行，需要借助汇编语言编译器，将源程序翻译成计算机能直接执行的机器指令。

汇编语言保持了机器语言的优点，具有直接和简洁的特点，可有效地访问、控制计算机的各种硬件设备，如磁盘、存储器、CPU、I/O端口等，且占用内存少，执行速度快，是高效的程序设计语言。在今天的实际应用中，汇编语言通常被应用在计算机底层，应用在对硬件操作和要求程序优化的场合。驱动程序、嵌入式操作系统和实时运行程序都需要汇编语言。

3. 高级语言

汇编语言在编写复杂程序时具有明显的局限性，汇编语言依赖于具体的机型，不能通用，也不能在不同机型之间移植。相对于第三代高级语言（High-Level Programming Language）来讲，人们将机器语言和汇编语言都称为“低级语言”。

高级语言是面向用户的、基本上独立于计算机种类和结构的语言。高级语言与计算机的硬件结构及指令系统无关，它有更强的表达能力，可方便地表示数据的运算和程序的控制结构，能更好地描述各种算法，而且容易学习掌握。但高级语言编译生成的程序代码一般比用汇编语言设计的程序代码要长，执行的速度也慢。高级语言最大的优点是：形式上接近于自然语言，使编写程序的过程更符合人类的思维习惯。高级语言的一个命令可以代替几条、几十条甚至几百条汇编语言的指令。因此，高级语言易学易用，通用性强，应用广泛。

高级语言并不是特指某一种具体的语言，而是包括很多编程语言，如流行的Java、C、C++、C#、Pascal、Python、Lisp、Prolog以及FoxPro等，这些语言的语法、命令格式都不相同。

1.1.2 C语言的起源和发展

C语言最早的原型是ALGOL 60语言。

1963年，剑桥大学将其发展成为一种称之为CPL（Combined Programming Language）的语言。

1967年，剑桥大学的Matin Richards对CPL语言进行了简化，产生了BCPL（Base Combined Programming Language）语言。

1970年，美国贝尔实验室的Ken Thompson将BCPL进行了修改，并命名为B语言，并用B语言写了第一个UNIX操作系统。

1972年，美国贝尔实验室的Dennis Ritchie在BCPL和B语言的基础上设计出了一种新的语言，取BCPL中的第二个字母为名，这就是大名鼎鼎的C语言。

1978年，Dennis Ritchie和Brian Kernighan合作推出了*The C Programming Language*的第一版（简称K&R），成为那时C语言事实上的标准，通常人们也称之为K&R标准。随着C语言在多个领域的推广和应用，一些新的特性不断被各种编译器实现并添加进来。于是，当务之急就是建立一个新的"无歧义、与具体平台无关的C语言定义"。

1983年，美国国家标准委员会（ANSI）对C语言进行了标准化，并于1989年发布，通常称为C89标准。随后，*The C Programming Language*第二版开始出版发行，书中内容根据ANSI C（C89）进行了更新。

1990年，国际标准化组织（ISO）批准了ANSI C成为国际标准。于是ISO C（通常称为C90）诞生了。ISO C（C90）和ANSI C（C89）在内容上完全一样。之后，ISO在1994年和1996年分别出版了C90的技术勘误文档，更正了一些印刷错误，并在1995年通过了一份C90的技术补充，对C90进行了微小的扩充，经过扩充后的ISO C被称为C95。

1999年，ANSI和ISO又通过了最新版本的C语言标准和技术勘误文档，该标准被称为C99。这基本上是目前关于C语言的最新、最权威的定义。现在，各种主流C编译器都提供了C89（C90）的完整支持，但对C99还只提供了部分支持。

2011年，ISO正式公布C语言新的国际标准草案ISO/IEC9899：2011，即C11。

1.1.3 C语言的特点

一种程序设计语言之所以能存在和发展，并具有生命力，总是有其不同于或优于其他语言的特点。C语言是一个用途广泛的、可移植、结构化的高级语言，目前其主要的用途之一是编写"嵌入式系统程序"，还有许多开发者用C语言编写文字处理器、数据库以及图形应用程序等。C语言的主要特点为：

（1）语言简洁、紧凑，使用方便、灵活。

C语言一共有37个关键字（见附录C）、9种控制语句。程序书写形式自由。

（2）运算符丰富。

C语言的运算符包含的范围很广，一共有34种运算符（见附录B）。

（3）数据结构丰富，具有现代化语言的各种数据结构。

C语言提供了丰富的数据类型，包括：整型（int、short int、long int、unsigned int、unsigned short int、unsigned long int六种）、浮点型（float、double两种）、字符型（char）、数组类型、指针类型、结构体类型、共用体类型、枚举类型等。C99标准又扩充了复数浮点类型、超长整型（long long int、unsigned long long int）、布尔类型（bool）等。

（4）支持自顶向下、结构化、模块化的编程。

C语言提供了结构化的程序控制语句：如if语句（if…、if…else…、if…else if…else if…else…三种形式）、while语句、do…while语句、for语句等。C语言采用函数作为程序的基本模块，实现了程序的模块化编程。

(5) 源代码的可移植性高。

C语言的编译系统非常简洁，不需要修改源代码，可以直接编译“标准链接库”中的大部分功能，用C语言编写的程序可以很方便地移植到新的系统上。

(6) 语法限制不太严格，程序设计自由度大。

对数组下标越界不进行检查，由程序编写者自己保证程序的正确。程序员可以灵活使用变量的类型，如整型量与字符型数据和逻辑型数据之间可以通用。

(7) C语言面向程序员，可以对硬件进行操作，允许直接访问物理地址。

C语言允许直接访问物理地址，允许进行位操作，因此C语言既有高级语言的功能，又具有低级语言的功能。

(8) 生成目标代码质量高，程序执行效率高。

1.2 简单的C程序

1.2.1 简单的C程序举例

为了让C语言初学者对C语言编程有个感性的认识，首先介绍几个简单的C语言程序。

【例 1-1】 在屏幕上输出如下所示的一行信息。

```
hello world!
```

程序如下：

```
#include <stdio.h>                  /* 预处理命令 */
int main()                          /* 定义 main 函数 */
{
    printf("hello world!\n");       //输出 hello world!
    return 0;                       //表示程序正常结束
}
```

运行结果：

```
hello world!
请按任意键继续. . .
```

上面的运行结果是在Visual C++ 2010环境下运行程序时屏幕上的显示结果。其中第一行的输出“hello world!”是“printf("hello world! \n");”语句运行的结果。第二行的输出“请按任意键继续…”或“Press any key to continue…”是Visual C++ 2010系统在输出完运行结果后自动输出的信息，它告诉用户：“若想继续进行下一步，请按任意键。”当用户按下键盘上的任意键后，输出窗口关闭，并立刻返回到程序窗口，以便用户进行下一步的工作。为了使运行结果更纯粹，后面的运行结果截图不再包含这段文字。

程序分析：

(1) 该C程序由一个预处理命令＃include和一个主函数main构成。

(2) 预处理命令＃include称为文件包含命令，stdio.h是系统提供的一个标准输入输出的头文件，stdio是standard input & output的缩写，扩展名.h表示该文件的类型是头文件(header file)。如果在程序中用到标准库函数中的输入(scanf函数)和输出函数(printf函数)，则在源程序的开头一定要写上＃include <stdio.h>语句，请注意此＃include语句的末尾没有分号。

(3) int main()称为函数首部。其中，int为main函数返回值类型符，main是主函数的名称。每一个C程序有且仅有一个main函数，每个C程序都从main函数开始执行，在main函数中结束。

(4) 紧接函数首部之后是一对大括弧，所有的语句都放在其内，这一部分称为函数体。

(5) 在本程序函数体内，包含一条调用printf函数的语句。printf函数功能是把要输出的内容(由一对双引号括起来的字符串"hello world!")送到显示器去显示。请读者注意，这一对双引号本身并不显示。该字符串末尾的\n是换行符，在输出hello world!后，显示器上的光标位置移动到下一行的开头。在printf函数调用后面紧接的";"是C语言语句的结束标志，每一条C语句末尾都有一个分号。

(6) 最后一条语句"return 0;"表示当主函数正常结束时，得到的函数值为0。之所以加上这条语句，是为了使程序更加规范。

(7) 上述代码中出现的/*…*/和//都是C语言中的注释语句。注释是用来对程序的有关部分进行必要的说明和解释。良好的编程风格是在写程序时要多用注释，以方便自己和他人理解程序各部分的作用。在程序进行编译时注释部分不产生目标代码，注释对运行不起作用。注释只是给人看的，计算机并不执行。

C语言有两种形式的注释，一种是以//开始的单行注释。这种注释可以写在一行的开头，也可以写在一行其他内容的右侧。从//开始，到这行末尾，之间所有的内容都作为注释。另一种是以/*开始，以*/结束的块注释。它可以单独占一行，也可以包含多行。编译系统会把从/*开始，到*/结束之间的所有内容都作为注释。在Visual C++ 2010系统中，注释语句默认是以绿色字体显示的。

【例1-2】 求两个整数的和。

```
#include <stdio.h>                  /*预处理命令*/
int main()                          /*定义main函数*/
{
  int  x,y,sum;                     //定义3个变量x,y和sum
  x=1;                              //对变量x赋值
  y=2;                              //对变量y赋值
  sum=x+y;                          //进行x+y的运算,并把运算结果存放到变量sum中
  printf("%d+%d=%d\n",x,y,sum);     //输出结果
  return 0;
}
```

运行结果：

```
1+2=3
```

程序分析：

(1) main 函数内的“int x,y,sum;”称为变量定义，用来定义变量 x、y 和 sum 的数据类型。int 是 C 语言中的整数数据类型，在 Visual C++ 2010 系统中，int 是以蓝色字体显示的。x、y、sum 是三个变量名称，它们的数据类型都是整型。C 语言规定，源程序中所有用到的变量都必须“先定义，后使用”，否则将会出错。

(2) “x=1;”是一条赋值语句。C 语言中的=表示赋值，表示将等号右边的常量 1 赋给左边的变量 x，赋完值之后，x 变量的值就是 1。

(3) “sum=x+y;”也是一条赋值语句。将变量 x 的值与变量 y 的值相加之后的结果赋给变量 sum，赋完值之后，sum 变量的值就是 3。

(4) “printf("%d+%d=%d\n",x,y,sum);”是 C 语言中的输出语句。printf 函数圆括号内有 4 个参数，这 4 个参数之间用逗号分隔。第一个参数是"%d+%d=%d\n"，它是以一对双引号括起来的输出格式字符串。%d 表示以十进制整数的格式输出结果。这里有三个%d，依次来控制变量 x、变量 y、变量 sum 的输出格式。"%d+%d=%d\n"中的+和=称为普通字符，出现在 printf 的格式控制字符串中，输出时，是原样输出这些普通字符。\n 是转义字符，出现在 printf 的格式控制字符串中，输出时，是进行换行，显示器上的光标进入到下一行。变量 x、变量 y、变量 sum 称为 printf 函数的输出项。输出时，是把这三个变量的值按照十进制整数的格式输出。

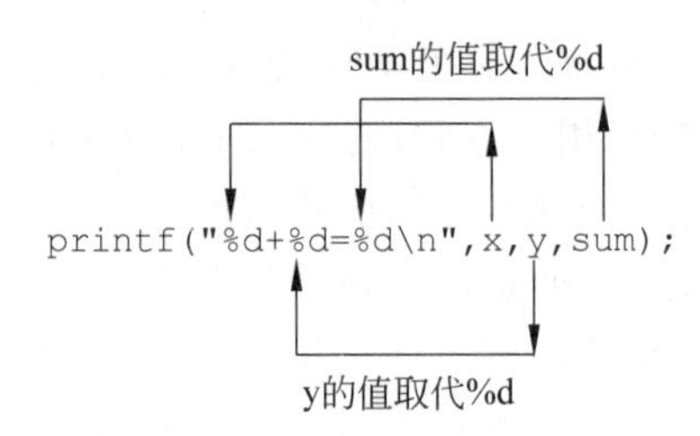

【例 1-3】 输入学生的学号和年龄，并在屏幕上显示出来。

```
/* the program displays your roll number and age */
#include <stdio.h>                          /* 预处理命令 */
int main()                                  /* 定义 main 函数 */
{
    int i,j;                                /* 定义两个变量,i 存放学号,j 存放年龄 */
    printf("please input your roll number:");
    scanf("%d",&i);                         /* 输入学生的学号 */
    printf("please input your age:");
    scanf("%d",&j);                         /* 输入学生的年龄 */
    printf("My roll number is NO.%d,",i);/* 输出学生的学号 */
    printf("\n");
    printf("I am %d years old.\n",j);       /* 输出学生的年龄 */
    return 0;
}
```

运行结果：

```
please input your roll number:2
please input your age:23
My roll number is NO.2,
I am 23 years old.
```

其中，2 和 23 由用户通过键盘输入，分别代表学生的学号和年龄，2 输完之后要按下键盘中的 Enter 键(即回车键)，23 输完之后也要按下键盘中的 Enter 键。

程序分析：

(1) 在函数体内，包含了调用 scanf 函数的语句。scanf 函数是 C 语言中的标准输入函数，scanf 函数的功能是通过键盘输入数据来给变量赋值。"scanf("%d",&i);"表示从键盘输入一个十进制整数，作为变量 i 的输入值，变量 i 在此程序中表示学生的学号。"scanf("%d",&j);"表示从键盘再输入一个十进制整数，作为变量 j 的输入值，变量 j 在此程序中表示学生的年龄。当程序执行到 scanf 函数时，Visual C++ 2010 会弹出一个运行窗口，需要用户从键盘输入相应的数据。这两条语句执行完之后，i,j 的值就是学生的学号和年龄。

(2) 在上面的 scanf 函数中，变量前必须有 & 符号，请读者一定要注意，如果没有这个符号，会出现运行错误。&i 中的"&"是地址符，&i 的含义是变量 i 的地址，&j 是变量 j 的地址。

(3) 程序中一共调用了 5 次 printf 函数，其中第 1 个和第 2 个 printf 函数中的以双引号括起来的字符串都是普通字符，输出时全部原样输出在显示器上。第 3 个 printf 函数中的%d 就是用变量 i 的值代替，其他字符都是普通字符，全部原样输出。第 4 个 printf 函数的功能是换行。第 5 个 printf 函数与第 3 个类似，请读者自行分析。

【例 1-4】 求任意两个数的最大值。

```
#include <stdio.h>                    /* 预处理命令 */
int max(int a,int b)                  /* 定义 max 函数 */
{
    if(a>b) return a;
    else return b;                    /* 把结果返回主调函数 */
}
int main()                            /* 定义 main 函数 */
{
    int x,y,z;                        /* 变量说明 */
    printf("input two numbers:\n");
    scanf("%d%d",&x,&y);              /* 输入 x,y 值 */
    z=max(x,y);                       /* 调用 max 函数 */
    printf("max=%d",z);               /* 输出 */
    return 0;
}
```

运行结果：

```
input two numbers:
4 6
max=6
```

程序分析：

(1) 程序由一个预处理命令行、注释和两个函数(主函数 main 和被调用函数 max)组成，这两个函数之间是并列关系，主函数 main 调用 max 函数。

(2) max 函数被称为用户自定义函数。其函数首部的 int 代表 max 函数返回值的数据类型，max 为函数名，紧跟 max 后的一对圆括号中的“int a,int b”表示函数形式参数名和类型。max 函数的功能是比较两个数，然后把较大的数返回给主函数 main。

(3) 程序的执行过程是，从主函数 main 开始，首先在屏幕上显示提示串“input two numbers：”，之后执行“scanf("%d%d",&x,&y);”语句。需要用户从键盘输入两个数 4 和 6，先输入的数 4 赋给变量 x，第二个输入的数 6 赋给变量 y。请读者注意，输入 4 之后，要输入一个空格键或 Tab 键或 Enter 键作为分隔，才能再输入 6。若 4 和 6 之间没有分隔键，会把 46 赋给变量 x，而变量 y 的值未输入，会等待用户继续输入另一个数赋给 y。

(4) 数据 4 和 6 输入结束之后，按下 Enter 键。执行“z=max(x,y);”语句，会产生一个函数调用。主函数 main 调用 max 函数，先把 x 的值 4 传送给 max 函数的参数 a、把 y 的值 6 传送给参数 b，之后，程序进入到 max 函数的内部继续执行，在 max 函数中比较 a、b 的大小，把大者返回给主函数的变量 z，最后在屏幕上输出 z 的值。

1.2.2 C程序的结构

根据以上四个例子可以总结出 C 程序的主要结构如下：

(1) 一个由 C 语言编写的程序可以由一个或多个源文件组成。

(2) 每个源文件可由一个或多个函数组成。

(3) 一个 C 程序不论由多少个文件组成，有且仅有一个 main 函数(主函数)。

(4) 一个函数由函数首部和函数体两部分构成。函数首部即函数的第一行，包括函数返回值类型、函数名、函数形式参数类型和形式参数名。函数体即函数首部下的大括号{ }内的部分，由若干语句构成，每一条语句都必须以分号结尾。

(5) C 程序中可以有预处理命令(如 include 命令)，预处理命令通常应放在源文件的最前面。

(6) C 程序中还可以包含一些注释部分。一个好的、有实用价值的源程序都应当加上必要的注释，以增加程序的可读性。

在学习本教材的第 5 章之前，读者编写一个 C 语言程序通常只要一个源文件，而且此文件只要一个主函数 main，读者所要做的工作就是在主函数 main 内部编写代码，这段代码通常由数据的输入、数据的处理和数据的输出三部分组成。对该框架简单描述如下：

```
#include <stdio.h>
int main()
{
    …                                    /*数据的输入*/
    …                                    /*数据的处理*/
    …                                    /*数据的输出*/
}
```

1.2.3 C程序的调试与运行环境

C程序从编写到运行要经过以下几个步骤(见图1-1):

(1) 编辑:把源程序代码输入到计算机,并保存为.c类型的文件。

(2) 编译:将.c类型的源程序文件编译生成目标程序文件(扩展名为obj)。

编译就是把高级语言变成计算机可以识别的二进制语言。由于计算机只认识1和0,因此编译程序把人们熟悉的高级语言程序翻译成计算机可以识别的二进制语言程序。

(3) 连接:生成可执行程序文件(扩展名为exe)。

连接是将编译产生的.obj目标程序文件和系统库文件连接起来,装配成一个可以执行的程序。

(4) 运行:运行可执行程序文件。

上述四个步骤中,第一步的编辑工作最繁杂,且必须细致地由人工在计算机上完成,其余几个步骤则相对简单,基本上由计算机自动完成。

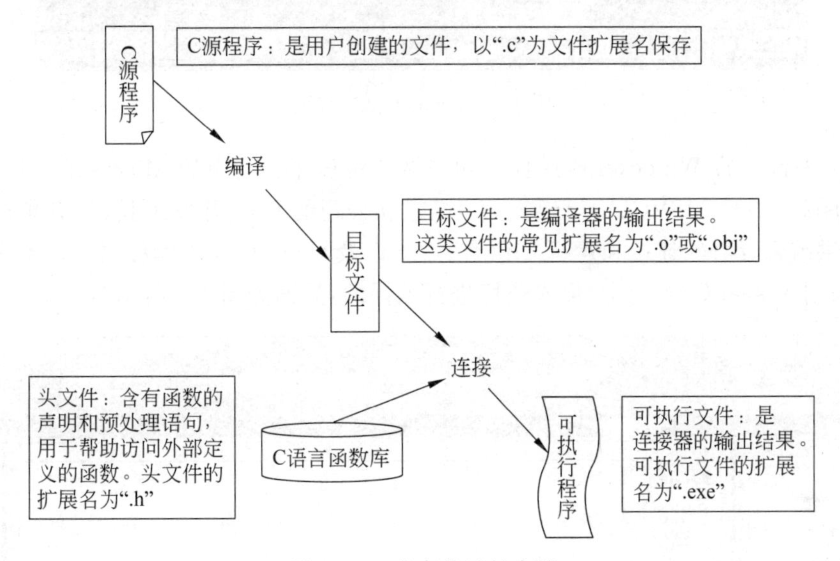

图1-1 C程序的运行步骤

C程序的编写、编译、连接和运行都是在一个称为编译系统的环境中进行的。目前很多的编译系统都是一个集成开发环境(Integrated Development Environment,IDE),它把程序的编辑、编译、连接和运行等操作全部集中在一个界面上进行。

在20世纪90年代,美国Borland公司推出了Turbo C 2.0(简称TC),界面如图1-2所示。TC 2.0是一个快捷、高效的编译程序,很受用户欢迎,但TC 2.0不支持鼠标操作,不大方便。之后,Borland公司在1992年又推出强大的C程序设计与C++面向对象程序设计的集成开发工具Turbo C++ 3.0。TC 3.0虽然也是DOS环境下的集成环境,但它完全支持鼠标选择、拖曳和右键操作,使用也比较方便。

Visual Studio是微软公司推出的集成开发环境,Visual Studio可以用来创建

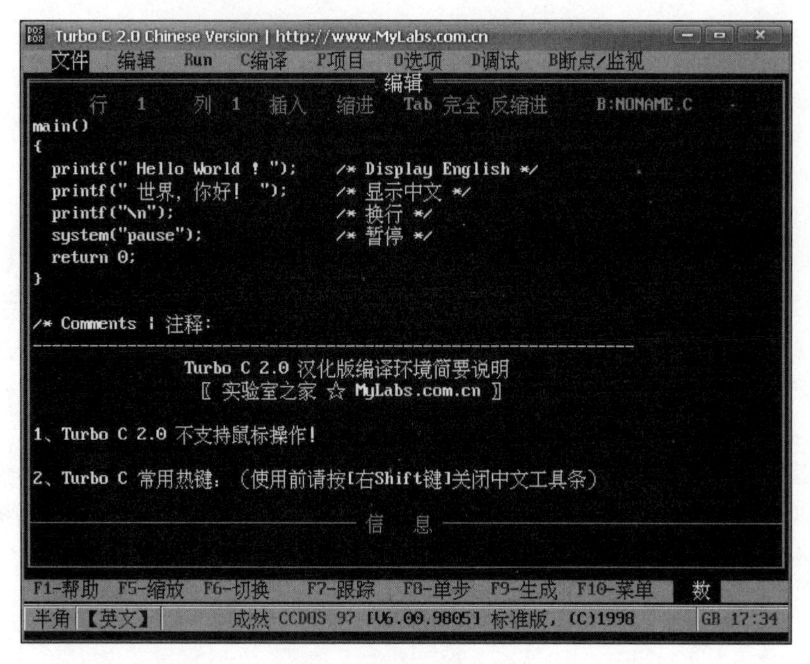

图 1-2　Turbo C 2.0 界面

Windows 平台下的 Windows 应用程序和网络应用程序。其中的 Microsoft Visual C++(简称 Visual C++ 、MSVC、VC++ 或 VC)是微软公司的 C++ 开发工具,具有集成开发环境,可提供编辑、编译、连接和运行 C 语言、C++ 以及 C++ /CLI 等编程语言。本书的所有程序均采用 Visual C++ 2010 集成环境进行编译的,界面如图 1-3 所示。

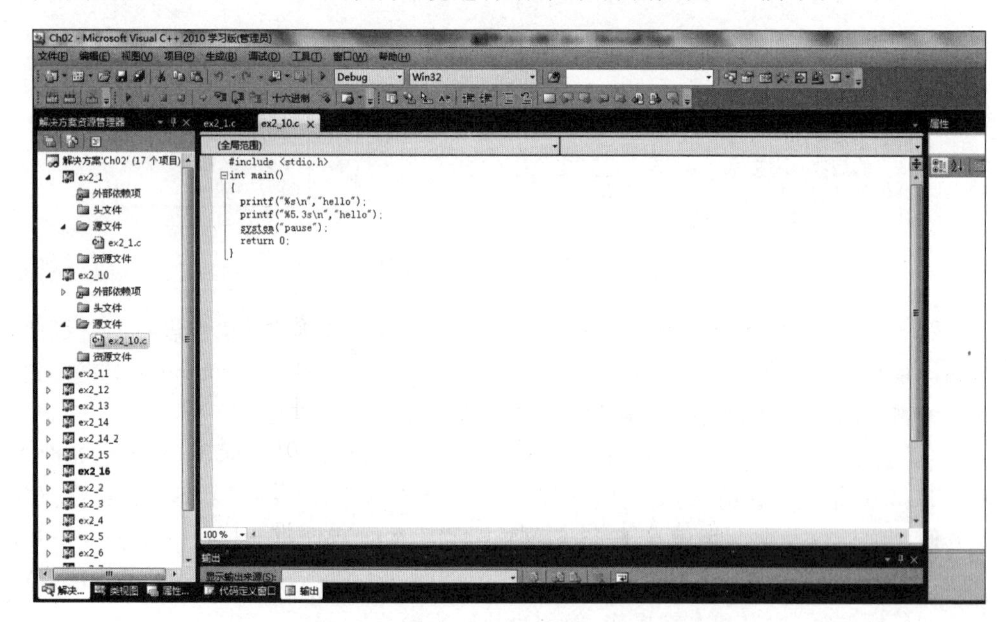

图 1-3　Microsoft Visual C++ 2010 界面

以上两种 IDE 是 C 程序调试和运行的主流平台，除此之外，C 编译系统还有很多种，如 GCC 编译器、Dev-C++ 、Netbeans 等。

1.3　基本数据类型

从 1.2.1 节例 1-3 中看到，表示学号和年龄的两个变量被定义成整型，也就是说它们的值只能是整数，那么如果要求表示年龄的变量能够取小数时又该如何定义呢？如果要表示一个学生的姓名，又该如何定义？总而言之，C 编译系统到底能处理哪些类型的数据呢？对特定类型的数据，能够对其进行哪些操作呢？

在 C 语言中可以使用的数据类型如图 1-4 所示，其中标有▲的是 C99 所增加的。

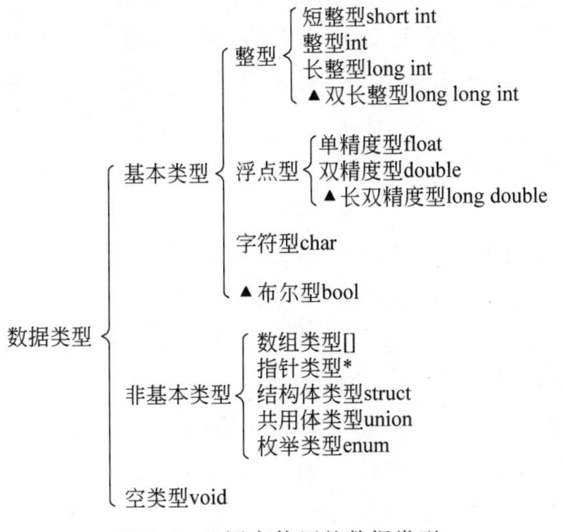

图 1-4　C 语言使用的数据类型

本节主要介绍基本数据类型，其他数据类型在后续的章节中将会学习到。在学习基本数据类型之前，有必要先学习有关常量、变量以及标识符的概念，它是学习数据类型的基础。

1. 常量

所谓“**常量**”就是在程序运行过程中其值不能改变的量。常量从形式上可以分为：

(1) 直接常量(或字面常量)。

例如：

```
1、2、-1.5、'a'
```

从字面上看，这些数据在整个程序运行期间肯定不会改变。

(2) 符号常量(或宏常量)。

就是用一个标识符代替一个字面常量，一般是用 # define 定义符号常量，也称为宏常量，在后面的1.5节将详细介绍。

例如：

```
#define  PI  3.1416
```

这样，在程序中，就可以用PI表示3.1416。

2. 变量

所谓"**变量**"就是在程序运行过程中其值可以改变的量。在程序设计中变量的作用是用来存放数据的，因此必须在内存中占据一定数量的存储单元。不同类型的变量在内存中占据存储单元的数量及存储的格式是不同的，所以要告诉编译系统你需要的变量在内存中占据多少个存储单元以及什么样的存储格式。这两方面的问题可以通过变量定义来告诉编译系统，当变量定义好后，编译系统就可以为之分配合适的存储单元，从而可以把数据存储到该空间中去。这就是C语言中变量要"先定义，后使用"的原则。通常，初学者经常会犯直接使用变量，而不先定义变量的错误。如何定义变量将在讲具体数据类型的时候详细介绍。

3. 标识符

所谓"**标识符**"就是用来标识变量名、符号常量名、函数名、数组名、类型名、文件名等的有效字符序列。在C语言中标识符命名的规定如下。

(1) 只能由字母(a～z, A～Z)、下画线(_)及数字(0～9)组合而成。而且开头必须是字母或下画线，即不能以数字开头。

(2) 大小写字母表示不同意义，即代表不同的标识符。

(3) 不能使用关键字作为标识符。C语言关键字详见附录C。

例如，以下标识符是合法的：

```
a    x    x3    BOOK    sum5
```

又如，以下标识符是非法的：

```
3q      以数字开头
S+T     出现非法字符+
-5x     以减号开头
int     关键字
```

注意：变量有很多种数据类型，常量也有与之相适应的数据类型。在把常量赋给变量时，最好使它们的数据类型相同，否则可能会出现意想不到的结果。

1.3.1 整型数据

1. 整型常量

整型常量就是说该常量的类型是整型。在C语言中，整型常量的表示方法可以分为八进制、十进制和十六进制这三种表示方法。

(1) 八进制整型常量：必须以数字 0 开头，其数码为 0～7。

(2) 十进制整型常量：首位数字不能是数字 0，其数码为 0～9。

(3) 十六进制整型常量：必须以数字 0 加上字母 X 或 x(即 0X 或 0x)开头，其数码为 0～9，字母为 A～F 或 a～f。

其中，八进制整型常量和十六进制整型常量只能表示非负整数，但十进制整型常量可以表示任何整数及 0。

例如，以下各数均是合法的整型常量：

016　表示八进制常量，其十进制值为 14

0101　表示八进制常量，其十进制值为 65(注意不能把 0101 当成二进制数，因为在 C 语言中，不能用二进制表示整型常量)

1627　表示十进制常量

0X2B　表示十六进制常量，其十进制值为 43

又如，以下各数均不是合法的整型常量：

03A8　既然以 0 开头，就是八进制整型常量，但包含了非八进制数码 A

23D　既然不是以 0 开头，就肯定是十进制整型常量，但含有非十进制数码 D

0X3H　既然以 0X 开头，就肯定是十六进制整型常量，但含有非十六进制数码 H

注意：通常在学习"大学计算机基础"这门课的时候，提到进制的表示方法与这里表示不一样。例如，表示十进制 1627，一般写成 1627D 或 $(1627)_{10}$。表示十六进制 2B，一般写成 2BH 或 $(2B)_{16}$。表示八进制 16，一般写成 16O 或 $(16)_8$ 等。如何理解它们的不同点呢？"大学计算机基础"提到的进制表示方法可以把它理解为"它这样写，仅仅是给人看的，人能够理解的"，而 C 语言中的整型常量表示方法是要"写给编译系统看的，编译系统能理解的"，如果用其他的表示方法，C 编译系统就无法理解。

在 C 语言中，整型常量具体可以细分为多种数据类型，如何判别某个整型常量是属于哪一种数据类型呢？一般按照如下规则：

(1) 整型常量后面加字母 U(u)，则表示该常量为无符号的普通整型常量。如 32U 是无符号的普通整型常量。

(2) 整型常量后面加上 L(l)，则表示该常量为长整型的常量，如 32L 是长整型常量。

(3) 整型常量后面同时加上字母 U(u)和 L(l)，则表示该常量为长整型的无符号常量，如 32LU 是无符号的长整型常量。

(4) 整型常量后面不加任何字母，那么如果该常量在有符号的普通整型的范围内，该常量的数据类型就是有符号的普通整型，否则，该常量的数据类型就是无符号的普通整型，如 32 是有符号的普通整型。

2. 整型变量

整型变量是用来存放整数的变量。前面讲到整型常量的数据类型有多种，那么整型变量的数据类型同样也有多种，具体可以分为以下几种。

(1) 短整型：类型名为 short int 或 short。

(2) 普通整型：类型名为 int。

(3) 长整型：类型名为 long int 或 long。

(4) 双长整型：类型名为 long long int 或 long long。

ANSI C 标准没有具体规定以上各类型所占内存单元的字节数，只要求 long 型所占字节数不小于 int 型，short 型不多于 int 型，具体如何实现，由各编译系统决定。例如，在使用的 TC 2.0 编译系统下，int 型和 short 型变量占 2 字节，long 型变量占 4 字节。但在 VC++ 2010 编译系统下，short 型变量占 2 字节，int 型和 long 型变量占 4 字节。双长整型 long long int 一般分配 8 字节，这是 C99 新增的类型。

另外，在定义上述四类整型变量时，都可以加上修饰符 unsigned 和 signed，以分别指定为“无符号型”和“有符号型”，且 signed 可以省略。如 signed int a 和 int a 等价。

归纳起来，在 C 语言中可以定义和使用如表 1-1 所示的八种整型变量。

表 1-1　整型变量的类型

名称	类　型　名	数 的 范 围	字节数
[有符号]短整型	[signed] short [int]	−32 768～32 767　即 $-2^{15}\sim(2^{15}-1)$	2
无符号短整型	unsigned short [int]	0～65 535　即 $0\sim(2^{16}-1)$	2
[有符号]普通整型	[signed] int	−2 147 483 648～2 147 483 647 即 $-2^{31}\sim(2^{31}-1)$	4
无符号普通整型	unsigned [int]	0～4 294 967 295　即 $0\sim(2^{32}-1)$	4
[有符号]长整型	[signed] long [int]	−2 147 483 648～2 147 483 647 即 $-2^{31}\sim(2^{31}-1)$	4
无符号长整型	unsigned long [int]	0～4 294 967 295　即 $0\sim(2^{32}-1)$	4
▲[有符号]双长整型	[signed] long long [int]	−9 223 372 036 854 775 808～9 223 372 036 854 775 807　即 $-2^{63}\sim(2^{63}-1)$	8
▲无符号双长整型	unsigned long long [int]	0～18 446 744 073 709 551 615 即 $0\sim(2^{64}-1)$	8

注：方括号表示里面的内容可以有，也可以没有；▲表示该类型是 C99 增加的。

由于 C 语言规定变量要“先定义，后使用”，因此在使用整型变量时，一定要先定义其类型。定义整型变量的一般形式为：

类型名　变量名 1[，变量名 2，…]；

例如：

```
short a;             定义 a 为短整型变量
int m,n;             定义 m,n 为普通整型变量
long i,j;            定义 i,j 为长整型变量
unsigned p,q;        定义 p,q 为无符号普通整型变量
```

在定义任何类型的变量时，需要注意的共性是：

(1) 当在一个类型名后定义多个相同类型的变量时，各变量名之间用逗号间隔，类型

名与变量名之间至少用一个空格间隔；

(2) 在最后一个变量名之后必须以“;”号结尾；

(3) 变量名的命名方法要符合 C 语言标识符的有关规定；

(4) 变量必须“先定义，后使用”。

介绍到这里，有必要指出与变量定义非常相关的概念，即“变量初始化”。所谓“**变量初始化**”就是在定义变量的同时给变量赋初值的方法。其一般形式为：

```
类型名  变量名 1 [=值 1] , 变量名 2 [=值 2] , …;
```

例如：

```
int x=2,y=3,z=4;        定义 x,y,z 为普通整型变量且分别赋初值 2,3,4
long a=3255;            定义 a 为长整型变量,且赋初值 3255
unsigned c=47,d;        定义 c,d 为无符号普通整型变量,且给 c 赋初值 47
```

当给多个变量赋相同的值时，应该写成如下形式：

```
int x=2,y=2,z=2;
```

写成“int x=y=z=2;”是错误的。

3. 整数的溢出问题

C 语言为整型变量提供了多种类型，但不管是哪种类型表示的整数总有一定的范围(具体见表 1-1)，当超出该范围时称为整数的溢出。

【例 1-5】 短整型数据的溢出。

```
#include <stdio.h>
int main()
{
    short int a,b;
    a=32767;
    b=a+1;
    printf("%d+1=%d\n",a,b);
    return 0;
}
```

在 VC++ 2010 环境下运行结果：

```
32767+1=-32768
```

为什么不是 32767+1=32768 的结果呢？原因是 short 型变量 a 占用 2 字节空间，只能表示−32768～32767 的数据。变量 a 在内存中的表示是：

a:	0	1	1	1	1	1	1	1	1	1	1	1	1	1	1	1

当执行 b=a+1 时，short 型变量 b 在内存中的表示是：

b:	1	0	0	0	0	0	0	0	0	0	0	0	0	0	0	0

由于有符号数在内存中以补码形式存放,也就是说,什么样的有符号数的补码是上述两种形式,很明显 32767 的补码和－32768 的补码分别就是上面的变量 a 和变量 b 在内存中的表示形式。

假设想要得到 32767＋1＝32768 的结果,只需要将 b 的类型改为 int 型。因此,为了防止产生整数的溢出现象,必须先估计所要处理的数据范围,再根据其范围选择合适的数据类型。

思考:如果将 b＝a＋1 改成 b＝a＋2 应该是多少呢?如果将 a＝32767 和 b＝a＋1 分别改成 a＝－32768 和 b＝a－2,那么结果又是多少呢?读者可以从补码的特点考虑,具体请读者自己分析。

1.3.2 实型数据

1. 实型常量

实型也称为浮点型。实型常量也称为实数或者浮点数,实型常量就是说该常量的类型是实型。在 C 语言中,实型常量只采用十进制,具体形式有两种:小数形式和指数形式。

(1) 小数形式:由数字及小数点组成。注意必须有小数点。

例如,以下均为合法的实数:

```
0.0    .25       5.789   0.13      5.0       300.       -267.8230
```

(2) 指数形式:一般形式为 **aEn** 或者 **aen**(a 称为基数,n 称为阶码,其值为 $a\times10^{n}$)。

例如,以下均是合法的实数:

```
2.1E5        3.7E-2        0.5E7        -2.8E-2
```

如果要表示 0.000001,在 C 语言中可以写成 1E－6 的简单形式。

又如,以下不是合法的实数:

```
345 (无小数点)
E7 (阶码标志 E 之前无数字)
53.-E3 (负号位置不对)
2.7E (无阶码)
```

常用的实型常量分为 float(单精度)、double(双精度),在实型常量后面加字母 F(f)表示该常量为 float 型常量,不加任何字母表示该常量为 double 型常量。

例如:

```
1.23        表示 double 型常量
23E3f       表示 float 型常量
```

2. 实型变量

C 语言提供常用的实型变量类型有:

（1）单精度型：类型名为 float。

（2）双精度型：类型名为 double。

（3）长双精度型：类型名为 long double。

ANSI C 并未规定每种类型数据的长度、精度和数值范围，一般的 C 编译系统为 float 型在内存中分配 4 字节，为 double 型分配 8 字节。对于 long double 型，不同的编译系统对 long double 型的处理方法不同，Turbo C 对 long double 型分配 16 字节，而 Visual C++ 2010 则对 long double 型分配 8 字节。请读者在使用不同的编译系统时注意其区别。如表 1-2 所示。

表 1-2　实型变量的类型

类　型　名	字　节　数	有 效 数 字	数 的 范 围
float	4	6～7	$10^{-38}\sim10^{38}$
double	8	15～16	$10^{-308}\sim10^{308}$
long double	8	15～16	$10^{-308}\sim10^{308}$
	16	19	$10^{-4932}\sim10^{4932}$

实型变量的定义格式和初始化与整型变量相同。

例如：

```
float x=3.0,y=5.0;        定义 x,y 为单精度实型变量,并分别初始化为 3.0 和 5.0
double a,b,c=5.0;         定义 a,b,c 为双精度实型变量,并将 c 初始化为 5.0
```

3. 数据的舍入误差

实型变量也是由有限的存储单元组成的，能提供的有效数字是有限的。这样就会存在数据的舍入误差。

【例 1-6】 一个较大实数加上一个较小实数。

```
#include <stdio.h>
int main()
{
    float x=1.24356E10, y;
    y=x+23;
    printf("x=%e\n",x);
    printf("y=%e\n",y);
    return 0;
}
```

运行结果：

```
x=1.243560e+010
y=1.243560e+010
```

这里 x 和 y 的值都是 1.243560e+010，按照常理，显然是有问题的，原因在于 float 只能保留 6～7 位有效数字，变量 y 所加的 23 被舍弃。因此由于舍入误差的原因，进行计算时，要避免一个较大实数和一个较小实数相加减。

注意：实型数据的数值精度与取值范围是两个不同的概念。例如实数 1234567.89 在单精度浮点型数据的取值范围内，但它的有效数字超过了 8 位，如果将其赋给一个 float 型的变量，该变量的值可能是 1234567.80，其中最后一位是一个随机数，损失了有效数字，从而降低了精度。

1.3.3 字符型数据

1. 字符型常量

字符型常量可以分为普通字符型常量和转义字符型常量。

(1) 普通字符型常量。

用单引号括起来的一个字符，称为普通字符型常量。例如：'d'、'e'、'0'、'='、'+'、'-'等。并不是任意写一个字符，程序都能识别，例如圆周率 π 在程序中是不能识别的。目前大多数系统采用 ASCII 字符集，其包括了 127 个字符。详情请参见附录 A。

(2) 转义字符型常量。

用单引号括起来的，以反斜线\开头的，并且后面跟一个或多个字符，称为转义字符型常量。所谓“转义”，就是改变了字符原来的意思，具有新的含义。常用的转义字符如表 1-3 所示。

表 1-3 常用的转义字符

转义字符	含义	ASCII 码
\n	回车换行	10
\t	横向跳到下一制表位置	9
\\	反斜线符“\”	92
\'	单引号符	39
\"	双引号符	34
\b	退格	8
\r	回车	13
\a	响铃	7
\ddd	ddd 为 1～3 位八进制数所代表的字符	
\xhh	hh 为 1～2 位十六进制数所代表的字符	

表 1-3 中值得注意的是'\ddd'与'\xhh'这两个转义字符常量，它们最主要的区别在于有没有 x，有 x 表示其后的数据是十六进制的，没有 x 表示该数据是八进制的。

例如：

```
'\102'  没有 x，表示 102 是八进制，所以它表示 ASCII 码值为 66 的字符，即字符'B'
'\x41'  有 x，表示 41 是十六进制，所以它表示 ASCII 码值为 65 的字符，即字符'A'
```

又如，以下不是合法的转义字符：

```
'\190'  既然没有 x，说明 190 是八进制，但是 9 不是属于八进制的数码
'\x102'  既然有 x，说明 102 是十六进制，但是最多只能有两位十六进制数码
```

2. 字符型变量

字符型变量是用来存储字符常量的，每个字符变量占用 1 字节的内存空间，字符变量的类型名是 char。字符变量的定义和初始化格式与整型变量相同。

例如：

```
char c1='A',c2;
```

以上定义了两个字符变量 c1、c2，并且将字符常量'A'赋给字符变量 c1。

字符数据在内存中是怎么存放的呢？C 语言规定：将一个字符放到一个字符变量中，并不是把该字符放到内存单元中，而是将该字符的 ASCII 码存放到变量的内存单元中。

例如，'a'的十进制 ASCII 码是 97，'b'的十进制 ASCII 码是 98。如果将'a'、'b'赋给字符变量 c1 和 c2，那么实际上 c1、c2 两个存储单元存放的是 97 和 98 的二进制代码：

c1：	0	1	1	0	0	0	0	1
c2：	0	1	1	0	0	0	1	0

因此，可以把字符型常量（变量）看成是整型常量（变量），即字符型与整型可以“通用”。C 语言允许对整型变量赋以字符值，也允许对字符变量赋以整型值。在输出时，允许把字符变量按整型量输出，也允许把整型量按字符量输出。但需要注意的是：在 VC++ 2010 环境下，短整型占用 2 字节，普通整型占用 4 字节，而字符型占用 1 字节，所以当把整型按字符型处理时，只有低位字节参与处理。

前面已说明，字符是以整数形式（该字符的 ASCII 码）存放在内存单元中的。请读者记住几个常用字符的 ASCII 码：

大写字母'A'的 ASCII 码是十进制数 65，二进制形式是 1000001，大写字母'B'～'Z'的 ASCII 码按顺序依次往后类推；

小写字母'a'的 ASCII 码是十进制数 97，二进制形式是 1100001，小写字母'b'～'z'的 ASCII 码按顺序依次往后类推；

数字字符'0'的 ASCII 码是十进制数 48，二进制形式是 0110000，数字字符'1'～'9'的 ASCII 码按顺序依次往后类推。

【例 1-7】 整型量赋给字符变量。

```
#include <stdio.h>
int main()
{
  char a,b;
  a=120;
  b=121;
  printf("%c,%c\n",a,b);
    printf("%d,%d\n",a,b);
    return 0;
}
```

运行结果：

```
x,y
120,121
```

本程序中定义 a,b 为字符型,但在赋值语句中赋以整型值。从结果看,a,b 值的输出形式取决于 printf 函数格式串中的格式符。当用%c 格式输出时,输出的就是字符,当用%d 格式输出时,输出的就是整数。

【例 1-8】 字符常量赋给字符变量。

```
#include <stdio.h>
int main()
{
  char a,b;
  a='a';
  b='b';
  a=a-32;
  b=b-32;
  printf("%c,%c\n",a,b);
  printf("%d,%d\n",a,b);
  return 0;
}
```

运行结果：

```
A,B
65,66
```

本程序中,a,b 被定义为字符型变量并赋以字符常量'A'和'B',C 语言允许字符变量参与数值运算,即用字符的 ASCII 码值参与运算。由于大小写字母的 ASCII 码相差 32,因此运算后把小写字母换成大写字母,然后分别以整型和字符型输出。

3. 字符串常量

字符串常量就是以一对双引号" "括起来的,里面有一个或多个字符序列。例如,"C","C Language"等。

字符常量和字符串常量是两种不同的数据类型，字符常量占1字节的空间，而字符串常量占的字节数等于字符串中字符个数加1，增加的1字节用来存放字符'\0'（ASCII码为0）。'\0'是字符串结束的标志，也就是说任何字符串最后一个字符都是'\0'。

例如，字符常量'c'与字符串常量"c"在内存中表示是不一样的。'c'在内存中占1字节，如图：

c

"c"在内存中占2字节，如图：

c	\0

注意：""（里面不含任何字符）与"□"（□表示空格）的区别。前者占用1字节，即字符'\0'所占用的空间；后者占用2字节的空间，一个是空格字符占用的1字节空间，另一个是字符'\0'占用的字节空间。一般称""（里面不含任何字符）为空字符串，简称空串。

4. 字符编码

C语言处理字符类型数据，是将字符以数值形式表示的编码来处理的。如前所述，美国标准信息交换码ASCII是一种7位二进制的编码，1962年提交美国标准化协会（American National Standards Institute，ANSI）并于1968年定案。

随着信息技术的广泛应用，人们逐渐要求计算机理解额外的字符和非打印字符，ASCII字符集变得不够用了，有很多字符不能表达，因此各种扩展方案应运而生。与大多数技术一样，这些额外的字符需要一段时间才能得到一个统一的标准，经过了时间的考验，一种扩展ASCII编码得到了大家的公认。这种扩展的ASCII字符集也包含128个十进制数，范围为128～255，表示额外的特殊符、数学符、图形和外字符，如图1-5所示。

十进制	字符	十进制	字符	十进制	字符	十进制	字符	十进制	字符	十进制	字符	十进制	字符	十进制	字符
128	Ç	144	É	160	á	176	░	193	┴	209	╤	225	ß	241	±
129	ü	145	æ	161	í	177	▒	194	┬	210	╥	226	Γ	242	≥
130	é	146	Æ	162	ó	178	▓	195	├	211	╙	227	π	243	≤
131	â	147	ô	163	ú	179	│	196	─	212	╘	228	Σ	244	⌠
132	ä	148	ö	164	ñ	180	┤	197	┼	213	╒	229	σ	245	⌡
133	à	149	ò	165	Ñ	181	╡	198	╞	214	╓	230	µ	246	÷
134	å	150	û	166	ª	182	╢	199	╟	215	╫	231	τ	247	≈
135	ç	151	ù	167	°	183	╖	200	╚	216	╪	232	Φ	248	°
136	ê	152	_	168	¿	184	╕	201	╔	217	┘	233	Θ	249	·
137	ë	153	Ö	169	_	185	╣	202	╩	218	┌	234	Ω	250	·
138	è	154	Ü	170	¬	186	║	203	╦	219	█	235	δ	251	√
139	ï	156	£	171	½	187	╗	204	╠	220	▄	236	∞	252	_
140	î	157	¥	172	¼	188	╝	205	═	221	▌	237	φ	253	²
141	ì	158	_	173	¡	189	╜	206	╬	222	▐	238	ε	254	■
142	Ä	159	ƒ	174	«	190	╛	207	╧	223	▀	239	∩	255	
143	Å	192	└	175	»	191	┐	208	╨	224	α	240	≡		

图1-5 扩展的ASCII字符集

由图 1-5 可以看出这种扩展编码方案和基本的 ASCII 编码是兼容的，当 1 字节里的数值被解释为字符时，其整数值代表该字符的 ASCII 码。其中若是该字节里的数值为 128～255，则表示是图 1-5 中的图形和西欧字符，而若该字节里的数值为 0～127 时，则表示是基础 ASCII 编码。

远东文字，包括汉字、日文、韩文(CJK)有非常多的符号，1 字节是远远不够的。为了支持这样的语言文字系统，双字节系统(Double-Byte Character Set，DBCS)应运而生。双字节编码是一种 1～2 字节的可变长度编码，若第 1 字节是 0X81～0x9F，或者 0XE0～0XFC，这样的字节被称为引导字节(Lead Byte)，其后 1 字节是扩展字节(Extend Byte)，这样 2 字节组合成一个编码，表示一个汉字。而如果第 1 字节不属于引导字节的范围，则该字节就是一个编码。例如，以下是 ASCII 与 DBCS 的一个比较：

H	e	l	l	o	\0
48	65	6C	6C	6F	0

1	加		2	得		3	\0
31	BC	D3	32	B5	C3	33	0

该例子演示了一个同时包括了普通 ASCII 码和汉字的字符串。可以发现 DBCS 兼容普通 ASCII 编码。美国标准化协会将 DBCS 编码方案收编成 ANSI 标准编码方案，作为 ASCII 的扩展，或者说 DBCS 是一种 ANSI 编码。

显然，DBCS 混合了单字节编码和双字节编码，处理起来很麻烦。Apple 和 Xerox 等公司积极寻求解决全球统一字符编码(Unicode)的解决方案，1991 年建立了专门的协会来开发和推动这个方案。该协会聚集了 Apple、Compaq、HP、Microsoft、Oracle 和 IBM 等在行业具备号召力的大公司，负责维护 Unicode 标准。

Unicode 每个字符被定义为 2 字节，这样避免了字符串中同时存在长短编码的问题，降低了字符和字符串处理的难度。以下是一个 Unicode 的字符串的例子：

1		加		2		得		3		\0	
0031		52A0		0032		5f97		0033		0000	
31	00	A0	52	32	00	97	5F	33	00	00	00

可以看到，Unicode 字符串和 ANSI 字符串并不兼容。Unicode 一个字符占用 2 字节，若是标准 ASCII 字符，则会将高位字节设置为 0，例如字符 2，ASCII 码为 0X32，Unicode 代码为 0X0032。若是使用 ANSI 处理程序处理 Unicode，则在遇到 0X32 后就会遇到 0X00(计算机中多字节数据按照低前高后的次序存放)，这导致字符串处理程序认为字符串结束了。

C 语言本身同时支持 ANSI 和 Unicode。在定义 ANSI 字符时，应当使用 char 类型。在定义 Unicode 字符时，应当使用 wchar_t 类型，并且在 Unicode 常量前面加 L 前缀。

例如，下面是两种编码的定义及比较：

```
char ch='A';                  //ANSI 标准
wchar_t ch=L'A';              //Unicode 标准
char s[5]="ABCD";             //ANSI 字符数组
wchar_t s[5]=L"ABCD";         //Unicode 字符数组
```

```
char c='好';                    //错误,ANSI 的汉字有 2 字节,这里将丢失数据
wchar_t c=L'好';                //正确
char s[5]="你好";                //正确。两个汉字占 4 字节,并且结束字符占 1 字节
wchar_t s[3]=L"你好";            //正确。两个字符占 4 字节。结束标志占 2 字节
```

1.4 运算符和表达式

C 语言的运算符种类非常繁多,具体可以分为:算术运算符、关系运算符、逻辑运算符、位操作运算符、赋值运算符、条件运算符、逗号运算符、指针运算符、求字节数运算符等。那么什么是表达式呢?可以从两个角度去理解:

(1) 常量、变量和函数是最简单的表达式,用运算符将表达式正确连接起来的算式也是表达式。例如:3、i、sqrt(2.0)、3+i-fabs(-5.0)以及 y=18+'B'/'b'*20-sqrt(4.0)都是表达式。

(2) 表达式是由运算符和运算对象(操作数)组成的有意义的运算式。其中,运算符就是具有运算功能的符号,运算对象指常量、变量或者函数等表达式。C 语言中有多种与运算符对应的表达式,例如算术运算符对应的是算术表达式、关系运算符对应的是关系表达式、逻辑运算符对应的是逻辑表达式等。

注意:任何一个表达式都有一个值及其类型,它们等同于该表达式计算后所得结果的值和类型。假设变量 y 为 int 型,那么如何求出表达式 y=18+'B'/'b'*20-sqrt(4.0)的值呢?该值的数据类型是什么呢?这就需要介绍下面知识。

1.4.1 运算符优先级及结合性

在表达式求值时,按运算符优先级别高低次序执行,先做优先级高的,后做优先级低的,例如先乘除后加减。如果优先级相同,则按照结合性进行处理。

C 语言对每个运算符优先级和结合性都进行了规定,可以参考附录 B。

例如,表达式 y=18+'B'/'b'*20-sqrt(4.0)的求值顺序为:

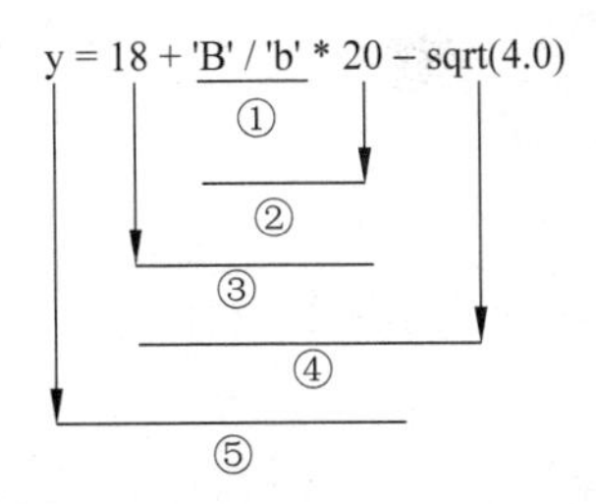

表达式的求值顺序已经得到解决了。但是,该值的类型是什么呢?如果参加运算的操作数的类型不同,在表达式的求值过程中又如何处理?这就是下面要介绍的类型转换规则。

1.4.2 数据类型转换

数据类型转换分为两种：隐式(自动)转换和显式(强制)转换。所谓“**隐式转换**”就是编译系统自动完成，不需要用户添加额外的代码；所谓“**显式转换**”就是通过强制转换运算符来进行类型转换。

1. 隐式转换

隐式转换在哪些情况下发生呢？主要在以下三个方面。

(1) 运算转换：不同类型数据混合运算时。

(2) 赋值转换：把一个值赋给与其类型不同的变量时。

(3) 函数调用转换：实际参数与形式参数类型不一致时转换。

下面就上述三个方面逐一介绍。

(1) 运算转换。

运算转换发生在不同类型数据进行混合运算时，由编译系统自动完成。运算转换规则如图 1-6 所示。

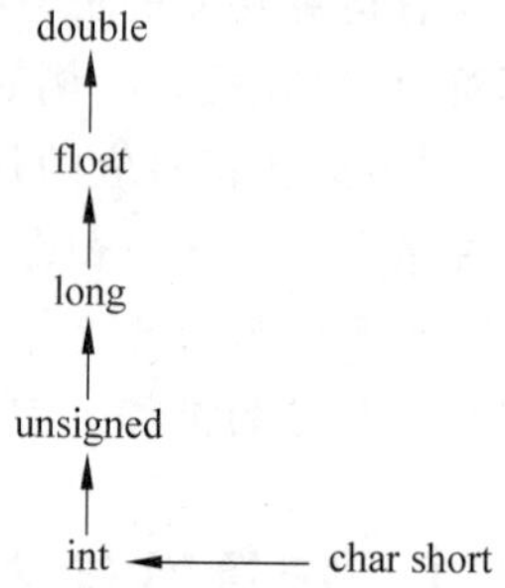

其中横向向左的箭头表示必需的转换，即 char 型和 short 型必须先转换为 int 型。即使是两个 char 型数据或者 short 型数据进行算术运算，也都必须先转换成 int 型再运算。

纵向向上的箭头表示当参加运算的数据类型不相同时才发生的转换。例如 int 型数据与 double 型数据进行运算，先将 int 型转换为 double 型，使得两个数据均为 double 型，再开始进行运算，结果为 double 型。

double

float

long

unsigned

int ← char short

图 1-6 不同类型数据运算时的转换规则

注意：int 型转换为 double 型数据，不要理解为首先把 int 型转换为 float 型，再把 float 型转换为 double 型，而是直接将 int 型转换成 double 型。

【例 1-9】 运算转换的运用。

```
#include <stdio.h>
int main()
{
  char ch='A';
  int i=5;
  float f=3;
  double d=5;
  printf("value of the expression is %f\n",i*i+ch/i+f*d-(f+i));
  printf("size of the expression is %d\n",sizeof(i*i+ch/i+f*d-(f+i)));
  return 0;
}
```

运行结果：

```
value of the expression is 45.000000
size of the expression is 8
```

从运行结果可以看出，表达式 i * i+ch/i+f * d−(i+f)的类型为 double 型。为什么是 double 类型呢？从图 1-7 就可以一目了然了。

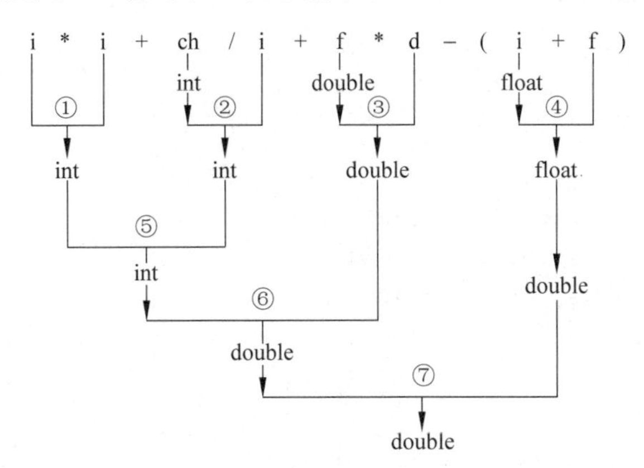

图 1-7　表达式 i * i+ch/i+f * d−(i+f)的类型转换过程

(2) 赋值转换。

如果赋值运算符两侧的类型不一致，系统将会进行赋值转换，即把赋值运算符右边的类型转换成左边的类型。例如，x=3.5；假设 x 是 int 型，但 3.5 是 double 型，故要将 double 型转换为 int 型，所以 x 的值为 3，即该赋值表达式的值也为 3。具体的赋值转换规则将在 1.4.4 节的“赋值表达式”一节介绍。

(3) 函数调用转换。

函数调用时，如果实际参数与形式参数类型不一致时，就发生函数调用转换，实质上函数调用转换从某种意义上可以归结到赋值转换，具体将在第 5 章“函数”中介绍。

2. 显式转换

显式转换就是借用强制类型转换运算符“(类型)”实现的，其一般格式：

(类型名)操作数

需要注意以下两个方面：

(1) 类型名两边必须有括号，否则就不符合强制运算符的规定；

(2) 强制运算符也是一种运算符，当然就具有优先级和结合性了。从附录 B 中可以看到强制运算符的优先级是 2 级，结合方向是自右向左，是单目运算符，即只有一个操作数。

例如：

(int)(x+y)　是先求出表达式 x+y 的值，因为运算符()的优先级比强制运算符(int)优先级高，然后再由强制运算符(int)将表达式 x+y 的结果强制转换成 int 型

(int)x+y　是先求表达式(int)x 的值，即将 x 转换成 int 型，因为(int)的优先级比+高，然后

再将转换后的结果同 y 相加，即 (int)x+y 与 (int)(x)+y 等价

注意：在进行强制类型转换时，得到的是一个所需类型的中间量，原来操作数的类型未发生变换。例如，(int)x;假设已定义 x 为 double 类型，进行强制类型转换后，得到一个 int 型的中间量，它的值等于 x 的整数部分，而 x 的类型仍然为 double。

【例 1-10】 强制类型转换运算符的运用。

```
#include <stdio.h>
int main()
{
    double x=10.17,y=3.0;
    printf("%d \n",sizeof((int)(x+y)));
    printf("%d \n",sizeof((int)x+y));
    printf("%d \n",sizeof((int)10.17));
    return 0;
}
```

运行结果：

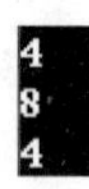

```
4
8
4
```

所以对于上面所提到的 y＝18＋'B'/'b' * 20－sqrt(4.0)表达式而言，根据前面的分析，很容易知道该表达式在具体计算过程中的类型转换过程，如下所示。

```
         y=18+'B'/'b' * 20-sqrt(4.0)
第一步:y[i]=18[i]+0[i] * 20[i]-sqrt(4.0[d])[d]
第二步:y[i]=18[i]+0[i]-sqrt(4.0[d])[d]
第三步:y[i]=18[i]-sqrt(4.0[d])[d]
第四步:y[i]=18[i]-2.0[d]
第五步:y[i]=16.0[d]
第六步:16[i]
```

其中：[i]表示 int 型，[d]表示 double 型，sqrt()函数的返回值及参数类型均为 double 类型。

1.4.3 算术运算符和算术表达式

1. 算术运算符

在 C 语言中，基本的算术运算符有以下几个。

＋：加法运算符(双目运算符，优先级第 4 级，具有左结合性)。例如，a＋b，i＋8 等。

－：减法运算符(双目运算符，优先级第 4 级，具有左结合性)，或者负值运算符(单目运算符，优先级第 2 级，具有右结合性)。例如，x－5，－5 等。

*：乘法运算符(双目运算符，优先级第 3 级，具有左结合性)。

/：除法运算符(双目运算符，优先级第 3 级，具有左结合性)。

%：求余运算符(双目运算符，优先级第 3 级，具有左结合性)。

需要注意的是：

(1)“%”运算符两侧必须均为整型数据，例如，7%3 的值为 1。

(2)如果“/”运算符两侧的操作数都是整型，根据前面所讲的知识，不需要进行类型转换，所以结果仍然是整型。例如，7/3 数学意义上的值约为 2.3，但在计算机中，它的值为 2。如果要让计算机得到 2.3，想一想有哪些办法。

2. 算术表达式

由算术运算符连接起来的合法的式子就是**算术表达式**。例如：

```
a+b
(a*6)/b
sin(x)+sin(y)
```

请读者注意，在书写 C 语言表达式时，乘号 * 不能省略。数学式 2a+3(x+y)中，乘号被省略了，但在 C 语言表达式中，必须写成 2*a+3*(x+y)的格式。

1.4.4 赋值运算符和赋值表达式

1. 赋值运算符

赋值运算符分为简单赋值运算符、复合赋值运算符两大类。

(1)简单赋值运算符

简单赋值运算符为“=”。由“=”连接的式子称为赋值表达式。

例如：

```
x=3
y=a+b
y=abs(3)
```

赋值运算符的优先级仅仅比“,”运算符的优先级高，但比其他运算符的优先级都要低；结合方向是自右向左。

(2)复合赋值运算符

C 语言规定可以使用以下 10 种复合赋值运算符：

```
+=,-=,*=,/=,%=,<<=,>>=,&=,^=,|=
```

其优先级以及结合性与“=”一样。由于后 5 种是关于位运算符与赋值运算符的复合运算，将在后面进行详细介绍，在这里仅仅介绍算术运算符与赋值运算符的复合运算。

算术运算符与赋值运算符的复合运算形式上可以总结为：

变量名 op=表达式

它等价于：

```
变量名=变量名 op 表达式
```

其中 op 代表算术运算符。

例如：

```
x-=5      等价于     x=x-5
y*=a-8    等价于     y=y*(a-8)
```

虽然复合赋值运算符有利于编译处理，能产生高质量的目标代码，但对初学者来说，在编程的时候，首先要保持程序的可读性，不要刻意追求使用复合赋值运算符。

2. 赋值表达式

由赋值运算符将一个变量和一个表达式连接起来的合法算式称为**赋值表达式**。其一般形式为：

```
变量名=表达式
```

赋值表达式表示两层含义：

(1) 该变量的值现在已经被更改成表达式的值，该变量以前的值被覆盖了。

(2) 此赋值表达式的值为该变量的值。

例如，下面表达式都是合法的赋值表达式：

```
x=5     x的值现在变为5,以前的值将被覆盖;x=5表达式的值为x的值,即等于5
x-=5    x的值现在变为0,以前的值5将被覆盖;x-=5表达式的值为x的值,即等于0
```

赋值运算符左侧的单个变量称为"左值"(left value，简写为 lvalue)，注意，并不是任何对象都可以作为左值的。单个变量是可以作左值的，而表达式(除单个变量)、常量是不能作为左值的。

例如，以下表达式：

```
x+y=6
5=x+3
```

都是不合法的。

赋值运算符右侧的表达式称为"右值"(right value，简写为 rvalue)，可以是任何表达式。

例如：

```
x=3       变量x作为左值,常量3作为右值
y=x       变量y作为左值,变量x作为右值
y=x+3     变量y作为左值,表达式x+3作为右值
```

从赋值表达式的形式来看，并没有规定赋值运算符右边表达式的类型，也就是说什么类型的表达式都可以，那么当然可以是赋值表达式。

例如，假设 x=3，y=5，则赋值表达式 x=y=5 的值为多少呢？

根据赋值运算符的结合性是自右向左的，x＝y＝5 等价转换为：x＝(y＝5)。y＝5 是赋值表达式，执行完后，y 的值现在为 5，y＝5 表达式的值也为 5，所以 x＝(y＝5)等价转换为 x＝5，执行完后，x 的值现在为 5，x＝5 表达式的值也为 5，即整个表达式 x＝y＝5 的值为 5。

从这个例子可以容易地发现，表达式 a＝1 * 2＝3 * 4 是不合法的，因为 1 * 2 不能作为第二个赋值运算符的左值。

3. 类型转换

C 语言处理赋值运算时，如果赋值运算符左右两边的操作数的数据类型不相同，那么编译系统就要进行**赋值类型转换**，即把赋值运算符右边表达式值的类型转换成左边变量的类型。常用转换规则简要总结如下：

(1) 整型赋予字符型，只把低八位赋予字符量。

例如：

```
short i=289;
char c='a';
c=i;
```

赋值情况如下所示，c 的值为 33，如果用"%c"输出 c，将得到字符'!'(因为'!'的 ASCII 码的值为 33)。

c=289	00000001	00100001
c=33		00100001

(2) 整型赋予实型，数值不变，但将以浮点形式存放。

例如，假设 i 是 float 型的，执行"i＝24"时，先将 24(int 型)转换成 24.0(float 型)，再将 24.0 存储在 i 中。

(3) 实型赋予整型，舍去小数部分。

例如，假设 i 是 int 型的，执行"i＝3.14"时，先将 3.14(double 型)转换为 3(int 型)，再将 3 存储在 i 中，即 i 的值为 3，而不是 3.14。

(4) 字符型赋予整型，值保持不变。

例如：

```
int i;
char c='b';
i=c;
```

此时 i 的值为 98，如果用%d 输出 i，此时显示器上显示 98。

1.4.5 逗号运算符和逗号表达式

在 C 语言中，逗号“，”起两个作用：

(1) 起分隔符作用,用于间隔多个变量定义或者函数中的参数等。

例如:

```
int a,b,c;
printf("%d%d",i,j);
```

(2) 起运算符作用,其对应的逗号表达式的一般形式为:

表达式 1,表达式 2,…,表达式 n

逗号表达式的计算顺序是:先计算表达式 1,然后计算表达式 2……最后计算表达式 n,并以表达式 n 的值作为该逗号表达式的值,以该值的类型作为该逗号表达式的类型。

逗号运算符的优先级最低,结合方向是从左向右。

例如:

```
表达式:2,4,6 的值为 6
表达式:i=5,i=6,i 的值是 6
```

逗号表达式需要注意的是:

(1) 从上面的逗号表达式一般形式可以看出,表达式 1 到表达式 n 并没有指明是哪种类型的表达式,所以任何类型的表达式都可以组成逗号表达式,甚至是逗号表达式本身,如 2,3,(3+5),6。

(2) 不要以为逗号表达式的值是表达式 n,所以不需要计算前面的表达式值,这是错误的。原因在于,在计算表达式 1 值到表达式 n—1 值的过程中,可能会影响计算表达式 n 的值。

例如,假设 a=3,求表达式 a=3 * 5,a * 4 的值。

在这个逗号表达式中,把 a=3 * 5 看作表达式 1,它是既含有赋值运算符=,又含有算术运算符 * 的混合表达式;把表达式 a * 4 看作表达式 2,它是个算术表达式。根据逗号表达式的计算顺序,a=3 * 5 得 a=15;再求 a * 4 得 60 即为整个表达式的值(a 的值仍为 15)。如果不计算表达式 1,直接计算表达式 2,将会得到 12 这个错误的结果。

1.4.6 ++和--运算符

"++"被称为**自增运算符**,"--"被称为**自减运算符**,优先级均为 2,自右向左结合。它们同时具有两种功能:

(1) 使变量的值增加 1 或减少 1。

例如,假设 i 是整型,且赋了初值,那么,在执行"++i"或"i++"时,都相当于执行了其中一步"i=i+1";在执行"--i"或"i--"时,都相当于执行了其中一步"i=i-1"。

(2) 取变量的值作为由运算符"++"或"--"连接起来的表达式的值。

例如,假设整型变量 i 的值为 3,计算表达式"++i"值(注意是计算表达式的值,而不是计算变量 i 的值)时,根据功能(2)的描述,肯定都是用 i 来代替表达式++i 的值,由于++在 i 前面,所以先对 i 进行功能(1)运算,即将变量 i 的值加 1,i 的值此时变为 4,然后再做功能(2),即用当前 i 的值来代替表达式"++i"的值,所以表达式的值为 4。

又如，假设整型变量i的值为3，而计算表达式"i++"值时，同样都是用i来代替表达式i++的值，但由于++在i后面，所以先执行功能(2)，即用当前i的值来代替表达式i++的值，所以表达式i++的值为3，然后再执行功能(1)，即对i进行增1，故i的值为4。

【例 1-11】 ++和--运算符的运用。

```
#include <stdio.h>
int main()
{
  int i,j;
  j=2;
  i=++j;
  printf("i=%d, j=%d\n",i,j);
  j=2;
  i=j++;
  printf("i=%d, j=%d\n",i,j);
  return 0;
}
```

运行结果：

```
i=3, j=3
i=2, j=3
```

注意： 执行++和--运算符时，都必须执行上述两种功能，少执行了其中任何一个功能都是错误的。

1.4.7 sizeof 运算符

sizeof是C语言的一种单目运算符，与C语言的其他单目运算符++、--等一样，只需要一个操作数。用sizeof运算符可以得到其操作数占用内存空间的大小，以字节为单位。

sizeof的使用方法分两种：

(1) 用于求数据类型占用内存空间的大小。一般形式为：

sizeof(类型名)

注意： 数据类型必须用一对圆括号括起来，例如sizeof(char)。

(2) 用于求变量占用内存空间的大小。一般形式为：

sizeof(变量名)

或

sizeof　变量名

注意： 变量名可以不用括号括住。建议无论sizeof用于什么形式，最好都加括号，以增强程序的可读性。

【例 1-12】 sizeof 运算符的运用。

```
#include <stdio.h>
int main()
{
  char ch='w';
  printf("%d %d %d ",sizeof(ch),sizeof(float),sizeof(3));
  return 0;
}
```

运行结果：

```
1 4 4
```

1.5 宏常量与常变量

1.5.1 宏常量

从前面 1.3 节中介绍可知，常量从形式上可以分为：直接常量和符号常量(也称宏常量)。所谓**宏常量**就是用一个标识符来代替一个字面常量。例如：

```
#define PI 3.1415926
```

其中的 PI 称为宏常量，也称为符号常量。宏常量 PI 没有类型，它是在编译前，即预编译阶段被 3.1415926 替换。例如：

```
S =PI * r * r;
```

在预编译阶段，直接将宏常量 PI 替换成 3.1415926。

通常，#define 出现在程序中函数的外面，宏常量的有效范围是从 #define 命令定义位置开始到本源文件结束。

【例 1-13】 宏常量的应用。

```
#include  <stdio.h>
#define  PI  3.1415926
int main( )
{   float  l,s,r,v;
    printf("Input  radius :");
    scanf("%f", &r);
    l=2.0 * PI * r;              /* 求周长 */
    s=PI * r * r;                /* 求面积 */
    v=4.0/3.0 * PI * r * r * r;  /* 求体积 */
    printf("l=%10.4f\n s=%10.4f\n v=%10.4f\n",l,s,v);
    return 0;
}
```

上述代码进行编译预处理后，代码中所有出现宏常量 PI 的地方都被替换成 3.1415926。替换之后的程序代码如下所示。

```
#include  <stdio.h>
#define  PI  3.1415926
int main( )
{   float  l,s,v;
    printf("Input radius:");
    scanf("%f",&r);
    l=2.0*3.1415926*r;
    s=3.1415926*r*r;
    v=4.0/3.0*3.1415926*r*r*r;
    printf("l=%10.4f\n s=%10.4f\n v=%10.4f\n",l,s,v);
    return 0;
}
```

运行结果：

```
Input  radius :2
l=   12.5664
 s=   12.5664
 v=   33.5103
```

从上面的程序可以看出宏常量的优点：PI 明显就是圆周率，见名知意；如果要把圆周率改为 3.14，不需要改动三次，只需要将＃define PI 3.1415926 改为＃define PI 3.14，达到一改全改。

使用宏常量的优点主要有：含义清楚、见名知意；修改方便、一改全改。

1.5.2 常变量

在 C 语言中，可以用＃define 定义常量，也可以用 const 定义常量。＃define 定义的常量称为宏常量，const 定义的常量称为**常变量**。在定义变量时，如果加上关键字 const，则变量的值在程序运行期间不能改变，这种变量称为常变量。C99 标准中允许使用常变量，例如：

```
const int a=6;
```

表示 a 被定义为一个整型变量，其值为 6，并且在变量 a 存在期间，a 的值不能发生改变，故 a 称为常变量。

注意：

(1) 上面的这一行不能写成如下两行：

```
const int a;
a=6;                              //常变量不能被赋值
```

(2) 在定义常变量时,可以用表达式对常变量初始化,如:

```
const int b=3+5,c=2 * sin(1.5);//常变量 b 的值被指定为 8,常变量 c 的值被指定为 2 *
                                 sin(1.5)
```

(3) 常变量与直接常量的异同:常变量具有变量的基本属性,有数据类型,会占用内存的存储单元,只是不允许改变其值。可以这么来理解,常变量是有名字的不变量,有名字可以便于在程序中被引用,而直接常量是没有名字的不变量。

(4) 常变量与宏常量的区别:常变量有数据类型,而宏常量没有数据类型。编译器可以对 const 常量进行类型安全检查。而对宏常量只进行字符替换,没有类型安全检查,并且在字符替换时可能会产生意料不到的错误。

1.6 位 运 算

位运算符是指在二进制位这一级所进行的运算。C 语言共提供了六种简单位运算符及其各自对应的位复合运算符。位复合运算符由简单位运算符与简单赋值运算符组合而成。简单位运算符如表 1-4 所示。

表 1-4 简单位运算符

位运算符	含 义	类 型	优先级	结合性
&	按位与	双目	8	从左向右
|	按位或	双目	10	从左向右
^	按位异或	双目	9	从左向右
~	取反	单目	2	从右向左
<<	左移	双目	5	从左向右
>>	右移	双目	5	从左向右

使用位运算符要注意以下几点:

(1) 运算量只能是整型或字符型的数据,不能为实型数据。

(2) 位运算符中除取反运算符~外,其余均为双目运算符,即要求两侧各有一个运算量。

(3) 运算时先将参与运算的数的补码求出来,然后按照位运算符计算出其二进制形式的结果,同时将该二进制看成某个十进制数的补码,最后求出该十进制数,该十进制数就是位运算符运算的最终结果。

1. 按位与运算符"&"

按位与运算符"&"是双目运算符,其功能是参与运算的两数各自对应的二进制位相与。只有对应的两个二进制位均为 1 时,结果位才为 1,否则为 0。

例如，若有：short a=9，b=5；则 a&b 计算可写算式如下：

```
      0000000000001001  (a 的二进制补码)
(&)   0000000000000101  (b 的二进制补码)
-----------------------------------------
      0000000000000001  (将该二进制视为某个十进制数的补码，该十进制数为 1)
```

所以 a&b=1。

通常按位与运算符的作用是对变量的某些位清 0 或保留变量的某些位。

例如，将 short 型变量 a 的高 8 位清 0，保留低 8 位，可以将 a 与 255 作按位与运算。

	a的高8位	a的低8位	
(&)	00000000	11111111	(255 对应的补码)
	a的高8位为0	a的低8位不变	

因为 a 的高 8 位均与 0 进行按位与运算，所以结果都被置成 0。a 的低 8 位均与 1 进行运算，其结果是 0 还是 1，取决于 a 的低 8 位是 0 还是 1，当 a 的低 8 位中某一位为 0，则结果就为 0；某一位为 1，则结果就为 1。也就是说，a 的低 8 位就是运算的最终结果，即所谓的保留。

2. 按位或运算符"|"

按位或运算符"|"是双目运算符，其功能是将参与运算的两数各对应的二进制位相或。只要对应的两个二进制位有一个为 1 时，结果位就为 1。

例如，若有："short a=9，b=5；"，则 a|b 计算可写算式如下：

```
      0000000000001001  (a 的二进制补码)
(|)   0000000000000101  (b 的二进制补码)
-----------------------------------------
      0000000000001101  (13 的二进制补码)
```

可见 a|b=13。

通常按位或运算符的作用是对变量的某些位置 1。

3. 按位异或运算符"^"

按位异或运算符"^"是双目运算符，其功能是参与运算的两数各对应的二进制位相异或。当对应的两个二进制位相异时，结果为 1，否则为 0。

例如，若有："short a=9，b=5；"，则 a^b 可写算式如下：

```
      0000000000001001  (a 的二进制补码)
(^)   0000000000000101  (b 的二进制补码)
-----------------------------------------
      0000000000001100  (12 的二进制补码)
```

可见 a^b=12。

通常按位异或运算符有以下三个作用：

(1) 使特定位翻转。

所谓翻转是指如果一个数据的某位为 0，则将该位变为 1；如果为 1，则将其变为 0。通过该位与 1 进行按位异或运算可以实现这个功能。例如，有一数 0000000101000001，将其低8位数据进行翻位的操作为：

```
      0000000101000001
(^)   0000000011111111
──────────────────────
      0000000110111110
```

(2) 保留数据的某个位。实现这个功能，是将该位与0进行按位异或运算。

例如：(00001011)^(00000000)

```
      00001011
(^)   00000000
──────────────
      00001011
```

(3) 不用临时变量交换两个变量的值。

例如，以下三步操作可交换变量a和b的值：

```
a=a^b;
b=b^a;
a=a^b;
```

4. 求反运算符"～"

求反运算符"～"为单目运算符，具有右结合性。其功能是对参与运算的数的各二进制位求反。

例如，short a=10；则～a的运算为：

```
(～)  0000000000001010      (a的二进制补码)
─────────────────────────────────────────
      1111111111110101      (－11的二进制补码)
```

可见，～a=－11。

通常求反运算符的作用有以下两个：

(1) ～1　所得的结果是高位全部为1，只有末位为0，再将该结果参与其他位运算来实现某个功能。例如要使一个整数a的最低位为0，其他位保持不变，这个功能可以通过a=a&～1实现。

(2) ～0　所得的结果是所有位全部为1，再将该结果参与其他位运算来实现某个功能。例如要使一个整数a的各位都被置1，这个功能可以通过a=a|～0实现。

注意："～"运算符的优先级比算术运算符、关系运算符、逻辑运算符和其他位运算符都高。

例如，～a^b，先进行～a运算，然后进行^运算。

5. 左移运算符"＜＜"

左移运算符"＜＜"是双目运算符，其功能把"＜＜"左边的运算量的各二进制位全部左移若干位，"＜＜"右边的数指定移动的位数，移位时高位丢弃，低位补0。它通常用来控制使一个数字迅速以2的倍数扩大。

例如：设"short a,b;"，则：

```
b=a<<4  指把 a 的各二进制位向左移动 4 位
若 a=0000000000000011(十进制 3),左移 4 位后为 0000000000110000(十进制 48)
```

左移 1 位相当于该数乘以 2,左移 2 位相当于该数乘以 2^2,上面举的例子 a＜＜4,相当于 a 乘以 2^4 即 16,所以结果为 48。

注意:此结论只适用于左移时被舍弃的高位中不包括 1 的情况,如果有 1 被舍弃,则上面结论不成立。

6. 右移运算符“＞＞”

右移运算符“＞＞”是双目运算符,其功能是把“＞＞”左边的运算数的各二进制位全部右移若干位,“＞＞”右边的数指定移动的位数。它通常用来控制使一个数字迅速以 2 的倍数缩小。

右移运算的运算规则是将一个数的各二进制位全部右移若干位,移出的位丢失。左边空出的位的补位情况分为两种:

(1) 对无符号的 int 或 char 类型数据来说,右移时左端补 0。

(2) 对有符号的 int 或 char 类型数据来说,如果符号位为 0(即正数),则左端也是补入 0;如果符号位为 1(即负数),则左端补入的全是 1,这就是所谓的算术右移。VC 编译系统采用的就是算术右移。

例如,设 short a=15;则:

```
a>>2   表示把 0000000000001111 右移为 0000000000000011(十进制 3)
```

右移 1 位相当于该数除以 2,右移 2 位相当于该数除以 2^2。上面举的例子 a＞＞2,相当于 a 除以 2^2 即 4,15/4=3(注意要取整)。

7. 位运算复合运算符

位运算符与赋值运算符可以组成复合运算符。

例如:

```
&=、|=、>>=、<<=、^=
a|=b 相当于 a=a|b ,a>>=3 相当于 a=a>>3
```

8. 不同长度的数据进行位运算

如果两个数据长度不同,进行位运算时,系统会将二者按右端对齐,然后将数据长度短的进行位扩展,使得它们的长度相等之后再进行运算。对于数据长度短的数据,在扩展的区域填充数据有两种情况:

(1) 如果数据长度短的数据是无符号数,则均填充 0。

(2) 如果数据长度短的数据是有符号数,又分两种情况,为正数则填充 0;为负数则填充 1。实质上这两种填充规则都是为了保持原有数据的值不变。

复习与思考

1. C语言程序的基本结构是什么？
2. C语言基本数据类型有哪些？它们之间有哪些区别？
3. C语言有哪些运算符？它们的优先级和结合性分别是什么？
4. 常变量与宏常量、常变量与变量、常变量与直接常量之间各有哪些区别？

习　题　1

一、选择题

1. 以下说法中正确的是________。
   A. C语言程序由主函数和0个或多个函数组成
   B. C语言程序由主程序和子程序组成
   C. C语言程序由子程序组成
   D. C语言程序由过程组成
2. 以下不正确的标识符是________。
   A. _al　　B. a[i]　　C. a2_i　　D. Int
3. 以下正确的转义字符是________。
   A. '\77'　　B. '\821'　　C. '\xhh'　　D. 'Xff'
4. 字符串"a\xff"在内存占用的字节数是________。
   A. 5　　B. 6　　C. 3　　D. 4
5. 字符串"ABC"在内存占用的字节数是________。
   A. 3　　B. 4　　C. 6　　D. 8
6. 以下数据中不属于char型常量的是________。
   A. '\xff'　　B. '\160'　　C. '070'　　D. 070
7. char型常量的内存中存放的是________。
   A. ASCII码值　　B. BCD代码值　　C. 内码值　　D. 十进制代码值
8. 若sizeof(int)=4,则int型数据的最大值为________。
   A. 2^{31}　　B. $2^{31}-1$　　C. $2^{32}-1$　　D. 2^{32}
9. 算术运算符、赋值运算符和逗号运算符的优先级按从高到低依次为________。
   A. 算术运算符、赋值运算符、逗号运算符
   B. 算术运算符、逗号运算符、赋值运算符
   C. 逗号运算符、赋值运算符、算术运算符
   D. 逗号运算符、算术运算符、赋值运算符

10. 若“int a=2,b;”,执行下列语句后,b 的值不为 0.5 的是________。

A. b=1.0/a　　B. b=(float)(1/a)

C. b=1/(float)a　　D. b=1/(a*1.0)

11. 在 C 语言中,合法的短整型常数是________。

A. 0L　　B. 0821　　C. 40000　　D. 0x2a

12. 以下不能正确表示浮点类型数据的选项是________。

A. -1.0　　B. 0.345　　C. 0.23E1　　D. E23

13. 设有语句“int a=3;”,则执行语句“a+=a-=a*a;”后,变量 a 的值是________。

A. 3　　B. 0　　C. 9　　D. -12

14. 设整型变量 i、j 值均为 3,执行了逗号运算“j=i++,j++,++i”后,i、j 的值是________。

A. 3,3　　B. 5,4　　C. 4,5　　D. 6,6

15. 执行语句“x=(a=3,b=a--);”后,x、a、b 的值依次为________。

A. 3,3,2　　B. 3,2,2　　C. 3,2,3　　D. 2,3,2

16. 设 char a='1';,则把 a 值变成整数 1 的表达式是________。

A. (int)a　　B. int(a)　　C. a=a-48　　D. a/(int)a

17. 设 int a=3;,则把 a 值变成字符'3'的表达式是________。

A. (char)a　　B. a=3　　C. a=a-48　　D. a=a+48

18. 设“int n; float f=13.8;”,执行语句“n=((int)f)%3;”后,n 的值是________。

A. 1　　B. 4　　C. 4.333333　　D. 4.6

19. 以下选项中不正确的表达式是________。

A. a=1,b=1　　B. y=int(x)　　C. a=b=5　　D. i++

20. 以下关于符号常量的说法不正确的是________。

A. 使用 define 定义常量必须在前面加#

B. 使用 define 可以重复定义同一个符号常量,后面的定义将覆盖前面的定义

C. 使用 define 可以定义一个变量

D. 符号常量可以由多个单词组成,单词间不能有空格

21. 如果有定义“int a=-10;”,则下面的说法中正确的是________。

A. a 在计算机内部以二进制表示出来就是 10000010

B. 这条语句是定义一个整型变量 a, a 的值在计算机内以反码表示

C. 这条语句是定义一个整型变量 a, a 的值在计算机内以原码表示

D. 这条语句是定义一个整型变量 a, a 的值在计算机内以补码表示

22. 表达式 0x13&0x17 的值是________。

A. 0x17　　B. 0x13　　C. 0xf8　　D. 0xec

23. 表达式 0x13|0x17 的值是________。

A. 0x17　　B. 0x13　　C. 0xf8　　D. 0xec

24. 设“int a=04,b;”,则执行“b=a<<2”后,b 的结果是________。

A. 4　　B. 8　　C. 16　　D. 32

25. 在位运算中，运算量每右移动一位，其结果相当于________。

A. 运算量乘以 2　B. 运算量除以 2　C. 运算量除以 4　D. 运算量乘以 4

26. 表达式～0x13 的值是________。

A. 0xffffffec　B. 0xffffff71　C. 0xffffff68　D. 0xffffff17

27. 整型变量 x 和 y 的值相等，且为非 0 值，则以下选项中，结果为零的表达式是________。

A. x||y　B. x|y　C. x&y　D. x^y

二、计算表达式的值

1. 设 x 和 y 均为 int 型变量，且 x=1,y=2,则表达式 1.0+x/y 的值为________。

2. 设"float x=2.5,y=4.7; int a=7;",表达式 x+a%3*(int)(x+y)%2/4 的值为________。

3. 已知赋值表达式 a=(b=10)%(c=6),则表达式值和变量 a、b、c 的值依次为________。

4. 已知逗号表达式 (a=15,a*4),a+5,则表达式值和变量 a 的值依次为________。

三、书写合法的 C 表达式

1. 数学式$\frac{a}{b\times c}$的 C 语言表达式是________________________________。

2. 数学式$\frac{1}{2}\left(ax+\frac{a+x}{4a}\right)$的 C 语言表达式是________________________。

第2章

顺序结构程序设计

2.1 编程逻辑与技术

2.1.1 算法及算法的描述工具

在实际生活中,人们总是按照一定步骤、一定的方法来完成某一件事情。例如,某个学生想到银行取钱,一般来说他必须按照以下步骤才能够取到钱。

第一步:必须带上存折去银行;
第二步:填写取款单到相应窗口排队;
第三步:将存折和取款单递给银行职员;
第四步:银行职员办理取款事宜;
第五步:拿到钱并离开银行。

当今时代是信息化时代,很多任务可以让计算机代替人来完成,那么计算机在完成某个任务时,是不是也像人类一样,必须按照某个特定的步骤和方法,才能逐步地去完成呢?答案是肯定的。所谓**“算法”**就是对计算机完成特定任务所采取的方法和步骤的描述。一个算法应该具有以下五个重要的特征。

(1) 有穷性(Finiteness):是指算法必须能在执行有限个步骤之后终止。

(2) 确定性(Definiteness):算法的每一步骤必须是确定的,每一步骤的结果也是确定的。

(3) 可行性(Effectiveness):算法中执行的每个步骤都可以被分解为基本的可执行的操作步骤,即每个步骤都可以在有限时间内完成(也称为有效性)。

(4) 输入项(Input):一个算法有零个或多个输入。

(5) 输出项(Output):一个算法有一个或多个输出。

目前算法的描述方式有很多种,在这里仅介绍常用的四种:自然语言、伪代码、流程图和 N-S 图。

1. 自然语言表示

自然语言表示就是用人们日常生活中所使用的语言来描述一个算法。例如,用汉语、英语等其他语言来描述。其优点是通俗易懂，缺点是：

(1) 烦琐，往往需要用一大段文字才能说清楚所要进行的操作。

(2) 歧义性，自然语言往往要根据上下文才能正确判断出其含义，不太严格，容易引起误解。

(3) 用自然语言容易描述顺序执行的步骤，但如果算法中包含判断和转移情况时，用自然语言描述就不显得那么直观清晰了。

【例 2-1】 将两个变量 x 和 y 的值互换。

解：假设 x=3，y=5，现在要求将 x 变成 5，y 变成 3。“交换”在日常生活中也很常见。例如，两个小朋友交换手中的水果，只需要各自拿出自己的水果，递到对方的手中即可；两个人交换座位，只要各自去坐对方的座位就可以了，这都是直接交换。一瓶白酒和一瓶香醋进行互换，就不能直接从一个瓶子倒入另一个瓶子，必须借助一个空瓶子，先把白酒倒入空瓶，再把香醋倒入已倒空的酒瓶，最后把白酒倒入已倒空的香醋瓶，这样才能实现白酒和香醋的交换，这是间接交换。

在计算机中交换两个变量的值不能用两个变量直接交换的方法，而必须采用间接交换的方法。因此，必须设一个中间变量 temp(其作用就相当于空瓶子)。

对以上问题，用自然语言描述的算法如下：

```
Step 1:将 x 值存入中间变量 temp 中，即执行赋值语句 temp=x;
Step 2:将 y 值存入变量 x 中， 即执行赋值语句 x=y;
Step 3:将中间变量 temp 的值存入 y 中， 即执行赋值语句 y=temp。
```

2. 伪代码表示

所谓“**伪代码**”就是介于自然语言与程序设计语言之间的符号和文字，它既具有自然语言的优点，又方便向程序设计语言过渡。需要注意的是，用伪代码所描述的算法，一般不能直接作为程序来执行，最后还需要转换成用某种程序设计语言所描述的程序。伪代码与程序设计语言最大的区别就在于，伪代码描述比较自由，不像程序设计语言那样受语法的约束，只要人们能理解就行，而不必考虑计算机处理时所要遵循的规定或其他一些细节。

例如，在例 2-1 中，将两个变量 x 和 y 的值互换，可以用伪代码描述如下：

```
BEGIN
  x→temp
  y→x
  temp→y
END
```

3. 流程图表示

所谓“**流程图**”表示就是借助一些具有特定含义的图形符号来表示算法。该表示方法的特点就是灵活、自由、形象和直观。那么有哪些图形符号呢？美国国家标准化协会

(ANSI)规定了一些常用的流程图符号,各种流程图符号表示如图 2-1 所示。

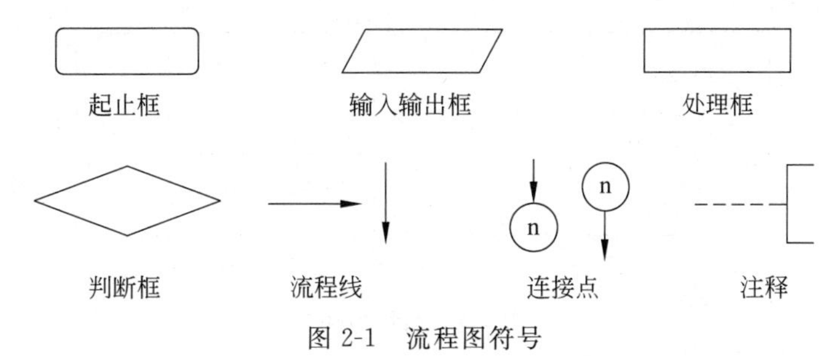

图 2-1 流程图符号

例如,在例 2-1 中,将两个变量 x 和 y 的值互换,如果用流程图表示其算法,其流程图表示如图 2-2 所示。

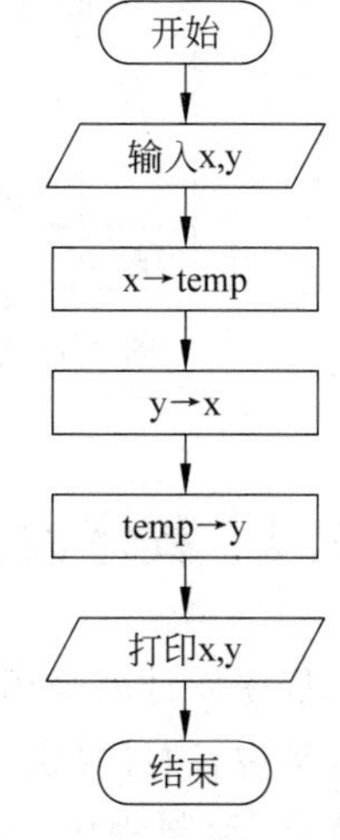

图 2-2 例 2-1 算法的流程图表示

4. N-S 图表示

N-S 图是由美国学者 I. Nassi 和 B. Shneiderman 于 1973 年共同提出的。它是根据程序由三种基本结构组成提出来的,各基本结构之间的流程线都是多余的,可以省略。在 N-S 图中,一个算法就是一个最大的矩形框,框内包含若干个基本框。三种基本结构对应的 N-S 图如下:

(1) 顺序结构。如图 2-3(a)所示。由 A 和 B 两个框组成一个顺序结构。

(2) 选择结构。如图 2-3(b)所示。当条件 P 成立时执行 A 框操作,P 不成立时则执行 B 框操作。

(3) 循环结构。循环结构具体分为两种:

① 当型循环如图 2-4(a)所示。当条件 P1 成立时反复执行 A 框中的操作,直到条件 P1 不成立为止。

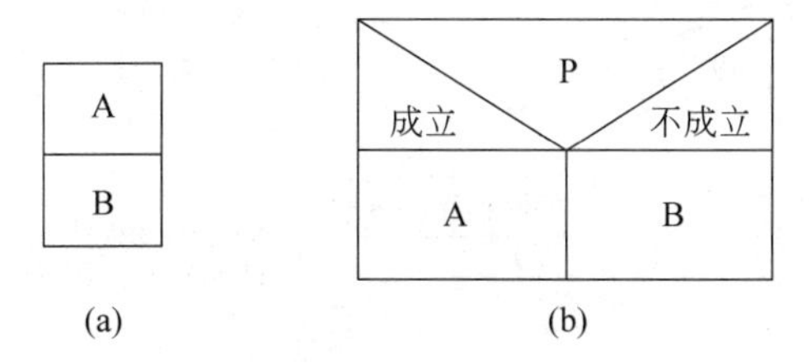

图 2-3 顺序结构与选择结构

② 直到型循环如图 2-4(b)所示。反复执行 A 框中的操作,直到条件 P1 不成立。

当型循环与直到型循环的区别:当型循环先判断条件是否成立,再执行循环中的 A 框;而直到型循环先执行一次 A 框,再判断条件是否成立;直到型循环最少会执行一次 A 框,而当型循环中如果第一次判断时条件就不成立,则 A 框一次都不执行。

值得注意的是,以上三种基本结构对应的 N-S 图中,A 框或 B 框可以是一个简单的操作(如读入数据或输出数据等),也可以是三种基本结构之一,如图 2-5 所示。例如,在例 2-1 中，将两个变量 x 和 y 的值互换，如果用 N-S 图来表示，结果如图 2-6 所示。

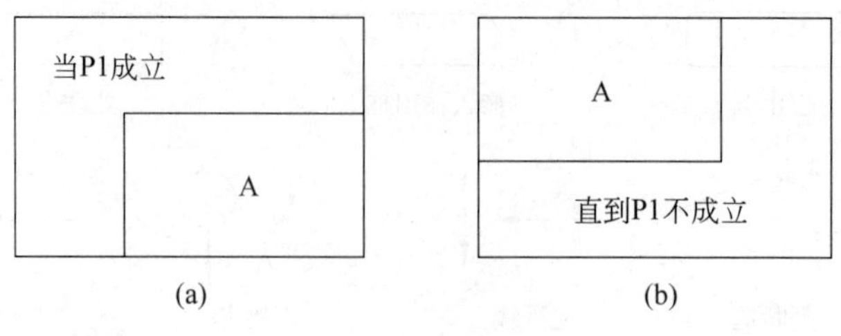

图 2-4　循环结构

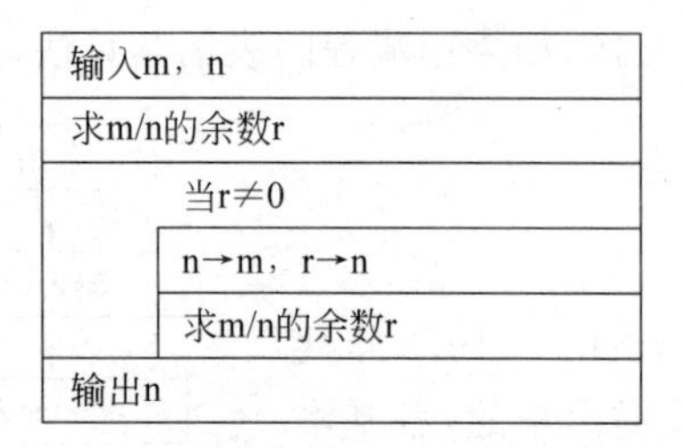

图 2-5　求 m,n 的最大公约数

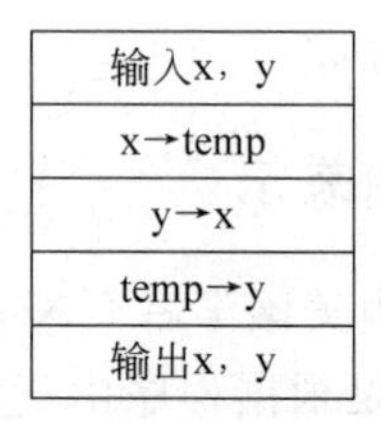

图 2-6　交换变量 x 和 y 的值

2.1.2　程序设计的基本过程

程序设计就是用程序设计语言编写一些代码(指令)来驱动计算机完成特定的任务。也就是说，用计算机能理解的语言告诉计算机如何工作。其过程一般包括：分析问题、设计算法、编制程序、编译连接、调试运行及文档整理。例如，C 程序的开发过程如图 2-7 所示。

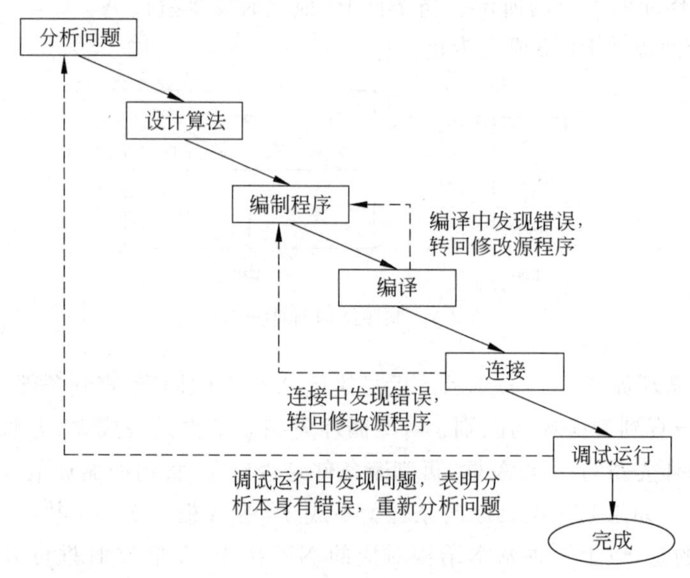

图 2-7　C 程序的开发过程

1. 分析问题

在这个步骤中，主要任务是明确：需要哪些数据作为输入；计算机对输入数据进行什么样的处理；用户希望得到什么样的输出数据，即明确程序的输入、处理、输出（Input，Process，Output，IPO）。

2. 设计算法

虽然问题描述这一步确定了未来程序的输入、处理、输出，但如何处理，即处理的具体过程并没有说明，即“做什么”知道，但“如何做”不知道。算法设计这一步就是来解决“如何做”的问题。

3. 编制程序

问题分析和算法设计已经为程序设计规划好了蓝本，下一步就是如何用某种程序设计语言去实现该算法，这个过程称为编制程序，它是通过某种程序设计语言来实现的。不同的语言实现同一种算法，所得到的程序代码肯定是有差别的。

4. 编译连接

编译就是将编制的程序代码翻译成二进制形式的目标文件。连接就是将目标文件与系统文件（如库文件）组合成可执行文件。

5. 调试运行

在计算机上运行程序，用各种不同的数据对程序进行测试，看能否得到正确结果。

6. 文档整理

对微小程序来说，有没有文档相比较而言并不重要，但对于一个需要多个人一起合作的大程序来说，文档整理就显得非常重要。文档记录了程序设计的算法、实现以及修改的过程，保证了程序的可读性和可维护性。

一般来说，文档整理就是要求写一份技术报告或程序说明书，其中应包括题目、任务要求、原始数据、数据结构、算法、程序清单（包括程序中的注释）、运行结果、所用计算机系统配置、使用的编程方法及工具、操作说明等。

2.1.3 结构化程序设计方法

1. 结构化程序设计

程序设计方法主要是针对 2.1.2 节所讲的程序设计过程中编制程序这一步提出来的。也就是说，同一种算法，可以用不同的程序设计方法去实现。目前主要有结构化程序设计方法和面向对象程序设计方法两大类。由于 C 语言是面向过程的程序设计语言，因此在这里仅仅介绍结构化程序设计方法。

结构化程序设计方法的基本观点是随着计算机硬件性能的不断提高和价格的不断下降，程序设计的目标不应该再集中于如何充分发挥硬件的效率方面，而是注重于如何设计出结构清晰、可读性强、易于分工合作编写和调试的程序方面，它以三种基本结构作为程序的基本单元来构造程序。这三种基本结构就是顺序结构、选择结构和循环结构，如图 2-8、图 2-9 和图 2-10 所示。

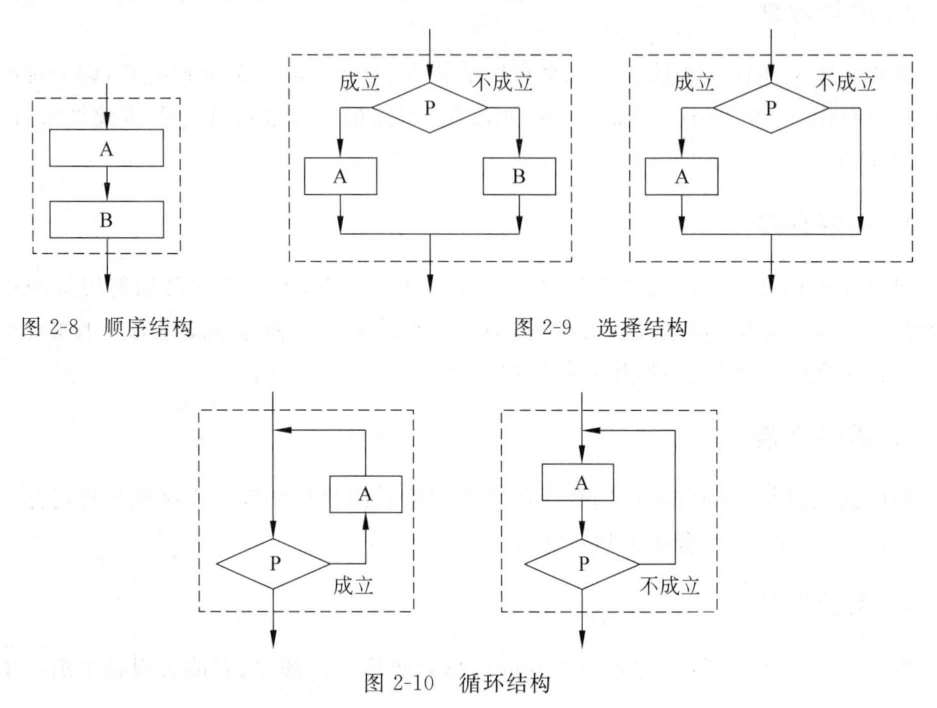

图 2-8　顺序结构

图 2-9　选择结构

图 2-10　循环结构

理论上已经证明，用这三种基本程序结构可以实现任何复杂的算法。

三种基本结构的共同特点是：

(1) 只有一个入口；

(2) 只有一个出口；

(3) 结构内每一部分都有机会被执行到；

(4) 结构内不存在“死循环”。

2. 结构化程序设计的基本原则

结构化程序设计的基本原则是“**自顶向下、逐步求精、模块化设计**”。

所谓“自顶向下、逐步求精”主要指两个方面：一是将一个复杂问题的解法分解和细化成若干模块，每个模块实现一个特定的功能；二是将一个模块的功能逐步分解细化为一系列的处理步骤，直到某种程序设计语言的语句或某种机器指令。

所谓“模块化设计”就是把一个大的程序划分为若干个子程序，每一个子程序解决一个简单问题，即独立成为一个模块，这样任何复杂的问题最终都可以通过多个模块的组合形式得以解决。

在 C 程序设计语言中，函数是实现程序模块化的有力工具。

2.2 C 语言的语句类型

在前面讲到，结构化程序设计方法是由顺序结构、选择结构、循环结构这三种基本结构组成的。C 语言中提供了多种语句来实现这些程序结构。C 语言的语句分为以下五类。

1. 控制语句

控制语句完成一定的控制功能。包括：

(1) 选择结构控制语句。如 if 语句、switch 语句。

(2) 循环结构控制语句。如 do_while 语句、while 语句、for 语句。

(3) 其他控制语句。如 goto 语句、return 语句、break 语句、continue 语句。

2. 函数调用语句

函数调用语句由函数调用加一个分号构成。例如：

```
printf("How do you do .");
```

3. 表达式语句

表达式语句由表达式后加一个分号构成，最典型的是赋值表达式语句。例如：

x=35　是一个赋值表达式，而“x=35;”是一个赋值语句。

3+5　是一个算术表达式，而“3+5;”是一个算术表达式语句，但这条语句没有任何意义，因为它的运算结果对程序没有任何影响，执行这条语句与不执行这条语句结果都一样。

所以在写表达式语句的时候，不要写无意义的语句。

4. 空语句

空语句仅由一个分号构成，它表示什么操作也不执行。主要是用来做循环体的(此时表示循环体什么也不做)。例如：

```
while(getchar()!='\n');
```

本语句的功能是，只要从键盘输入的字符不是回车字符则重新输入。这里的循环体就是空语句。

5. 复合语句

复合语句是由一对大括号“{}”括起来的一组语句构成，又称为块语句。例如：

```
int main()
{ …
    {   int t ;
        t=x ;x=y ;y=t ;
    }                        /* 复合语句 */
    …
}
```

在学习复合语句时,应该注意:

(1) 在语法上,复合语句被视为一条语句,即单个语句可以出现的地方,复合语句也可以被使用。

(2) 在复合语句中允许定义变量,其作用域只限于该复合语句;关于变量作用域的知识将在后续章节中详细讨论。

(3) 在复合语句中大括号"}"外不能加分号,因为这不符合复合语句的定义。

【例 2-2】 语句的应用。

源程序:

```
#include <stdio.h>
int main()
{
    int i=50,j;
    j=i-10;                                /* 有意义的表达式语句(赋值语句) */
    printf("* * * the result is: * * * \n");  /* 函数调用语句 */
    50;                                    /* 无意义的表达式语句 */
    j/2;                                   /* 无意义的表达式语句 */
    i+3;                                   /* 无意义的表达式语句 */
    ;                                      /* 空语句, 不执行任何操作 */
    printf("  j=%d\n",j);                  /* 函数调用语句 */
    return 0;
}
```

运行结果:

```
***the result is:***
  j=40
```

2.3 数据的输入与输出

所谓"**输入**"是指从输入设备(如键盘、磁盘、光盘、扫描仪等)向计算机输入数据;"**输出**"是指从计算机向外部设备(如显示器、打印机、磁盘等)输出数据。

在C语言中,所有的数据输入与输出都是由库函数完成的(详见附录D),因此都是函数调用语句。

在使用标准输入输出库函数(用于标准输入输出设备键盘和显示器)时要用到 stdio.h

文件,stdio 是 standard input & output 的缩写,因此源文件开头应有以下预处理命令:

```
#include <stdio.h>
```

或

```
#include "stdio.h"
```

2.3.1 字符输入与输出函数

1. 字符输入函数 getchar

getchar 函数调用的一般形式为:

getchar();

功能:接收从键盘上输入的一个字符。

例如:

```
char ch1;
ch1=getchar();  表示从键盘上输入一个字符,并赋给字符变量 ch1
```

说明:getchar 函数只接收单个字符,输入多个字符时,getchar 函数也只能接收第一个字符,剩下的字符仍然留在缓冲区中。当再次遇到 getchar 函数时,直接从缓冲区读取剩下的字符,而不需要重新从键盘输入新的字符,这一点请读者一定要注意。

【例 2-3】 字符函数的运用。

源程序:

```
#include <stdio.h>
int  main()
{
  char ch1,ch2,ch3;
  ch1=getchar();
  printf("%c\n",ch1);
  ch2=getchar();
  printf("%c\n",ch2);
  ch3=getchar();
  printf("%c",ch3);
  printf("The end!");
  return 0;
}
```

运行结果:

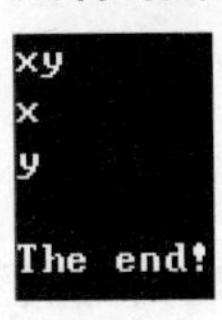

上面的结果为什么会出现一个空行呢？当程序执行到第一个 getchar 函数时，就会提示用户从键盘输入字符，用户在键盘上敲了 x 键、y 键、Enter 键(回车键)，也就是说缓冲区里存在了三个字符'x'、'y'、'\n'。然后第一个 getchar 库函数就从缓冲区读取第一个字符'x'并赋给字符变量 ch1。当执行到第二个 getchar 库函数时，就不再提示用户从键盘重新输入字符，因为缓冲区不为空。所以第二个 getchar 库函数会从缓冲区读取剩下字符中的第一个字符，剩下字符中的第一个字符是'y'，所以此函数把字符'y'读取出来并赋给字符变量 ch2。当执行到第三个 getchar 库函数时，同样读取缓冲区中剩下字符的第一个字符，此时剩下字符中的第一个字符是'\n'，此函数将其读取出来并赋给字符变量 ch3，然后 printf 库函数将 ch3 输出到显示器上，即换行，所以就空了一行。

2. 字符输出函数 putchar

putchar 函数调用的一般格式：

```
putchar(ch);
```

功能：在显示器上输出变量 ch 的值所对应的字符。
例如：

```
putchar('x');                  在显示器上输出字符常量'x'
char x='A'; putchar(x);        在显示器上输出字符变量 x 的值，即字符常量'A'
putchar('\101');               在显示器上输出字符常量 'A'
putchar('\n');                 换行
```

【例 2-4】 字符函数的运用。
源程序：

```
#include<stdio.h>
int main()
{   char ch;
    printf("please input the character:\n");
    ch=getchar();                    /*输入一个字符，赋给 c*/
    putchar(ch);
    putchar('\n');                   /*换行*/
    printf("The end!\n");
    return 0;
}
```

运行结果：

```
please input the character:
x
x
The end!
```

2.3.2 格式输入与输出函数

前面所介绍的 getchar 和 putchar 函数仅仅只能处理单个字符，为了处理其他类型数据的输入与输出，C语言标准库中又提供了格式输入函数 scanf 与格式输出函数 printf。

注意：在学习本小节知识时，切勿追求过多的细节，学习一门程序设计语言关键是学习以该语言为背景的编程思想。

1. 格式输出函数 printf

C语言提供的格式输出函数为 printf 函数，最末一个字母 f 表示"格式"(format)含义。初学者经常把 printf 错误地写成 print，应引起注意。

printf 函数调用的一般格式为：

```
printf("格式控制字符串",输出参数列表);
```

功能：将输出参数列表的值按"格式控制字符串"中指定的格式显示到显示器上。

说明：

(1) printf 函数可以包含两大类参数：格式控制字符串参数和输出参数列表。格式控制字符串参数必须是一个字符串。输出参数列表是"输出参数1，输出参数2，…，输出参数n"的统称，各个参数之间用逗号隔开。如 printf("%d%d",i,j,);就是错误的，因为是每个参数之间加逗号，而不是每个参数后面加逗号，应改成 printf("%d%d",i,j);。

(2) printf 函数是将各个输出参数的值按照指定的格式输出。

例如，下列写法均是正确的：

```
printf("%d",3);          3是一个参数,它的值就是3,将3以%d形式输出
printf("%d",3+5);        3+5是一个参数,它的值就是8,将8以%d形式输出
printf("%d",x=3);        x=3是一个参数,它的值就是3,将3以%d形式输出
```

(3) "格式控制字符串"中又可以包含两种类型的字符：

① 以"%"开头的格式控制字符，用于控制输出参数列表的输出格式，其一般形式为：

```
%[修饰符]格式字符    ([ ]表示可以省略)
```

② 普通字符，主要起解释、说明作用。普通字符在显示器上原样输出。

例如：

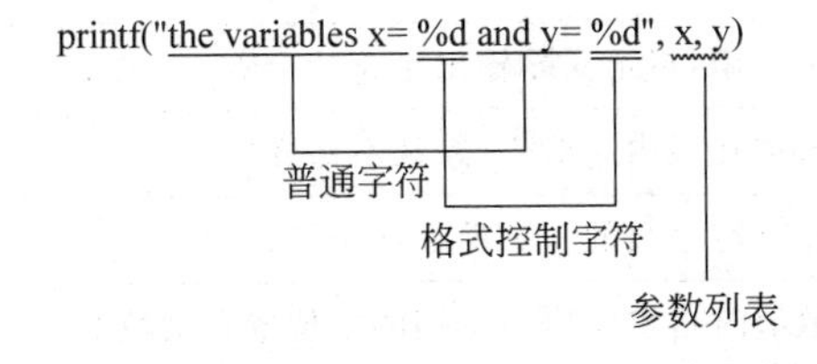

当 x=3，y=5 时，显示器上将显示：

```
the variables x=3 and y=5
```

一般来说，格式控制字符的个数与参数列表中的参数个数是一一对应的，第一个格式控制字符控制的是参数列表中第一个参数的输出格式，其他类推。例如：

```
int x=3,y=5;
```

```
printf("%d",x,y);
```

这是错误的，不要以为 x,y 都是整型变量，所以可以用一个%d 来代替。

下面将介绍格式控制字符中各种符号的含义及其用法。

(1) 格式字符。

常见的格式字符如表 2-1 所示。

表 2-1 常见的格式字符

格式字符	意 义
d	以十进制有符号数形式输出整数(正数不输出+，负数输出−)
o	以八进制无符号数形式输出整数(不输出前缀 0)
x,X	以十六进制无符号数形式输出整数(不输出前缀 0x)，用 x 时，输出十六进制数的 a～f 时以小写形式输出；用 X 时，以大写字母输出
u	以十进制形式输出无符号整数
f	以小数形式输出单、双精度实数(默认输出 6 位小数)
e,E	以指数形式输出单、双精度实数。用 e 时，指数用"e"表示(如 1.5e+3)，用 E 时，指数用"E"表示(如 1.5E+3)
c	输出单个字符
s	输出字符串
%	输出%

(2) 修饰符。

常见的修饰符如表 2-2 所示。

表 2-2 常见的修饰符

修饰符	功 能
m	输出数据域所占的宽度，数据宽度小于 m，左补空格；否则按实际输出
.n	对于实数，指定小数点后位数(四舍五入)
	对于字符串，指定实际输出字符的个数
−	输出数据在域内左对齐(默认右对齐)
+	指定在有符号数的正数前显示正号(+)
0	输出数值时指定左边不使用的空位置自动填 0
#	在八进制和十六进制数前显示前导 0,0x
h	在 d,o,x,u 前，指定输出精度为 short 型
l(L)	在 e,f,g 前，指定输出精度为 double 型

注意：m 和 n 在实际使用过程中，是用一个正整数代替的。且 m 和 n 的区别在于前面有没有"."号，如果数值前面有"."号，那么该值就是 n 的值，否则就是 m 的值。

例如：

```
printf("%.3f",i);          3是n的值,表示输出变量i的值时,保留3位小数
printf("%3f",i);           3是m的值,表示输出变量i的值时,数据域所占宽度为3位
```

下面通过一些具体例子来进一步理解这些格式控制字符。

【例2-5】 格式字符d的运用。

源程序：

```
#include <stdio.h>
int main()
{
    int a=-10,b=2100;
    long c=15696;
    printf("|a=%d^%8d^%-8d|%3d|%ld^%8ld^%-8ld|",a,a,a,b,c,c,c);
    return 0;
}
```

运行结果：

```
|a=-10^     -10^-10     |2100|15696^   15696^15696   |
```

以上程序在输出第二项时,由于格式符为%8d,故可以看到在第一项和第二项之间间隔5个空格,同理,第三项格式符为%-8d,故在第三项和第四项之间也间隔5个空格。由于要输出的第五项c为long类型,故格式符为%ld。

【例2-6】 格式字符u、o、x、X的运用。

源程序：

```
#include <stdio.h>
int main()
{
    int a=-1;
    printf("|a=%d^%8d^%-8d|\n",a,a,a);
    printf("|a=%u^%8u^%-8u|\n",a,a,a);
    printf("|a=%o^%8o^%-8o|\n",a,a,a);
    printf("|a=%x^%8x^%-8x|\n",a,a,a);
    printf("|a=%X^%8X^%-8X|\n",a,a,a);
    return 0;
}
```

运行结果：

```
|a=-1^      -1^-1      |
|a=4294967295^4294967295^4294967295|
|a=37777777777^37777777777^37777777777|
|a=ffffffff^ffffffff^ffffffff|
|a=FFFFFFFF^FFFFFFFF^FFFFFFFF|
```

从上面的运行结果可以看出，只有第一个 printf 函数能正确地输出 a 的值。原因在于格式字符 u、o、x(X)是以无符号的形式输出 a 的值的。也就是说，将 a 在内存中的符号位也当作数值来输出了。a＝－1，它在内存中的补码表示如下：

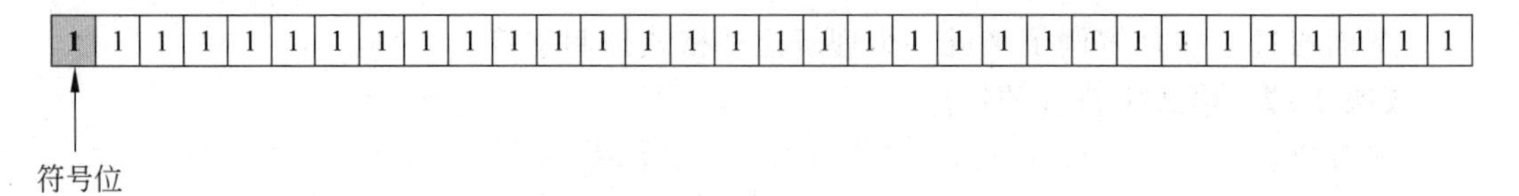

所以，如果把符号位当成数值来输出，上面的输出结果就很容易理解了。

【例 2-7】 格式字符 f 的运用。

源程序：

```
#include <stdio.h>
int main()
{
    float x=123.456789;  double y=123.456789;
    printf("|x=%f^x=%10.4f^x=%.4f|\n",x,x,x);
    printf("|x=%16f|x=%-10.4f|\n",x,x);
    printf("|y=%f^y=%10.4f^y=%.4f|\n",y,y,y);
    printf("|y=%16f|y=%-10.4f|\n",y,y);
    return 0;
}
```

运行结果：

```
|x=123.456787^x=  123.4568^x=123.4568|
|x=       123.456787|x=123.4568  |
|y=123.456789^y=  123.4568^y=123.4568|
|y=       123.456789|y=123.4568  |
```

%f 格式是按系统默认宽度输出实数，即整数部分全部输出，小数部分输出 6 位。单精度变量的输出有效位一般是 7 位；双精度变量的输出有效位一般是 16 位。应当注意的是，小数部分的位数与有效位的区别：有效位是指准确的数值，小数部分的位数可能包含了准确数值的位数，也可能包含了非准确数值的位数。

例如：

```
float  x,y;
printf("%f",x+y);
```

当 x＝111111.1111，y＝333333.3333 时，输出结果为：

```
444444.453125
```

从这个结果可以看出：本来准确的值应该是 444444.4444，但是由于表达式 x＋y 的值的类型是 float 型，它的有效位是 7 位，即准确数值的位数是 7 位，因此输出结果中有 7 个 4。另外，由于%f 要求输出的小数部分的位数是 6 位，因此在 7 个 4 后面又添加了非准确数位 53125。

又如：

```
double x,y;
printf("%f",x+y);
```

当 x=1111111111111.111111,y=3333333333333.333333 时,输出结果为：

```
4444444444444.444340
```

原因请读者自行分析。

【例 2-8】 格式字符 e(E)的运用。

源程序：

```
#include <stdio.h>
int main()
{
    float x=123.456789;  double y=0.0000123456789;
    printf("|x=%e^x=%10.4e^x=%.4e|\n",x,x,x);
    printf("|x=%16E|x=%-10.4E|\n",x,x);
    printf("|y=%E^y=%10.4E^y=%.4E|\n",y,y,y);
    printf("|y=%16e|y=%-10.4e|\n",y,y);
    return 0;
}
```

运行结果：

```
|x=1.234568e+002^x=1.2346e+002^x=1.2346e+002|
|x=    1.234568E+002|x=1.2346E+002|
|y=1.234568E-005^y=1.2346E-005^y=1.2346E-005|
|y=    1.234568e-005|y=1.2346e-005|
```

格式字符 e(E)是以规范化的指数形式输出实数。所谓规范化的指数形式,即在字母 e(E)之前的小数部分中,小数点左边有且只有 1 位非零的数字(如 2.345e−2)。与%f 格式一样,%e 也是按照系统默认的宽度和指数部分所占的宽度输出。VC++ 2010 系统默认为 6 位小数,指数部分占 5 位宽度(如 e+002)。

【例 2-9】 格式字符 c 的运用。

源程序：

```
#include <stdio.h>
int main()
{
  int a=88,b=89;
  printf("%d^%d\n",a,b);
  printf("%c^%c\n",a,b);
  printf("%3c^%5c\n",a,b);
  return 0;
}
```

运行结果：

【例 2-10】 格式字符 s 的运用。

源程序：

```
#include <stdio.h>
int main()
{
  printf("%s\n","hello");
  printf("%5.3s\n","hello");
  return 0;
}
```

运行结果：

2. 格式输入函数 scanf

scanf 函数称为格式输入函数，是 C 语言提供的标准输入函数，其作用是按指定的格式从终端设备（一般指键盘）把数据输入到指定的变量中。

scanf 函数调用的一般格式为：

scanf("格式控制字符串",变量地址参数 1,…,变量地址参数 n);

说明：

(1) scanf 函数包含两大类参数：格式控制字符串和变量地址列表。格式控制字符串必须是字符串，变量地址列表是"变量地址参数 1,…,变量地址参数 n"的总称。

(2) 所谓"变量地址"就是取得该变量在内存的地址。在 C 语言中，有专门的地址运算符 & 来取得变量地址。例如，&a、&b 分别取得变量 a 和变量 b 的地址。也就是说，在使用 scanf 函数给变量赋值时，一定要记住在变量前面加上取地址运算符 &，这一点与 printf 函数是不同的。

(3) "格式控制字符串"里面格式的一般形式是：

%[修饰符]格式字符 （[ ]表示可以省略）

格式字符的种类及含义与 printf 函数基本相同，具体如表 2-3 所示。

表 2-3 scanf 格式字符的种类及含义

格式	字符意义	格式	字符意义
d	输入十进制整数	f 或 e	输入实型数(用小数形式或指数形式)
o	输入无符号的八进制整数	c	输入单个字符

续表

格式	字 符 意 义	格式	字 符 意 义
x	输入无符号的十六进制整数	s	输入字符串
u	输入无符号的十进制整数		

修饰符的种类及含义如表 2-4 所示。

表 2-4　常见的修饰符

修饰符	功　　能
m	指定输入数据宽度，当遇到空格或不可转换字符则结束
*	抑制符，指定输入项读入后不赋给变量
h	用于 d,o,x,u 前，指定输入为 short 型整数
l (L)	用于 e,f 前，指定输入数据为 double 型

下面通过一些具体例子来解释这些修饰符。

① 宽度修饰符 m：用于指定输入数据所占的列数，系统自动按照指定的宽度截取数据。

例如：

```
scanf("%2d%c%2d",&a,&b,&c);
```

当输入：28+12 时，a=28，b='+'，c=12。

又如：

```
scanf("%2d %d",&a,&b);
```

当输入：1234□□5 时(□表示一个空格)，a=12，b=34。

② 抑制修饰符 *：表示读入该输入项，但读入后不赋予相应的变量，即跳过该输入值。抑制修饰符"*"的作用是，通常在有一批数据时，若不想要其中某些位置的数据，就可以用此方法跳过该部分的数据。

例如：

```
scanf("%4d%*2d%2d",&y,&d);
```

当输入一批数据是关于日期的数据，如 19911206，通过该方法可以取得年和日，月份被漏掉。即 y=1991，d=6。

③ 格式修饰符：常见的修饰符就是字母 l(或者大写字母 L)和 h。h 用于 short 型的整数，l(L)用于 long 型的整数和双精度浮点数(加在格式字符 f 或者 e 前面)。

例如：

```
short int a;
scanf("%hd",&a);
```

当输入 123 时，a=123。如果输入 32768，则有 a=-32768。

这是什么原因呢？请读者自行分析。

同样，当定义的变量是 double 型时，也必须加上修饰符 l(L)。

例如：

```
double a;
scanf("%f",&a);
```

应该改成“scanf("%lf",&a);”，否则会得到一个错误的结果。

(4) 使用 scanf 函数时分隔符指定的问题。

例如：

```
scanf("%d%d%d",&a,&b,&c);
```

如果要使 a=1，b=2，c=3，那在键盘上如何输入呢？直接输入 123 可以吗？这就涉及如何将 123 这三个数字正确分开，即分隔符问题。

① 当 scanf 函数中格式控制字符串中只有格式控制字符，没有其他的普通字符时，一般说来，此时输入的数据之间可以用空格键、回车键或者 TAB 键分开。

例如：

```
scanf("%d%d%d",&a,&b,&c);
```

当执行该语句时，下列三种方法都可以让此三个变量得到正确的值：

```
方式 1:1□2□3↙
方式 2:1<TAB>2<TAB>3↙
方式 3:1↙
      2↙
      3↙
```

□表示空格键，<TAB>表示 TAB 键，↙表示回车键。

② 如果格式控制字符串中含有格式控制字符以外的普通字符，那么在给变量输入值时，必须将普通字符一字不漏地输进去。

例如：

```
scanf("year:%d--month:%d",&y,&m);
```

如果要使“y=2008,m=8;”，此时当执行到这条语句时，必须输入：

```
year:2008—month:8↙
```

一般不提倡这种做法，所以在编程的时候，scanf 函数中的格式控制字符串只需要格式控制字符就足够了，与 printf 函数中的普通字符的作用要区别开。

(5) 数值与字符混合输入时，分两种情况：

第一种是字符格式在前面，数值格式在后面，这种情况一般不会发生问题。

例如：

```
scanf("%c%d",&i,&j);
```

按照(4)中规则①中的三种输入方法都可以得到正确结果。

第二种情况是数值格式在前面,字符格式在后面,此时要注意用户在键盘所输入的字符(回车字符或空格字符等)可能被赋给字符变量。因此为了给字符变量正确赋值,必须想办法清除这些"垃圾"字符。

例如:

```
scanf("%d%c",&i,&j);
```

如果要使 i=10,j='w',应当输入:

```
10□w↙
```

此时 i=10,但是 j=' ',而不是 j='w'。这是因为起分隔作用的空格字符被%c 接收赋给 j 了。

又如:

```
scanf("%d",&i);
scanf("%c",&j);
```

当执行到第一个 scanf 函数时,假设输入:

```
10↙
```

此时%d 读取 10 赋给变量 i,但是还剩下回车字符↙,当执行第二个 scanf 函数时,刚好被%c 读入并赋给变量 j。如何解决该问题呢?

方法一:

```
scanf("%d",&i);
getchar();
scanf("%c",&j);
```

方法二:

```
scanf("%d",&i);
scanf("%*c%c",&j);
```

(6) 在键盘上输入数据时,什么时候认为该数据已经结束呢?一般来说,有三种情况:

① 遇到空格键、TAB 键或者回车键。

② 达到所指定的宽度。

例如:

```
scanf("%2d%d",&i,&j);
```

当输入 123456 时,i=12,j=3456。因为%2d 只能接受宽度为 2 列的数据,所以到第二列时,就认为该数据已经结束。

③ 遇到非法输入。

例如:

```
scanf("%d%c",&i,&j);
```

当输入 12a34 时,i=12,j='a'。因为%d 接收的是整型数据,当遇到字符 a 时,就认为遇到了非法输入,所以只能把字符 a 之前的数赋给变量 i。

2.4 常用计算函数

为了简化编程,提高编程效率,C编译系统提供了大量的用于计算的库函数。下面介绍在解决数值性问题时经常用到的数学函数和伪随机函数的用法,对其他库函数的用法,可参考附录D。

2.4.1 数学库函数

表2-5列出了一些常用的数学库函数,在使用这些函数时,必须加上下列代码:

```
#include <math.h>
```

或

```
#include "math.h"
```

表 2-5 常用数学库函数

库函数原型	数学含义	举例
double sqrt(double x);	$\sqrt{x}$	$\sqrt{x}$→ sqrt(x)
double exp(double x);	e^x	e^2→ exp(2)
* double pow(double x,double y);	x^y	$1.05^{5.31}$→pow(1.05,5.31)
double log(double x);	lnx	ln3.5 → log(3.5)
double log10(double x);	lgx	lg3.5 → log10(3.5)
double fabs(double x);	求实型数据的绝对值	|−29.6| → fabs(−29.6)
int abs(int x);	求整型数据的绝对值	|−3| → abs(−3)
double sin(double x);	sinx	sin2.59 → sin(2.59)
double cos(double x);	cosx	cos1.97 → cos(1.97)
double tan(double x);	tanx	tan3.5 → tan(3.5)
double ceil(double x);	向上舍入取整数部分	将0.8向上舍入→ceil(0.8)
double floor(double x);	向下舍入取整数部分	将0.8向下舍入→floor(0.8)

使用表2.5中三角函数时,注意参数是弧度而不是度。例如数学中的$\sin 30^0$,其对应的C语言表达式为sin(3.14 * 30/180)。

思考:表2-5给出了实现向上舍入和向下舍入的函数,如ceil(0.8)的值是1,floor(0.8)的值是0,它们实现的思想是什么?如何实现生活中常见的通过四舍五入的方法取整?进一步说,如何实现通过四舍五入的方法保留小数点后多少位?

【例2-11】 已知三角形的两条边及其夹角,求该三角形的面积$\left(s=\frac{1}{2}ab\sin\theta,\theta\right.$为边$a$

和 b 的夹角$\Big)$。

源程序：

```
#include <stdio.h>
#include <math.h>
int main( )
{
    float a,b,c,s;                         /* a,b 为边长,c 为夹角,s 为面积 */
    scanf("%f%f%f",&a,&b,&c);              /* 已知变量提供值 */
    s=1.0/2*a*b*sin(3.14/180*c);           /* 对已知变量按照要求进行处理 */
    printf("%.2f\n",s);                    /* 输出结果 */
    return 0;
}
```

运行结果：

```
1 2 30
0.50
```

2.4.2 伪随机函数

表 2-6 列出了伪随机函数，在使用这些函数时，必须加上下列代码：

```
#include <stdlib.h>
```

或

```
#include "stdlib.h"
```

表 2-6 伪随机函数

库函数原型	举　例	备　注
int rand(void);	产生一个伪随机整数	产生 0～RAND_MAX 的伪随机数
void srand(unsigned int seed);	初始化伪随机数产生器	如果 seed 相同，则产生的随机数序列完全相同

RAND_MAX 是编译系统定义的符号常量，其值为 32767。如果想产生 0～999 的一个随机整数，可以通过 rand( )%1000 得到；产生 100～999 的一个随机整数，可以通过 rand( )%900+100 得到；如果要产生 0～1 的一个随机小数，可以通过(float)rand( )/RAND_MAX 得到。(float)rand()是将 rand( )产生的随机整数通过强制类型转换运算符(float)进行转换，使得表达式(float)rand()的值为 float 型。读者可以尝试直接用代码 rand( )/RAND_MAX 产生随机小数，看结果有什么特点。

【例 2-12】 伪随机函数的运用。

源程序：

```
#include <stdlib.h>
```

```
#include <stdio.h>
#include <time.h>
int main()
{
    int i;
    srand((unsigned)time(NULL));
    for(i=0;i<10;i++)                        /*此 for 语句使下面语句重复执行 10 次*/
        printf("%6d\n",rand());
    return 0;
}
```

运行结果：

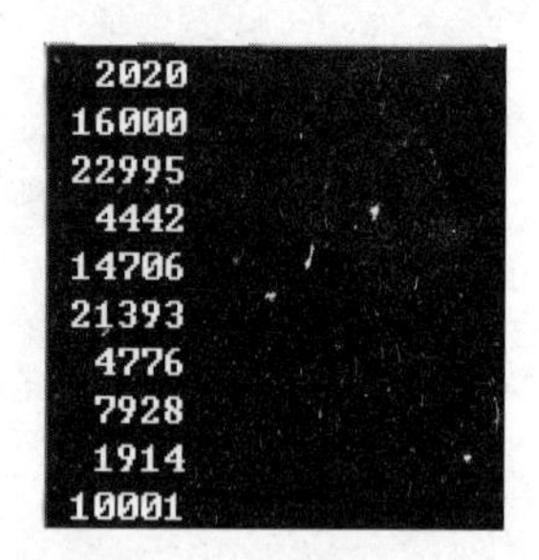
2020
16000
22995
4442
14706
21393
4776
7928
1914
10001

说明：

第 1 行代码#include <stdlib.h>，是因为程序段中用到了 srand 函数和 rand 函数。

第 3 行代码#include <time.h>，是因为程序段中用到了 time 函数，time 函数的功能是取得系统时间，单位是秒（从 1970 年 1 月 1 日零点开始算起）。

第 7 行代码 srand 函数的功能是初始化伪随机数产生器，该函数的参数就是"种子"，如果种子相同，无论运行该程序多少次，rand 函数产生的伪随机序列均相同。该程序段中，srand 函数使用的参数是 time 函数的返回值，该返回值类型不是 unsigned 型，所以必须对返回值进行类型强制转换。time 函数本身的参数是一个指针类型，这里是 NULL，它实际上就是一个指针，用 NULL 作参数时，表示函数的返回值不存放到内存中。关于指针的知识将在第 7 章详细介绍。

读者可以尝试把 srand((unsigned)time(NULL))；删除，或者改为 srand(1)，看每次运行结果有什么特点。

2.5　程序举例

前面所介绍的语句都是 C 语言的顺序执行语句。顺序结构程序就是由顺序执行语句组成的，它的程序特点如下：

（1）程序是按照所编写的语句顺序执行的；

（2）程序中每一条语句有且仅有一次被执行。

顺序结构程序设计的步骤一般为：

（1）分析问题中有哪些变量以及该变量的类型，然后用 C 语言中的变量定义语法去定义该变量；

（2）分析问题中有哪些量是已知的，哪些量是未知的，如果是已知的，就要给这些变量赋值；

（3）弄清楚问题是希望对这些已知数据做什么样的处理，并写出相应的C语言语句；

（4）将处理结果输出。

下面的几道程序题都是按照上面的顺序结构程序设计的步骤进行分析的。

【例 2-13】 从键盘输入一个实型数据，存到变量 i 中，编写程序实现四舍五入保留小数点后两位，并输出。

编程点拨：

（1）问题中已知的变量只有 i，而且题目要求通过键盘输入，所以用 scanf 库函数实现。

（2）对变量 i 进行四舍五入保留小数点后两位的处理。可以先将 i * 100，然后将结果加上 0.5，再将结果通过强制类型转换运算符去掉小数部分，最后将结果再除以 100.0（不能是 100）。

（3）将最后的结果输出。

源程序：

```
#include <stdio.h>
int main()
{
  float i;                                  /* 定义变量 */
  scanf("%f",&i);                           /* 给 i 提供数据 */
  i=(int)(i*100+0.5)/100.0;                 /* 运算部分 */
  printf("%.2f\n",i);                       /* 输出结果 */
  return 0;
}
```

运行结果：

```
12.567
12.57
```

【例 2-14】 已知圆柱体的底半径为 r，高为 h，求圆柱体体积。

编程点拨：

（1）圆柱体体积的计算公式是 $V=\pi r^2 h$，很明显该问题的变量有 V、r 和 h，题目中没有明确说明 r 和 h 的类型是整型还是浮点型，在这里不妨假设是浮点型。在C语言中，通过变量定义“float V,r,h;”就可以实现。

（2）问题中已知 r 和 h 这两个变量的值，那么相应地在C语言中，就可以通过赋值语句“r=2.5;h=3.0;”或者 scanf 库函数实现。

（3）有了这些输入数据，那么现在就开始分析如何处理这些数据。该问题处理数据非常简单，就一个数学公式 $V=\pi r^2 h$，那么用C语言将该数学公式转换为C语言合法的语句，即 V=“π * r * r * h;”或者“V=π * pow(r,2) * h;”考虑一下这样写对吗？细心的读者会发现,这仍然不是合法的C语句,原因在于C编译系统不认识π,那该怎么办呢?由于π是一个常量,它的值约是3.14,所以上面的数学公式应该改为V="3.14 * r * r * h;"或者"V=3.14 * pow(r,2) * h;"。更巧妙的办法是定义一个宏常量#define pi 3.14,然后使用"V= pi * r * r * h;"或者"V=pi * pow(r,2) * h;"。

(4) 处理完数据后,就可输出数据了。

源程序(一):

```
#include <stdio.h>
int main()
{
  float V,r,h;                                     /*定义变量*/
  r=2.5;h=3.0;                                     /*给r,h提供数据*/
  V =3.14 * r * r * h;                             /*运算部分*/
  printf("r=%.2f, h=%.2f, V=%.2f\n",r,h,V);  /*输出结果*/
  return 0;
}
```

运行结果:

```
r=2.50, h=3.00, V=58.88
```

上面程序的缺点主要有:

(1) 该程序无论运行多少次,r和h都是固定不变的,缺少灵活性。

(2) 如果程序中含有多达几百个类似于"V=3.14 * r * r * h;"的语句时,那么假设一旦将圆周率改为3.1415926时,程序将要改动几百次,这样工作量很大,给后续的程序维护也带来很大麻烦。因此,可将程序改写为以下形式。

源程序(二):

```
#include <stdio.h>
#define pi 3.14
int main()
{
  float V,r,h;                                     /*定义变量*/
  printf("Please input radius and height: "); /*屏幕提示输入半径和高*/
  scanf("%f %f",&r ,&h );                          /*给r,h提供数据*/
  V =pi * r * r * h;                               /*运算部分*/
  printf("r=%.2f, h=%.2f, V=%.2f\n",r,h,V);  /*输出结果*/
  return 0;
}
```

运行结果:

```
Please input radius and height: 2.5 3.0
r=2.50, h=3.00, V=58.88
```

【例2-15】 输入整数a和b,交换a和b后输出。

编程点拨：

(1) 该问题中从表面上看只有两个整型变量，但是要达到交换的目的，还需要另外一个变量(称为中间变量)，这如同现实生活中，将一瓶蓝色瓶子的酒与同样大小的白色瓶子的水进行交换一样，需要一个同样大小的空瓶子。所以在C语言中应该这样定义：

```
int a,b,temp;
```

(2) 很明显，此问题已知的变量就是a和b，所以可以通过scanf库函数实现。

(3) 该问题处理数据的关键是如何对两个数据进行对调。如果要将一瓶酒跟一瓶水交换，它要经过3小步：

① 首先把酒倒入一个空瓶中；

② 把水倒入原来的酒瓶中；

③ 将原来是空瓶，但现在是装有酒的瓶子倒入原来装有水的瓶子。

现在是对两个变量进行交换，其实质是一样的，它也要经过3小步：

① 首先把变量a赋给中间变量temp；

② 把变量b赋给变量a；

③ 把中间变量temp赋给变量b。

(4) 将处理结果输出，同样也使用printf库函数将处理的结果显示到显示器上。

源程序：

```
#include <stdio.h>
int main()
{
  int a,b,temp;
  printf("输入整数 a,b:");
  scanf("%d %d",&a,&b);
    /*******交换********/
  temp=a;                          /*把变量 a 赋给中间变量 temp*/
  a=b;                             /*把变量 b 赋给变量 a*/
  b=temp;                          /*把中间变量 temp 赋给变量 b*/
  printf("a=%d  b=%d\n",a,b);      /*输出结果*/
  return 0;
}
```

运行结果：

```
输入整数a,b:1 2
a=2  b=1
```

【例2-16】 给定一个4位数的整数，要求按照逆序将其输出。例如给定整数为1456，输出的结果应该是6541。

编程点拨：

(1) 问题中表面上是只有两个变量，一个是存放一个4位整数的输入变量i，另一个是存放输出结果的输出变量j。但是为了达到输出结果，需要定义另外4个变量d1、d2、

d3、d4 来存放输入变量每个数位上的数。

(2) 此问题很明显,已知量就是一个 4 位数的整数。

(3) 如何得到一个 4 位整数 i 的各个位上的数呢? 假设 i=1596,重复使用“%”和“/”运算符对,经过如下四步,可以得到各个位上的数。

S1: d1=i%10;i=i/10; 得到 d1=6,i=159

S2: d2=i%10;i=i/10; 得到 d2=9,i=15

S3: d3=i%10; i=i/10; 得到 d3=5,i=1

S4: d4=i%10; i=i/10; 得到 d4=1,i=0

(4) 将处理结果输出。有两种方法:

方法 1: 将 d1、d2、d3、d4 重新组合一个新的整数 j,即 j=d1 * 1000+d2 * 100+d3 * 10+d4,然后将 j 输出。

方法 2: 直接通过库函数 printf 格式输出,即 printf("%d%d%d%d ",d1,d2,d3,d4);。

源程序(一)

```
#include <stdio.h>
int main()
{
    int i,j,d1,d2,d3,d4;
    scanf("%d",&i);
    d1=i%10;i=i/10;
    d2=i%10;i=i/10;
    d3=i%10; i=i/10;
    d4=i%10; i=i/10;
    j=d1 * 1000+d2 * 100+d3 * 10+d4;
    printf("%d",j);
    return 0;
}
```

源程序(二)

```
#include <stdio.h>
int main()
{
    int i,j,d1,d2,d3,d4;
    scanf("%d",&i);
    d1=i%10;i=i/10;
    d2=i%10;i=i/10;
    d3=i%10; i=i/10;
    d4=i%10; i=i/10;
    printf("%d%d%d%d",d1,d2,d3,d4);
    return 0;
}
```

运行结果：

```
1456
6541
```

复习与思考

1. 程序设计的基本过程是什么？
2. 什么是结构化程序设计方法？
3. C语言语句有几大类？
4. 格式输入/输出函数与字符输入/输出函数在功能上和使用场合上有哪些异同点？
5. printf 库函数和 scanf 库函数中常用哪些格式符和修饰符？如何使用这些格式符和修饰符？

习 题 2

一、选择题

1. a 是 int 类型变量，c 是 char 型变量，下列输入语句中哪一个是错误的________。

A. scanf("%d,%c",&a,&c);　　　　B. scanf("%d%c",a,c);

C. scanf("%d%c",&a,&c);　　　　D. scanf("d=%d,c=%c",&a,&c);

2. 下列格式符中，可以用于以十六进制形式输出整数的是________。

A. %16d　　B. %8x　　C. %d16　　D. %d

3. 设"char ch='A';　int k=25;"，执行"printf("%3d,%d3\n",ch,k);"后的输出为________。

A. 65,253　　B. 65 253　　C. 65,25　　D. A　25

4. 设"int a=1234,b=12,c=34;"，执行"printf("|%3d%3d%-3d|\n", a,b,c);"后的输出是________。

A. |1234 1234 |　　B. |123　1234 |　　C. |1234 12−34 |　　D. |234 1234 |

5. 设有"scanf("x=%f,y=%f",&x,&y);"，要使 x 和 y 值均为 3.25，正确的输入应该是________。

A. 3.25, 3.25　　　　B. 3.25　3.25

C. x=3.25, y=3.25　　　　D. x=3.25　y=3.25

6. 设有"double x;int a;"，要使 x 和 a 获得数据，正确的输入语句是________。

A. scanf("%d,%f",&a,&x);　　　　B. scanf("%f,%ld",&x,&a);

C. scanf("%d,%lf",&a,&x);　　　　D. scanf("%1d,%lf",a, x);

7. 设有"int a=255,b=8;"，则"printf("%x,%o\n",a,b);"的输出是________。

A. 255,8　　B. ff,10　　C. 0xff,010　　D. 输出格式错误

8. 设有“int i＝010,j＝10;”,则“printf("%d,%d\n",++i,j--);”的输出是________。

A. 11,10　　B. 9,10　　C. 010,9　　D. 10,9

9. 设a、b为字符型变量,执行“scanf("a=%c,b=%c",&a,&b);”后使a为'A',b为'B',正确的输入是________。

A. 'A' 'B'　　B. 'A','B'　　C. A=A,B=B　　D. a=A,b=B

10. 下面程序的输出是________。

```
#include<stdio.h>
int main()
{  int k=11;
   printf("k=%d,k=%o,k=%x\n",k,k,k);
   return 0;
}
```

A. k=11,k=12,k=13　　B. k=11,k=13,k=13

C. k=11,k=013,k=oXb　　D. k=11,k=13,k=b

11. 执行下面程序段后,c3中的值是________。

```
int c1=1,c2=2,c3;
c3=c1/c2;
```

A. 0　　B. 1/2　　C. 0.5　　D. 1

12. 以下程序段的输出是________。

```
float a=57.666;
printf("*%010.2f*\n", a);
```

A. *0000057.66*　　B. *　57.66*

C. *0000057.67*　　D. *　57.67*

13. 以下程序段的输出是________。

```
char c1='b',c2='e';
printf("%d,%c\n",c2-c1,c2-'a'+'A');
```

A. 2,M　　B. 3,E

C. 2,e　　D. 输出结果不确定

14. 若执行以下程序段,输出结果是________。

```
short i=65536;
printf("%d\n",i);
```

A. 65535　　B. 0

C. 有语法错误,无输出结果　　D. 1

15. 执行“scanf("%c%c%c",&c1,&c2,&c3);”,要求c1='a',c2='b',c3='c',正确

的输入为________。(↙表示回车)

A. abc↙　　B. a　b　c↙　　C. a,b,c↙　　D. a　b,c↙

16. 以下程序的输出结果是________。

```
#include<stdio.h>
int main()
{   int x=10,y=3;
    printf("%d\n",y=x/y);
    return 0;
}
```

A. 0　　B. 1　　C. 3　　D. 不确定

17. 若执行以下程序段,其输出结果是________。

```
int a=0,b=0,c=0;
c=(a-=a-5),(a=b,b+3);
printf("%d,%d,%d\n",a,b,c);
```

A. 3,0,－10　　B. 0,0,5　　C. －10,3,－10　　D. 3,0,3

18. 设“unsigned int a＝65535;”,则“printf("%o",a);”的输出结果是________。

A. 65535　　B. 177777　　C. ffff　　D. －1

二、分别用 N-S 图和流程图描述求解下列问题的算法

1. 依次输入五个数,将其中最大的数输出。
2. 依次输入三个数,将它们按照从大到小的顺序输出。
3. 求 1＋2＋3＋…＋10 的值。
4. 判断一个数 i 是否能被 3 和 7 同时整除。
5. 求两个数 n 和 m 的最大公约数和最小公倍数。

三、编程题

1. 输入华氏温度,输出相应的摄氏温度。计算公式为 C＝5×(F－32)/9,其中 C 表示摄氏温度,F 表示华氏温度。

2. 已知三维空间中的一个点坐标(x,y,z),求该点到原点的距离。

第3章

选择结构程序设计

在顺序结构中，程序是根据语句书写的先后顺序逐条执行的，可解决一些简单的问题。而在实际中，有许多问题常常需要根据不同的条件判断执行不同的操作，例如以下计算分段函数值的问题：

$$y=\begin{cases}-x & (x<0)\\ 0 & (x=0)\\ x & (x>0)\end{cases}$$

计算分段函数 y 值时，需要根据对 x 值的测试选择不同的计算式。这种根据对条件的测试有选择地执行程序中某一部分语句的操作，就是选择结构(也称为分支结构)程序设计。

在 C 语言中，表示选择结构的条件通常可用关系表达式或逻辑表达式，实现选择结构主要用 if 语句和 switch 语句。

3.1 关系运算符和关系表达式

从上面计算分段函数值问题看到，判断 x 是否小于 0，要用到关系表达式“x<0”，其中“<”就是关系运算符。

3.1.1 关系运算符

所谓关系运算符是用来比较两个数大小关系的运算符。C 语言提供了六种关系运算符，如表 3-1 所示。

表 3-1 关系运算符

运 算 符	作 用	运 算 符	作 用
>	大于	<=	小于或等于
>=	大于或等于	==	等于
<	小于	!=	不等于

以上关系运算符“＞、＞＝，＜，＜＝”优先级均为6，“＝＝、!＝”优先级均为7，结合方向都是自左向右。关系运算符的优先级低于算术运算符，高于赋值运算符。

注意：

(1) 在C语言中表示两者相等的关系，不是用“＝”，而是用“＝＝”，因为“＝”是赋值运算符，它表示把右边的量赋给左边的量，而不是表示两者之间相等的关系。

(2)“大于或等于”“小于或等于”“不等于”的符号与数学上表示不相同，这一点对于初学者来说，应引起注意。记住“谁先读，先写谁”这个规则就不会错了。例如：“大于或等于”是先读“大于”，所以先写＞，然后再读等于，所以后写＝，故为“＞＝”。

3.1.2 关系表达式

所谓“关系表达式”就是用关系运算符将两个表达式连接起来的式子。例如：x＜0，x＝＝0，x＞0。

C语言中如何计算关系表达式的值？关系运算符是表示两个运算量之间的大小关系，也就是说给定两个运算量，这两个运算量之间的大小关系就确定了，言外之意就是说，如果用上述关系运算符表示给定的两个运算量之间的大小关系的话，那么肯定有些关系运算符能够正确反映它们两者之间的关系，有些关系运算符不能正确反映它们两者之间的关系。例如给定两个运算量5和3，那么＞、＞＝、!＝能够正确反映5和3的大小关系，也就是说5＞3、5＞＝3、5! ＝3这三个关系表达式是“正确”的，从命题的角度看，就是说这三个式子是“真”的或“正确”的。“正确”“真”都是从人类语言角度，用文字的形式来描述一个关系表达式的正确性，那么从程序设计语言角度，计算机内部如何表示一个关系表达式的正确性呢？C语言规定：**用整数1表示“真”，用整数0表示“假”**，即如果表达式是“真”的，那么表达式的值就是1；如果表达式是“假”的，表达式的值就是0。

例如，若“int a＝2，b＝3，c＝1，x＝10；”，计算以下关系表达式的值：

(1) a＞b＝＝c　由于＞的优先级高于＝＝，因此等价于(a＞b)＝＝c，而a＞b是不成立的，故它的值是0，从而a＞b＝＝c可以等价转换为0＝＝c表达式，很明显这个表达式是不成立的，所以它的最终值是0。

(2) b－1＝＝a!＝c　由于对表达式从左到右扫描，运算符－的优先级高于＝＝，因此表达式等价于(b－1)＝＝a!＝c，即2＝＝a!＝c，由于＝＝的优先级与!＝相同，故要看它们的结合方向，由于其结合方向是自左向右，因此等价于(2＝＝a)!＝c，表达式2＝＝a成立，所以值为1，表达式还继续等价于1!＝c，这个表达式不成立，所以整个表达式的最终值为0。

(3) 3＜＝x＜＝5　由于优先级相同，需要看结合方向，而结合方向为自左向右，所以表达式等价于(3＜＝x)＜＝5，又由于表达式3＜＝x成立，所以表达式等价于1＜＝5，很明显这个表达式成立，所以整个表达式的最终值为1。

3.2 逻辑运算符和逻辑表达式

再对前面关系表达式 3＜＝x＜＝5 的计算做进一步的分析，由于它等价于(3＜＝x)＜＝5，而 3＜＝x 的值要么是 1，要么是 0，但总是小于或等于 5 的，也就是说无论 x 取什么值，表达式(3＜＝x)＜＝5 都永远成立，这与数学里的不等式 3≤x≤5 表达的含义不同，在数学里学习这个不等式的时候，当 x 取[3,5]之间的数值时，不等式才成立，取其他范围的值时，就不成立。

在 C 语言中，如何正确表示数学里面的不等式 3≤x≤5 呢？这需要用到逻辑运算符。

3.2.1 逻辑运算符

C 语言提供了三种逻辑运算符：

&&：逻辑与(相当于日常生活“并且”，即只在两个运算量同时为真时为“真”)

||：逻辑或(相当于日常生活中“或”，即两个运算量只要有一个为真时即为“真”)

!：逻辑非(取反，即运算量为真时则为假，为假时则为真)

其中：“!”的优先级高于“&&”，“&&”的优先级高于“||”(详见附录 B)。“!”是单目运算符，结合性是自右向左，“&&”和“||”是双目运算符，结合性是自左向右。逻辑运算的真值表如表 3-2 所示。

表 3-2 逻辑运算的真值表

参加逻辑运算的运算对象		逻辑表达式的运算结果		
a	b	a&&b	a||b	!a
真	真	真	真	假
真	假	假	真	假
假	真	假	真	真
假	假	假	假	真

参加逻辑运算的运算量一般是逻辑量，即“真”或“假”。那么从计算机的信息存储角度，计算机内部什么样的数据就是“真”或“假”逻辑量呢？C 语言规定：所有**非 0 数据都视为真，只有 0 才被视为假**。例如表 3-2 中，若 a 的值非零，a 就表示“真”；若 a 的值为 0，a 就表示“假”。

3.2.2 逻辑表达式

所谓“逻辑表达式”就是用逻辑运算符将表达式连接起来的式子，其一般形式为：

表达式1　逻辑运算符　表达式2

例如，写出满足条件“x既能被3整除并且又能被5整除”的C表达式。

很明显该条件表达的含义是“只有两条件同时成立”，所以用&&，故用C语言表达的式子是：(x%3==0)&&(x%5==0)。

又如，以下几个常用的逻辑表达式：

(1) 判断ch是否是数字字符：ch＞='0'&&ch＜='9'。

(2) 判断ch是否是大写字母：ch＞='A'&&ch＜='Z'。

(3) 判断ch是否是字母：(ch＞='A'&&ch＜='Z')||(ch＞='a'&&ch＜='z')。

(4) 判断ch既不是字母也不是数字字符：

!((ch＞='A'&&ch＜='Z')||(ch＞='a'&&ch＜='z')||(ch＞='0'&&ch＜='9'))

逻辑表达式的值也是一个逻辑量“真”或“假”。C语言规定：**1代表“真”，0代表“假”**，也就是说逻辑表达式的值与前面讲的关系表达式的值都是一样的，即真为1，假为0。

例如，若int i=1,j=2,k=3; float x=0.5,y=8.5; 计算以下逻辑表达式的值：

(1) 3&&5　因为运算量3和5均是非零数，所以都为“真”，根据表3-2，3&&5的值为“真”，对逻辑表达式的值用1代表“真”，所以3&&5的值为1。

(2) !x*!y　对表达式从左到右扫描，很明显先执行第一个!运算符，因为第一个!运算符优先级高于*，故原表达式等价于(!x)*!y；x为0.5，它是参加!运算符的运算量，故被视为“真”，根据表3-2，!x为“假”，故表达式!x的结果为0，所以原表达式可以继续等价于0*!y，很明显又等价于0*(!y)；!y的结果为0，所以表达式!x*!y的最终结果为0。

(3) x||i&&j-3　对表达式从左到右扫描，由于算术运算符-的优先级比&&和||高，因此先执行j-3，结果为-1，表达式可以转换为x||i&&-1，然后执行&&，因为&&的优先级高于||，所以先执行i&&-1。在这里i和-1都是&&的运算量，都被视为“真”，根据表3-2，表达式i&&-1的结果为1，从而表达式可以转换为x||1，在这里x和1都是||的运算量，所以都被视为“真”，表达式的值为1。

(4) i＜j&&x＜y　表达式的值为1，请读者自行分析。

最后要说明一点，C语言规定，编译系统在对逻辑表达式的求解中，并不是所有的运算都要计算一遍，而是当表达式值已经确定时，其右边的运算就不再进行(即逻辑运算符短路)。主要有以下两种情况：

(1) &&短路问题：当&&的左运算量为0时，无论&&右边的运算量是多少，该逻辑表达式的值都为0，其后的运算就不再进行了。

(2) ||短路问题：当||的左运算量为非0时，无论||右边的运算量是多少，该逻辑表达式的值都为1，其后的运算就不再进行了。

例如，若int i=0,j=10,k=0,m=0;，以下逻辑运算符计算有短路问题：

(1) i&&j&&(k=i+10,m=100)　因为i已经为0，所以无论j&&(k=i+10,m=100)为多少，i&&j&&(k=i+10,m=100)的值都已经确定为0，根据上面讲的短路知识，j&&(k=i+10,m=100)将不再被执行。

(2) j||i||(k=i+10,m=100)　因为j已经为10,所以无论i||(k=i+10,m=100)为多少,j||i||(k=i+10,m=100)的值都已经确定为1,根据上面讲的短路知识,i||(k=i+10,m=100)将不再被执行。

3.3　if 语句

3.3.1　if 语句的三种形式

if 语句是根据给定的条件进行判断,决定程序要执行的下一条语句。C 语言提供了以下三种 if 语句形式。

1. if 形式

```
if(表达式)语句
```

功能:计算表达式的值,若表达式(即判断条件)的值为真(非 0 值),则执行表达式后面的语句,然后继续执行 if 语句后面的其他语句;若表达式的值为假(0 值),则直接执行 if 语句后面的其他语句。其流程图如图 3-1 所示。

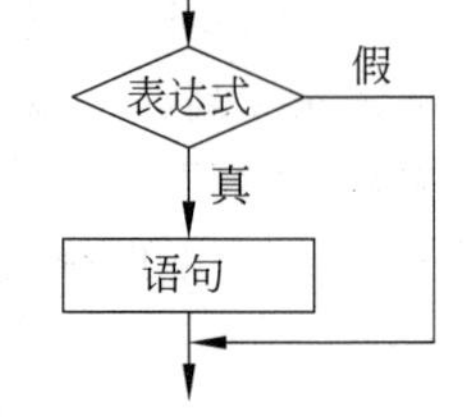

图 3-1　if 形式流程图

说明:

(1) 如果表达式(即判断条件)后面语句有两条以上,则需要用一对大括号{}括起来构成复合语句。

(2) 作为判断条件的表达式可以是任何类型的 C 表达式。但一般常用的是逻辑表达式或关系表达式。

例如,以下 if 语句(判断条件后面有一条语句)

```
if(a>b)  printf("a is larger than b\n");
```

的功能是:如果变量 a 的值大于变量 b 的值,则输出"a is larger than b"。

又如,以下 if 语句(判断条件后面有多条语句,要用一对大括号{}括起构成复合语句)

```
if(a>b)  { t=a; a=b; b=t; }
```

的功能是:如果变量 a 的值大于变量 b 的值,则交换 a 和 b 的值。

2. if-else 形式

```
if(表达式)语句 1
else  语句 2
```

功能:计算表达式(即判断条件)的值,若表达式的值为真(非 0 值),则执行语句 1,然后继续执行 if 语句后面的其他语句;若表达式的值为假(0 值),则执行语句 2,然后继续执行 if 语句后面的其他语句。其流程图如图 3-2 所示。

说明:语句 1 和语句 2 均可以是复合语句。

例如，以下 if-else 语句（判断条件和 else 后面有一条语句）

```
if (x>=y)  printf("max=%d\n", x);
else   printf(" max=%d\n", y);
```

的功能是：如果变量 x 的值大于或等于变量 y 的值，则输出 x 的值；否则输出 y 的值。

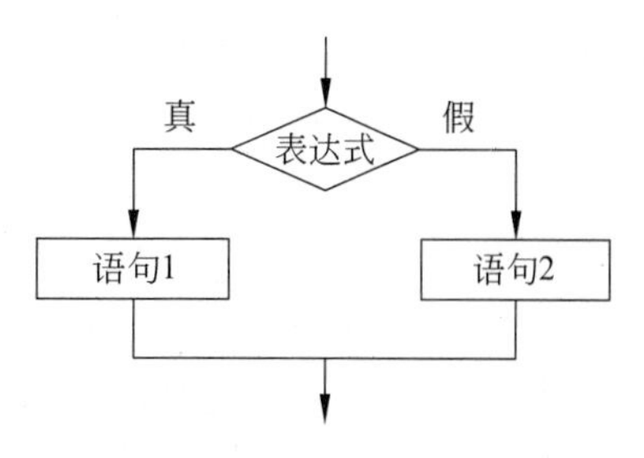

图 3-2 if-else 形式流程图

又如，以下 if-else 形式语句（判断条件后面有多条语句，需要用一对大括号{}括起构成复合语句）

```
if (a+b>c&&b+c>a&&c+a>b)
{  s=0.5*(a+b+c);
   area=sqrt(s*(s-a)*(s-b)*(s-c));
   printf("area=%f\n",area);
}
else
  printf("it is not trilateral");
```

的功能是：如果满足两边之和大于第三边的条件，则计算该三角形的面积；否则输出不是三角形的信息。

3. else-if 形式

```
if(表达式 1) 语句 1
else  if(表达式 2) 语句 2
else  if(表达式 3) 语句 3
⋮
else  if(表达式 n) 语句 n
else  语句 n+1
```

功能：计算表达式 1 的值，若表达式 1 的值为真（非 0 值），则执行语句 1；否则计算表达式 2 的值，若表达式 2 的值为真（非 0 值），则执行语句 2；否则计算表达式 3 的值，若表达式 3 的值为真（非 0 值），则执行语句 3；依此类推，若 if 后的所有表达式的值均为假（0 值），则执行语句 n+1。例如 n 为 3 时的流程图如图 3-3 所示。

说明：以上语句 1、语句 2、……、语句 n+1 均可以是复合语句。

例如，以下 else-if 语句

```
if (money>500)          cost=0.25;
else  if (money>300)    cost=0.15;
else  if (money>200)    cost=0.10;
else  if (money>100)    cost=0.075;
else  cost=0;
```

的功能是：如果满足条件“money＞500”，则 cost＝0.25；否则，如果满足条件“500≥money＞300”，则 cost＝0.15；否则，如果满足条件“300≥money＞200”，则 cost＝0.10；否

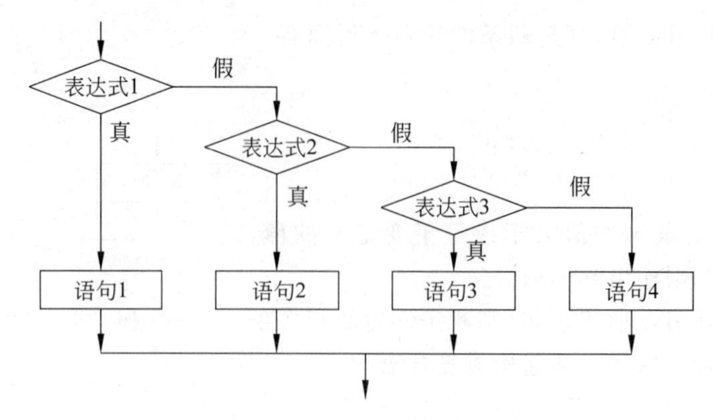

图 3-3　else-if 形式流程图

则,如果满足条件“200≥money>100”,则 cost=0.075;否则,cost=0。

【例 3-1】 已知小明和小南的年龄,输出年龄较长者。

编程点拨:本题可采用 if 语句和 if-else 语句两种形式实现。

方法 1　用 if 形式编程,算法流程图如图 3-4 所示,编写的程序如下:

```
#include <stdio.h>
int main()
{ int  a,b,max;
  printf("Please input age:");
  scanf("%d%d",&a,&b);
  max=a;
  if (b>max) max=b;
  printf("max=%d\n", max);
  return 0;
}
```

方法 2　用 if-else 形式编程,算法流程图如图 3-5 所示,编写的程序如下:

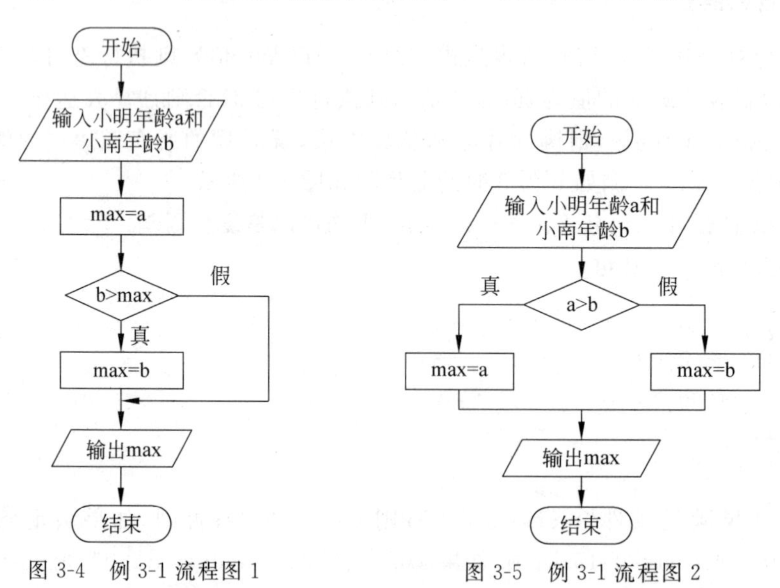

图 3-4　例 3-1 流程图 1　　　　图 3-5　例 3-1 流程图 2

```
#include <stdio.h>
int  main( )
{ int  a, b, max;
  printf("Please input age:");
  scanf("%d%d", &a,&b);
  if (a>b)  max=a;
  else      max=b;
  printf("max=%d\n", max);
  return 0;
}
```

运行结果：

```
Please input age:12 13
max=13
```

【例 3-2】 输入 3 个人的身高，然后按身高值从大到小输出。

编程点拨：可先定义 3 个变量 a、b、c 代表 3 个人的身高，然后比较 a、b 以及 a、c 从中找出最大值赋给 a；再比较 b、c，从中找出较大值赋给 b；这样 a、b、c 的值就是按从大到小顺序排列。算法流程图如图 3-6 所示，编写的程序如下：

```
#include  <stdio.h>
int  main( )
{   float  a, b, c, t;
    printf("Please input:");
    scanf("%f%f%f", &a,&b,&c);
    if (a<b) { t=a; a=b; b=t; }
    if (a<c) { t=a; a=c; c=t; }
    if (b<c) { t=b; b=c; c=t; }
    printf("%6.2f%6.2f%6.2f\n",a,b,c);
    return 0;
}
```

运行结果：

```
Please input:1.57 1.62 1.51
  1.62  1.57  1.51
```

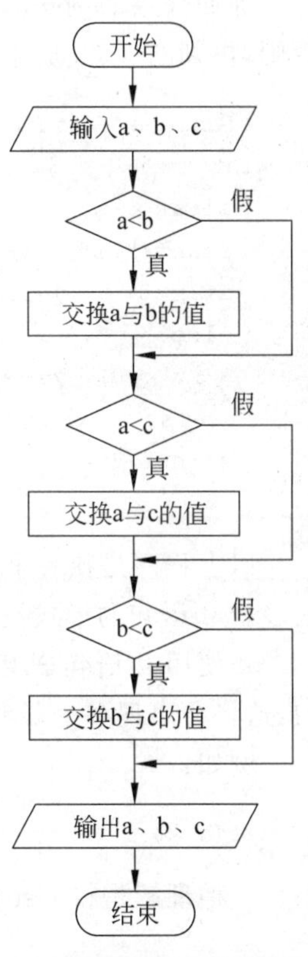

图 3-6　例 3-2 流程图

【例 3-3】 计算分段函数 y 的值。

$$y=\begin{cases} -x & (x<0) \\ 0 & (x=0) \\ x & (x>0) \end{cases}$$

编程点拨：分段函数要根据不同的条件取不同的值，可用 else-if 形式实现。流程图如图 3-7 所示，编写的程序如下：

```
#include  <stdio.h>
int  main( )
{   float x, y;
    printf("Please input:");
    scanf("%f", &x);
    if(x>0)         y=x;
    else if(x<0) y=-x;
    else        y=0;
    printf("x=%f  y=%f\n", x,y);
    return 0;
}
```

运行结果：

```
Please input:2.5
x=2.500000  y=2.500000
```

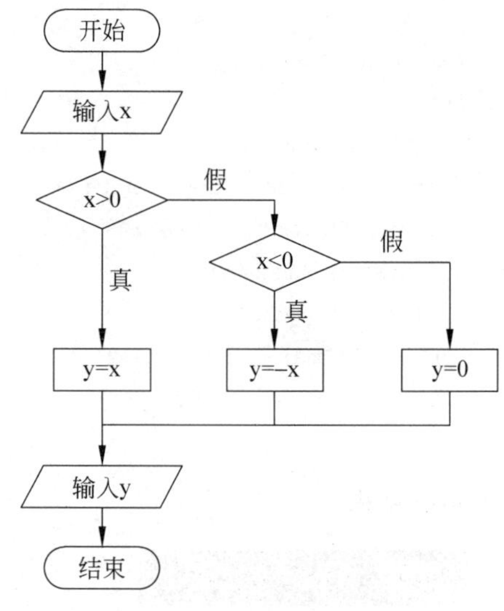

图 3-7　例 3-3 流程图

3.3.2　if 语句的嵌套

前面介绍的例 3-3，可以采用多种编程方法。例如，当 x>0 条件成立时，给 y 赋 x 值；否则，再判断 x<0 成立否，若成立，给 y 赋 -x 值，若不成立，给 y 赋 0。相应程序如下：

```
#include  <stdio.h>
int  main( )
{ float x, y;
  scanf("%f", &x);
  if(x>0)     y=x;
  else
    if(x<0)  y=-x;
    else    y=0;
  printf("x=%f  y=%f\n", x,y);
}
```

以上程序是在一个 if 语句中又包含另一个 if 语句，这种在一个 if 语句中又包含一个或多个 if 语句的形式被称为 **if 语句的嵌套**。

在使用 if 语句嵌套结构时需要注意，在嵌套内部的 if 语句可能同时也是 if-else 型的，这将会出现多个 if 和多个 else 重叠的情况，故要特别注意 if 和 else 的配对问题。

例如：

```
if(a>b) if(b>5) c=0; else c=1;
```

一种理解是将 else 与 if(a>b)配对：

```
if(a>b)
    if(b>5)  c=0;
else  c=1;
```

另一种理解是将 else 与 if(b>5)配对：

```
if(a>b)
    if(b>5)  c=0;
    else  c=1;
```

哪一种理解是正确的呢？为了避免出现这样的二义性，C 语言规定，**else 总是和它前面最近的未曾配对的 if 配对**。因此对上述例子应按后一种情况理解。

【例 3-4】 if 嵌套形式应用。

```
#include <stdio.h>
int main()
{  int  c=55,t=60,m;
   if(t==c)
     if(c>=50)  m=c*80;
     else       m=c*90;
   else
     if(c>t)
       if(t>=50)  m=t*80+(c-t)*60;
       else  m=t*90+(c-t)*60;
     else
       if(c>=50)  m=c*80+(t-c)*45;
       else  m=c*90+(t-c)*45;
   printf("%d\n",m);
   return 0;
}
```

运行结果：

```
4625
```

对该程序的理解：代码中第 4 行的 if 与第 7 行的 else 配对，第 5 行的 if 与第 6 行的 else 配对，第 8 行的 if 与第 11 行的 else 配对，第 9 行的 if 与第 10 行的 else 配对，第 12 行的 if 与第 13 行的 else 配对。

3.4 条件运算符和条件表达式

在 if-else 形式中，如果语句 1 和语句 2 都是单一的赋值语句，而且都是给同一个变量赋值，则可以用条件运算符来处理。例如：

```
if(a>b)  max=a;
else     max=b;
```

可以用下列包含条件运算符的赋值语句代替：

```
max=(a>b)?a:b ;
```

其中“(a>b)? a：b”是一个条件表达式。该语句的执行过程是：如果 a>b 为真，则把 a 赋给 max；否则把 b 赋给 max。

可以看出条件运算符不但使程序简洁，也提高了程序的执行效率。

条件表达式的一般形式为：

表达式 1?表达式 2:表达式 3

求值规则为：计算表达式 1 的值，当表达式 1 的值为真(非 0)时，取表达式 2 的值作为条件表达式的值；否则，取表达式 3 的值作为条件表达式的值。

条件运算符通常用于赋值语句中。使用时要注意以下几点：

(1) 条件运算符的优先级只高于赋值运算符和逗号运算符。

例如：

```
max=((a>b)?a:b);
```

可以写成：

```
max=a>b?a:b;
```

(2) 条件运算符的结合方向是自右向左的。

例如：

```
a>b?a:c>d?c:d
```

应理解为：

```
a>b?a:(c>d?c:d)
```

【例 3-5】 从键盘输入一个数，求该数的绝对值。

编程点拨：据题意，若从键盘输入的数为 x，该数的绝对值为 y，则有：

如果　x>=0　则 y=x

否则　　　　　y=-x

程序如下：

```
#include <stdio.h>
int  main()
{   int  x,y;
    scanf("%d",&x);
    y=x>=0?x:-x;
    printf("y=%d\n",y);
    return 0;
}
```

运行结果：

```
-3
y=3
```

3.5 switch 语句

当对一个问题需要判断的情况较多时(一般三种以上),也可使用 switch 语句。switch 语句是根据一个表达式可能得到的不同结果,选择其中一个或多个分支语句来执行,因此,常用于各种分类统计、菜单等问题的设计。

switch 语句的一般形式为:

```
switch(表达式)
{   case  常量表达式 1: 语句 1;
    case  常量表达式 2: 语句 2;
      ⋮
    case  常量表达式 n: 语句 n;
    default:           语句 n+1;
}
```

功能:先计算表达式的值,然后逐个与每一个 case 后的常量表达式值进行比较。当表达式的值与某个常量表达式的值相等时,就执行该 case 后面的语句,然后不再进行判断,继续执行后面其余的语句,直到遇到 break 语句或 switch 的右大括号}为止;如果表达式的值与所有 case 后的常量表达式的值不相等时,则执行 default 后面的语句。

注意:*有时 default 及其后面的语句 n+1 可以省略。*

例如,根据数字判断星期几的问题,可以表示为以下 switch 语句形式:

```
switch(n)
{   case  1: printf("Monday\n");
    case  2: printf("Tuesday\n");
    case  3: printf("Wednesday\n");
    case  4: printf("Thursday\n");
    case  5: printf("Friday\n");
    case  6: printf("Saturday\n");
    case  7: printf("Sunday\n");
}
```

当 n=3 时,结果为:

```
Wednesday
Thursday
Friday
Saturday
Sunday
```

这并不是希望的结果,为什么呢?原因是,在 switch 语句中"case　常量表达式:"只相当于一个入口标号,当表达式的值和某标号相等,则转向该入口标号,执行标号后面的语句。当此标号后面语句执行完后,不再进行判断,而是继续执行后面所有的 case 语句。因此,为了避免上述情况发生,C 语言提供了 break 语句,可用于跳出 switch 语句。

以上程序片段若作以下修改,就可以得到需要的结果:

```
switch(n)
{  case  1: printf("Monday\n"); break;
   case  2: printf("Tuesday\n"); break;
   case  3: printf("Wednesday\n"); break;
   case  4: printf("Thursday\n"); break;
   case  5: printf("Friday\n"); break;
   case  6: printf("Saturday\n"); break;
   case  7: printf("Sunday\n");
}
```

当 n=3 时,输出为:Wednesday。

说明:

(1) case 后面的常量表达式只能是整型或字符型,且每个常量表达式的值必须互不相同。

(2) 在 case 后可以有多条语句,且可以不用{ }括起来。程序会自动按顺序执行该 case 后面的所有可执行语句。

(3) 若 case 后面的语句省略不写,则表示它与后续 case 执行相同的语句。

(4) switch 语句中的 break 语句起到控制多分支的作用。

(5) 各个 case 和 default 子句的先后顺序可以变动,不会影响程序的运行结果。不过,从执行效率的角度考虑,一般把发生频率高的子句放在前面。

【例 3-6】 设计一个简单的计数器程序,要求根据用户从键盘输入的表达式:

操作数 1　运算符 op　操作数 2

计算该表达式的值。指定的运算符为:加(+)、减(−)、乘(*)、除(/)。

编程点拨:本题可以用 switch 语句实现。其中运算符 op 作为 switch 语句中的"表达式",各"常量表达式"即是加减乘除四个运算符。计算除法运算时,需要判断除数是否为 0,若为 0,则输出出错信息,否则输出运算结果。程序流程图如图 3-8 所示,编写的程序如下所示:

```
#include <stdio.h>
int  main()
{  float  a,b;
   char  op;
   printf("Please enter the expression:");
   scanf("%f%c%f",&a,&op,&b);
   switch(op)
   {  case '+':printf("%.2f+%.2f=%.2f\n",a,b,a+b);        /*处理加法*/
              break;
      case '-':printf("%.2f-%.2f=%.2f\n",a,b,a-b);        /*处理减法*/
```

```
            break;
      case '*': printf("%.2f*%.2f=%.2f\n",a,b,a*b);     /*处理乘法*/
            break;
      case '/': if(b==0)  printf("division by zero\n");     /*处理除法*/
            else  printf("%.2f/%.2f=%.2f\n",a,b,a/b);
            break;
      default: printf("error\n");
   }
   return 0;
}
```

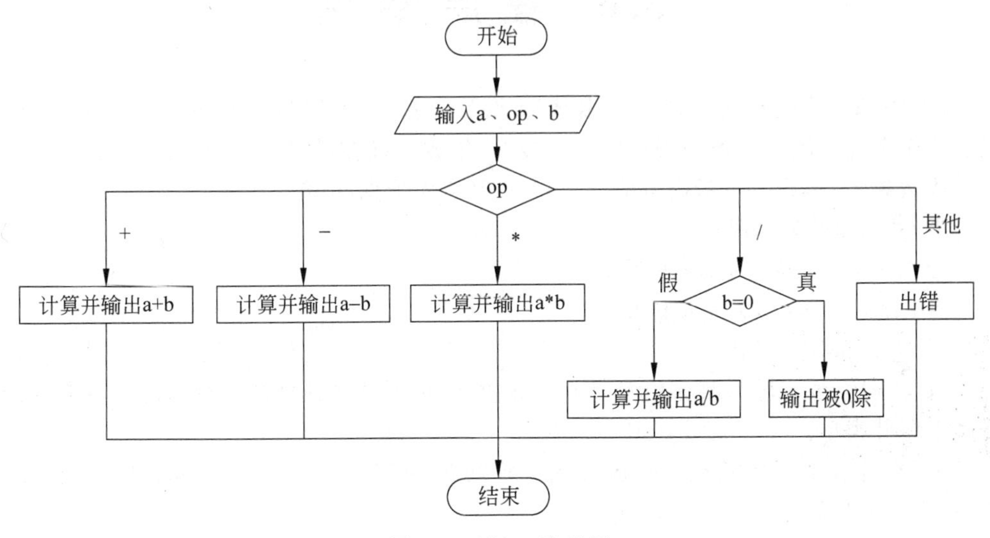

图 3-8　例 3-6 流程图

运行结果：

(1)加法运算

```
Please enter the expression:2.1+3.5
2.10+3.50=5.60
```

(2) 减法运算

```
Please enter the expression:3.2-1.1
3.20-1.10=2.10
```

(3) 乘法运算

```
Please enter the expression:2.0*3.0
2.00*3.00=6.00
```

(4) 除法运算,除数不为 0

```
Please enter the expression:4.0/2.0
4.00/2.00=2.00
```

(5) 除法运算,除数为 0

```
Please enter the expression:4.0/0
division by zero
```

(6) 错误运算

```
Please enter the expression:4.0\2.0
error
```

思考:本题若采用 else-if 形式该如何改写。

3.6 程序举例

【例 3-7】 体型判断。判断某人体型是否正常,可根据身高与体重等因素来判断。医务工作者经广泛的调查分析提出以下按"体指数"方法对体型程度进行划分:

体指数 t=体重 w/(身高 h)^2 (w 单位为千克,h 单位为米)

当 t<18 时,为偏瘦;

当 18≤t<25 时,为正常体重;

当 25≤t<27 时,为超重体重;

当 t≥27 时,为肥胖。

编写程序,要求输入某人的身高 h 和体重 w,根据公式计算体指数 t,然后判断他的体型属于哪种类型。

编程点拨:题型判断是一个多分支选择问题,可用 else-if 形式实现。程序流程图如图 3-9 所示,根据流程图可写出如下程序:

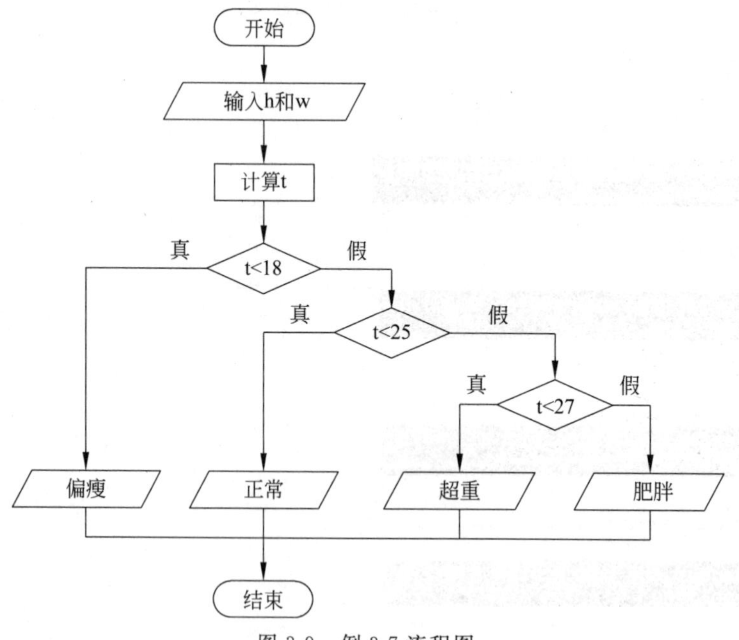

图 3-9 例 3-7 流程图

```c
#include <stdio.h>
int main()
{   float  h,w,t;
    printf("Please enter h, w: ");
    scanf("%f%f",&h,&w);                    /* 输入身高和体重 */
    t=w/(h*h);                              /* 计算体指数 */
    if(t<18)  printf("Lower weight!\n");
    else if(t<25)  printf("Standard weight!\n");
    else if(t<27)  printf("Higher weight!\n");
    else  printf("Too fat!\n");
    return 0;
}
```

运行结果：

```
Please enter h, w: 1.6 70
Too fat!
```

思考：本程序若采用 switch 语句形式将如何改写。

【例 3-8】 编程设计一个简单的猜数游戏。

先由计算机“想”一个 100 以内的正整数，然后让人猜。如果猜对了，则提示：“right!”；否则提示“wrong!”，并告诉所猜的数是大了还是小了。

编程点拨：本题的难点是如何让计算机“想”一个数，“想”反映了一种随机性，可用 C 语言的随机函数 rand() 产生计算机“想”的这个数，而随机函数 rand() 产生一个 0 到 RAND_MAX 之间的整数，RAND_MAX 是在头文件 stdlib.h 中定义的符号常量，值为 32767，因此要得到 100 以内的正整数，可对随机函数做以下处理：

```c
rand()%99+1
```

可产生 1～99 的正整数。程序的算法如下：

step 1：调用随机函数任意“想”一个数 m；

step 2：输入猜的一个数 g；

step 3：如果 g>m，则给出提示：“wrong! Too big!”；

step 4：如果 g<m，则给出提示：“wrong! Too small!”；

step 5：如果 g=m，则给出提示：“right!”，并打印这个数。

根据算法可写出如下程序：

```c
#include<stdio.h>
#include<stdlib.h>
#include<time.h>
int  main()
{   int  m,g;
    srand((unsigned)time(NULL));       /* 初始化随机数产生器 */
    m=rand()%99+1;                     /* 调用随机函数"想"一个介于 1~99 的数 */
    printf("Please guess a magic number:");
```

```
    scanf("%d",&g);                   /* 输入猜的数 */
    if(g>m) printf("wrong! Too big!\n");
    else if(g<m) printf("wrong! Too small!\n");
    else  printf("right! The number is: %d\n", m);
    return 0;
}
```

运行结果：

```
Please guess a magic number:34
wrong! Too small!
```

【例 3-9】 求一元二次方程 $ax^2+bx+c=0$ 的根。

编程点拨：求解一元二次方程根要考虑各种可能的情况。

(1) 如果 $a=0$，此时方程变为：$bx+c=0$，则还要考虑以下情况：

① 若 $b=0$，则方程无意义；

② 若 $b\neq0$，则方程只有一个实根 $-c/b$。

(2) 如果 $a\neq0$，则要考虑以下情况：

① 若 $b^2-4ac>0$，方程有两个不相等的实根；

② 若 $b^2-4ac=0$，方程有两个相等的实根；

③ 若 $b^2-4ac<0$，方程有两个共轭复数根。

据此，可得到求一元二次方程的流程图如图 3-10 所示，根据流程图编写的程序如下：

```
#include <stdio.h>
#include <math.h>
int main()
{   float  a,b,c,p,q,d,x1,x2;
    scanf("%f%f%f",&a,&b,&c);
    if(a==0)                          /* a=0 */
        if(b==0)
            printf("The equation is not a quadratic\n");
        else                          /* b≠0 */
        {   x1=-c/b;
            printf("The equation has a root: %f\n", x1);
        }
    else                              /* a≠0 */
    {   d=b*b-4*a*c;
        p=-b/(2*a);
        q=sqrt(fabs(d))/(2*a);
        if(d>0)                       /* d>0 */
        {   x1=p+q;  x2=p-q;;
            printf("The equation has two real roots:%f and %f\n", x1,x2);
        }
        else if(d==0)                 /* d=0 */
        {   x1=x2=p;
```

```
            printf("The equation has two equal roots:%f\n", x1);
        }
        else                              /*d<0*/
        {   printf("The equation has complex roots:");
            printf("%f+%fi and %f-%fi\n",p,q,p,q);
        }
    }
    return 0;
}
```

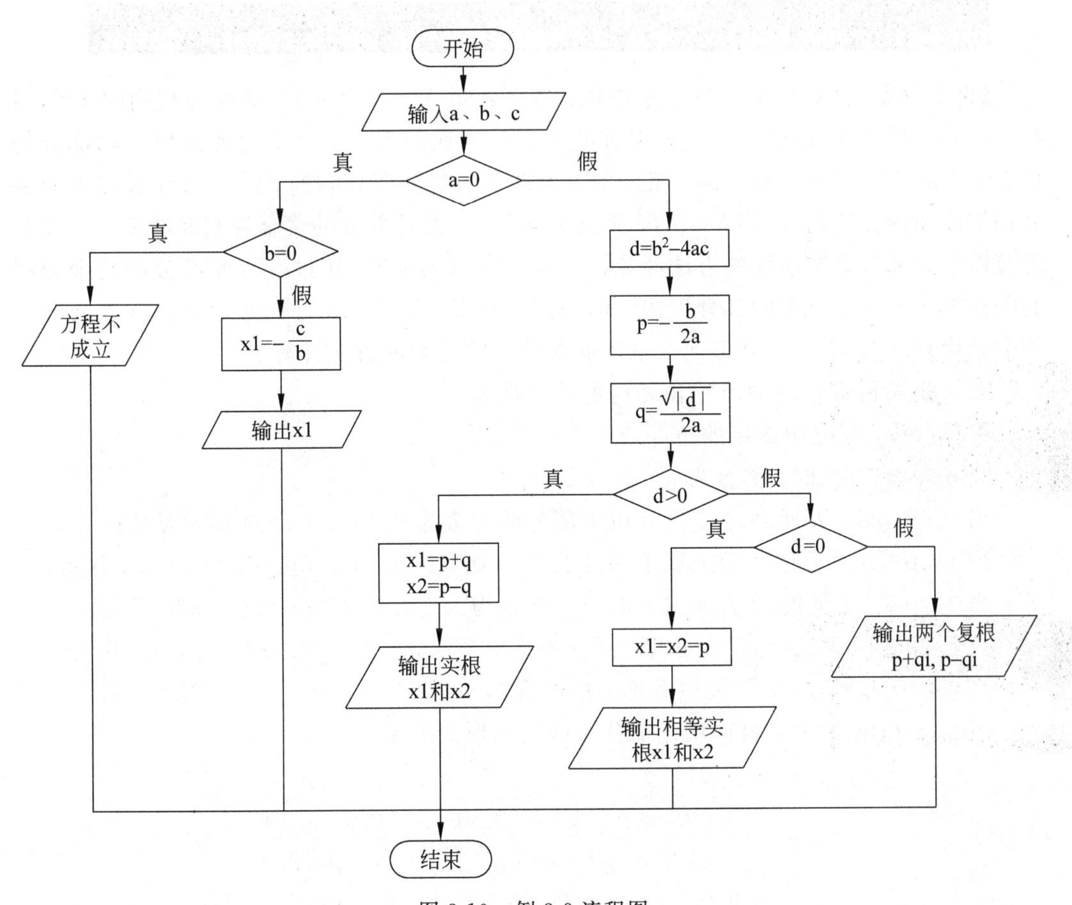

图 3-10　例 3-9 流程图

运行结果：

(1) a=0 情况：

```
0 3 1
The equation has a root: -0.333333
```

(2) a=b=0 情况：

```
0 0 2
The equation is not a quadratic
```

(3) $b^2-4ac>0$ 情况：

```
0 0 2
The equation is not a quadratic
```

(4) $b^2-4ac=0$ 情况：

```
1 2 1
The equation has two equal roots:-1.000000
```

(5) $b^2-4ac<0$ 情况：

```
2 3 4
The equation has complex roots:-0.750000+1.198958i and -0.750000-1.198958i
```

【例 3-10】 计算奖金。当企业利润 p 等于或低于 0.5 万元时，奖金为利润的 1%；当 $0.5<p\leqslant 1$ 万元时，超过 0.5 万元部分的奖金为利润的 1.5%，0.5 万元及以下的部分仍按 1%计算；当 $1<p\leqslant 2$ 万元时，超过 1 万元部分的奖金为利润的 2%，1 万元及以下的部分仍按前面的方法计算；当 $2<p\leqslant 5$ 万元时，超过 2 万元部分的奖金为利润的 2.5%，2 万元及以下的部分仍按前面的方法计算；当 $5<p\leqslant 10$ 万元时，超过 5 万元部分的奖金为利润的 3%，5 万元及以下的部分仍按前面的方法计算；当 $p>10$ 万元时，超过 10 万元部分的奖金为利润的 3.5%，10 万元及以下的部分仍按前面的方法计算。

要求输入利润 p，计算并输出相应的奖金数 w。

编程点拨：据题中给定的条件，有

当 $p\leqslant 0.5$ 万元时，奖金为 $p\times 0.01$ 万元；

当 $0.5<p\leqslant 1$ 万元时，0.5 万元以下部分的奖金为 $0.5\times 0.01=0.005$ 万元；

当 $1<p\leqslant 2$ 万元时，1 万元以下部分的奖金为 $0.005+0.5\times 0.015=0.0125$ 万元；

当 $2<p\leqslant 5$ 万元时，2 万元以下部分的奖金为 $0.0125+1\times 0.02=0.325$ 万元；

当 $5<p\leqslant 10$ 万元时，5 万元以下部分的奖金为 $0.325+3\times 0.025=0.1075$ 万元；

当 $p>10$ 万元时，10 万元以下部分的奖金为 $0.1075+5\times 0.03=0.2575$ 万元。

因此，p 与 w 的关系可以用以下分段函数的形式表示：

$$w=\begin{cases}0.01\times p & p\leqslant 0.5\\ 0.005+(p-0.5)\times 0.015 & 0.5<p\leqslant 1\\ 0.0125+(p-1)\times 0.02 & 1<p\leqslant 2.0\\ 0.0325+(p-2)\times 0.025 & 2<p\leqslant 5\\ 0.1075+(p-5)\times 0.03 & 5<p\leqslant 10\\ 0.2575+(p-10)\times 0.035 & p>10\end{cases}$$

以上可用 else-if 形式或 switch 语句实现。下面介绍用 switch 语句的实现过程。

根据题意，p 的变化转折点为 0.5、1、2、5、10，它们都是 0.5 的倍数。利用这个特点，可以设置一个整型变量 k，其中 k 的计算公式为：$k=p/0.5$，显然，k 的值与利润 p 之间存在如下关系：

$k=0$ 等价于利润 $p<0.5$ 万元；

$k=1$ 等价于利润 $0.5\leqslant p<1.0$ 万元；

$k=2,3$ 等价于利润 $1.0\leqslant p<2.0$ 万元；

$4\leqslant k\leqslant 9$ 等价于利润 $2.0\leqslant p<5.0$ 万元；

$10\leqslant k\leqslant 19$ 等价于利润 $5.0\leqslant p<10.0$ 万元；

$k\geqslant 20$ 等价于利润 $p\geqslant 10$ 万元。

由于在利润 p 的变化转折点 0.5,1,2,5,10 处奖金数既可以放在前一个区间内计算，也可以放在后一个区间内计算，其值是一样的。因此，上述 p 与 w 的分段函数形式可以改写为下面 k 与 w 的分段函数形式：

$$w=\begin{cases}0.01\times p & k=0\\ 0.005+(p-0.5)\times 0.015 & k=1\\ 0.0125+(p-1)\times 0.02 & k=2,3\\ 0.0325+(p-2)\times 0.025 & 4\leqslant k\leqslant 9\\ 0.1075+(p-5)\times 0.03 & 10\leqslant k\leqslant 19\\ 0.2575+(p-10)\times 0.035 & k\geqslant 20\end{cases}$$

由上述关系可以看出，当 $k=2$ 和 3 时，共用一个表达式；当 $4\leqslant k\leqslant 9$ 时，也共用一个表达式；当 $10\leqslant k\leqslant 19$ 时，也共用一个表达式；当 $k\geqslant 20$ 时，也共用一个表达式。为了使 switch 语句结构简洁，减少 case 语句的个数，可以事先作如下处理：

当 $4\leqslant k\leqslant 9$ 时，置 $k=4$；

当 $10\leqslant k\leqslant 19$ 时，置 $k=10$；

当 $k\geqslant 20$ 时，置 $k=20$；

而当 $k=2,3$ 时，用两个 case 语句，但它们共用一个赋值语句。

综上所述，可得出如图 3-11 所示的流程图。根据流程图编写的程序如下：

```
#include  <stdio.h>
int  main()
{   float  p,w=0;
    int  k;
    scanf("%f",&p);                         /* 输入利润 */
    k=p/0.5;                                /* 计算 k 值 */
    if(k>=4&&k<=9)  k=4;                    /* 处理 k 值 */
    if(k>=10&&k<=19)  k=10;
    if(k>=20) k=20;
    switch(k)                               /* 计算奖金 */
    {   case 0: w=0.01*p; break;
        case 1: w=0.005+0.015*(p-0.5); break;
        case 2:
        case 3: w=0.0125+0.02*(p-1); break;
        case 4: w=0.0325+0.025*(p-2); break;
        case 10: w=0.1075+0.03*(p-5); break;
        case 20: w=0.2575+0.035*(p-10);
    }
    printf("w=%f\n", w);
```

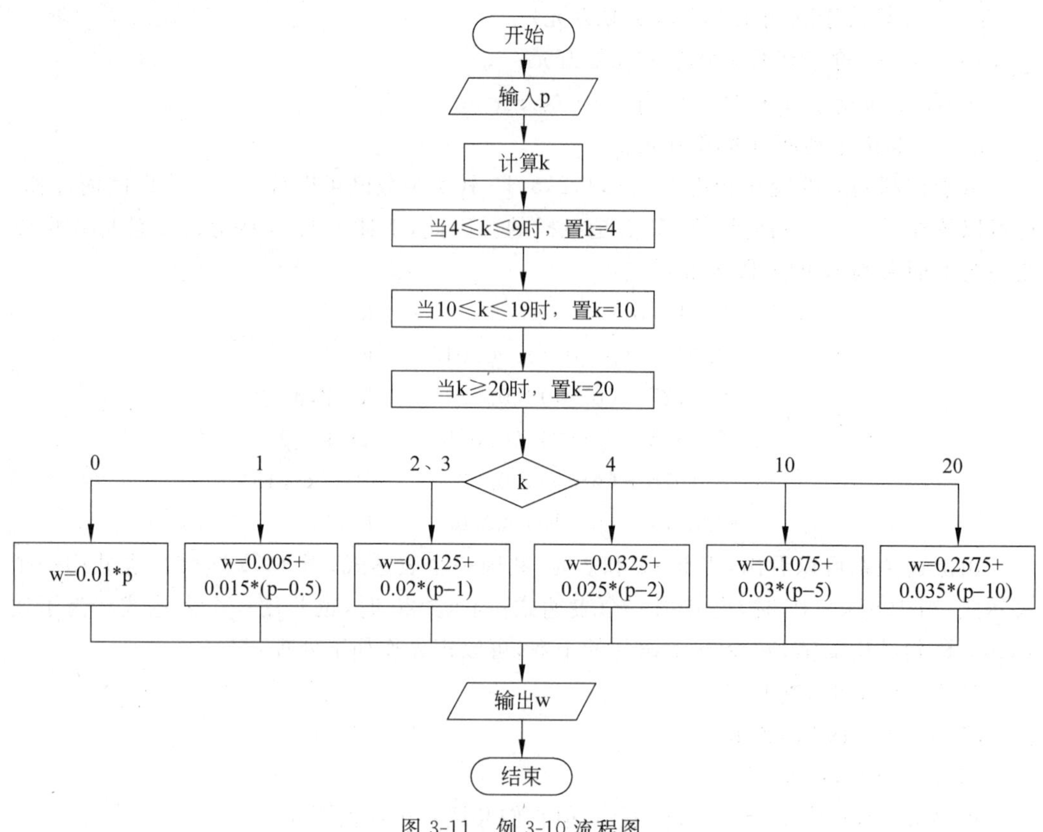

图 3-11　例 3-10 流程图

```
    return 0;
}
```

运行结果：

```
4.5
w=0.095000
```

【举一反三】

(1) 身高预测。每个做父母的都关心自己孩子成人后的身高。根据有关生理卫生知识和数理统计分析表明，影响小孩成人后身高的因素有遗传、饮食习惯和坚持体育锻炼等。小孩成人后的身高与其父母的身高和自身的性别密切相关。若设小孩父亲身高为 h1，母亲身高为 h2，身高预测公式为：

男性成人时身高＝(h1＋h2) ∗ 0.54(cm)

女性成人时身高＝(h1 ∗ 0.923＋h2)/2(cm)

此外，如果喜爱体育锻炼，那么身高可增加 2％；如果有良好的卫生饮食习惯，那么身高又可增加 1.5％。

编写一个程序，根据性别、父母的身高、是否喜爱体育锻炼、是否有良好的饮食习惯等条件求出预测的身高。

提示：表示性别可定义为字符型变量，且'F'表示女性，'M'表示男性；表示是否喜爱体育锻炼和是否有良好的饮食习惯条件也可定义为字符型变量,'Y'表示喜爱,'N'表示不喜爱。父亲和母亲身高均可定义为实型变量。编程时可先根据性别和父、母身高值求出预测身高,然后再根据后两个加分条件求出最终预测身高。

(2) 某旅游景点规定:在旅游旺季(7—9月份),如果购票20张以上,优惠票价的10%;20张以下,10张以上,优惠5%;10张以下没有优惠。在旅游淡季(1—6月份、10—12月份),如果购票20张以上,优惠票价的20%;20张以下,10张以上,优惠10%;10张以下优惠5%。编写一个程序能够根据月份和游客购票数求出优惠率。

提示:可将输入的月份和游客购票数作为条件,用if嵌套结构求出优惠率。

(3) 运费计算。某运输公司对用户收取运费的标准是根据路程远近给予相应的折扣,若设路程为s,则:

s<250千米	没有折扣
250千米≤s<500千米	2%折扣
500千米≤s<1000千米	5%折扣
1000千米≤s<2000千米	8%折扣
2000千米≤s<3000千米	10%折扣
3000千米≤s	15%折扣

编写一个程序,输入每千米每吨货物的基本运费、货物重量以及路程,求总运费。

提示:首先根据路程情况用多分支结构求出折扣率,然后再根据以下公式求出总运费。

总运费=基本运费×货物重量×路程×(1-折扣率)

复习与思考

1. if语句有几种形式?执行功能如何?
2. 作为if语句条件的表达式可以是何种表达式?
3. 嵌套的if语句中else和if是如何配对的?
4. 哪种情况适合使用switch语句?case后面的常量表达式允许是什么类型?

习　题　3

一、选择题

1. 对C程序作逻辑运算时判断操作数真、假的表述,以下哪一个选项是正确的________。

A. 0为假,非0为真　　　　B. 只有1为真

C. -1为假,1为真　　　　D. 0为真,非0为假

2. 设整型变量m,n,a,b,c,d均为0,执行(m=a==b)||(n=c==d)后,m和n的值是________。

A. 0,0　　B. 0,1　　C. 1,0　　D. 1,1

3. 设整型变量m,n,a,b,c,d均为1,执行(m=a>b)&&(n=c>d)后,m和n的值是________。

A. 0,0　　B. 0,1　　C. 1,0　　D. 1,1

4. 以下不正确的if语句是________。

A. if(x>y&&x!=y);

B. if(x==y) x+=y;

C. if(x!=y) scanf("%d",&x) else scanf("%d",&y);

D. if(x<y) {x++; y++;}

5. 以下正确的if语句是________。

A. if(x>0) printf("%f",x)
   else printf("%f",--x);

B. if (x>0) { x=x+y; printf("%f",x); }
   else printf("%f",-x);

C. if(x>0) {x=x+y; printf("%f",x); };
   else printf("%f",-x);

D. if(x>0) {x = x+y; printf("%f",x) }
   else printf("%f",-x);

6. 以下程序的运行结果是________。

```
#include <stdio.h>
int main()
{  int m=5;
   if(m++>5)  printf("%d\n",m);
   else       printf("%d\n",m--);
   return 0;
}
```

A. 4　　B. 5　　C. 6　　D. 7

7. 若有条件表达式:(exp)? a++: b--,则以下表达式中能完全等价于表达式(exp)的是________。

A. (exp==0)　　B. (exp!=0)　　C. (exp==1)　　D. (exp!=1)

8. 为了避免在嵌套的条件语句if-else中产生二义性,C语言规定else子句总是与________配对。

A. 缩排位置相同的if　　B. 其之前最近的未曾配对的if

C. 其之后最近的未曾配对的if　　D. 同一行上的if

9. 阅读以下程序:

```
#include <stdio.h>
```

```
int main()
{   int  a=5,b=0,c=0;
    if(a=b+c)  printf("* * *\n");
    else   printf("$$$\n");
    return 0;
}
```

以上程序 ________。

A. 有语法错不能通过编译　　B. 可以通过编译但不能通过连接

C. 输出***　　D. 输出 $ $ $

10. 若 w=1，x=2，y=3，z=4，则条件表达式：w<x? w：y<z? y：z 的值是________。

A. 4　　B. 3　　C. 2　　D. 1

11. 设有说明语句“int a,b,c1,c2,x,y;”，以下正确的 switch 语句是________。

A.
```
switch(a+b);
{  case 1:y=a+b; break;
      case 0:y=a-b; break;
}
```

B.
```
switch(a * a+b * b)
{  case 3:
   case 1:y=a+b; break;
   case 3:y=b-a; break;
}
```

C.
```
switch  a
{  case c1:y=a-b; break;
   case c2:x=a * d; break;
   case 4:x=a+b; break;
   default: x=a+b
}
```

D.
```
switch(a-b)
{  default: y=a * b; break;
   case 3:
   case 10:y=a-b; break;
}
```

12. 下列各语句序列中能够且仅输出整型变量 a、b 中最大值的是________。

A. if(a>b) printf("%d\n",a); printf("%d\n",b);

B. printf("%d\n",b); if(a>b) printf("%d\n",a);

C. if(a>b) printf("%d\n",a); else printf("%d\n",b);

D. if(a<b) printf("%d\n",a); else printf("%d\n",b);

13. 下列语句应将小写字母转换为大写字母，其中正确的是________。

A. if(ch>='a'&&ch<='z')ch=ch+32;

B. if(ch>='a'&&ch<='z')ch=ch-32;

C. ch=(ch>='a'&&ch<='z')? ch+32：ch;

D. ch=(ch>'a'&&ch<'z')? ch-32：ch;

二、填空题

1. 判断变量 a、b 的值均不为 0 的逻辑表达式为________。

2. 变量 a、b 中必有且只有一个为 0 的逻辑表达式为________。

3. 判断变量 a、b 是否绝对值相等而符号相反的逻辑表达式为________。

4. 以下程序的输出结果是________。

```
#include <stdio.h>
int main()
{   int a=10,b=50,c=30;
    if(a>b)
    a=b;
    b=c;
    c=a;
    printf("a=%d b=%d c=%d\n",a,b,c);
    return 0;
}
```

5. 若运行时输入 2.1↙,以下程序的输出结果是________。

```
#include <stdio.h>
int main()
{   float a,b;
    scanf("%f",&a);
    if(a<0.0) b=0.0;
    else if((a<2.5)&&(a!=2.0)) b=1.0/(a+2.0);
    else if(a<10.0) b=1.0/a ;
    else b=10.0;
    printf("%f\n",b);
    return 0;
}
```

6. 以下程序的输出结果是________。

```
#include <stdio.h>
int main()
{   int a=0,b=1,c=0,d=20;
    if(a) d=d-10;
    else if(!b)
        if(!c) d=15;
        else d=25;
    printf("d=%d\n",d);
    return 0;
}
```

7. 以下程序的输出结果是________。

```
#include <stdio.h>
int main()
{   int a=100,x =10,y=20,okl=5,ok2=0;
    if (x<y)
        if(y!=10)
```

```
        if(!okl) a=1;
        else
           if(ok2) a=10;
    printf("%d\n",a);
    return 0;
}
```

8. 以下程序的输出结果是________。

```
#include <stdio.h>
int main()
{   int x=2,y=-1,z=2;
    if(x<y)
       if(y<0)  z=0;
       else     z+=1;
    printf("%d\n",z);
    return 0;
}
```

9. 以下程序的输出结果是________。

```
#include <stdio.h>
int main()
{   int w=1,x=2,y=3,z=4,m;
    m=(w<x)?w:x;
    m=(m<y)?m:y;
    m=(m<z)?m:z;
    printf("%d\n",m);
    return 0;
}
```

10. 以下程序的输出结果是________。

```
#include <stdio.h>
int main()
{   int x=1,a=0,b=0;
    switch(x)
    {   case 0: b++;
        case 1: a++;
        case 2: a++;b++;
    }
    printf("a=%d,b=%d\n",a,b);
}
```

11. 以下程序的输出结果是________。

```
#include <stdio.h>
int main()
```

```
{   int a=1,b=0;
    switch(a)
    {   case 1:
            switch(b)
            {   case 0: printf("* *0* *");break;
                case 1: printf("* *1* *");break;
            }
        case 2: printf("* *2* *");break;
    }
    return 0;
}
```

12. 根据以下嵌套的 if 语句所给条件，填写 switch 语句，使它完成相同的功能。（假设 score 的取值为 1～100）

if 语句：

```
if(score<60) k=1;
else if(score<70) k=2;
else if(score<80) k=3;
else if(score<90) k=4;
else if(score<=100) k=5;
```

switch 语句：

```
switch( ___(1)___ )
{   default : k=1; break;
    ___(2)___ : k=2; break;
    case  7: k=3; break;
    case  8: k=4; break;
    ___(3)___ : k=5;
}
```

13. 以下程序的功能是计算分段函数 y 的值。请完善程序。

$$y=\begin{cases}0 & x<0\\ x & 0\leqslant x<10\\ 10 & 10\leqslant x<20\\ -0.5x+20 & 20\leqslant x<40\end{cases}$$

```
#include <stdio.h>
int main()
{   int x,c,m;
    float y;
    scanf("%d",&x);
    if( ___(1)___ ) c=-1;
    else c= ___(2)___ ;
    switch(c)
```

```
    {   case -1: y=0; break;
        case  0: y=x; break;
        case  1: y=10; break;
        case  2:
        case  3: y=-0.5*x+20; break;
        default : __(3)__ ;
    }
    if(y==-2) printf("error\n");
    else      printf("y=%f", y);
    return 0;
}
```

三、编程题

1. 编写程序,输入一个数,判断并输出它是奇数还是偶数。

2. 编写程序计算分段函数 y 值。

$$y=\begin{cases} e^{-x} & x>0 \\ 1 & x=0 \\ -e^{x} & x<0 \end{cases}$$

3. 根据输入的百分制成绩 score,转换成相应的等级 grade 并输出。转换标准为:

$$grade=\begin{cases} A & 90\leqslant score\leqslant 100 \\ B & 80\leqslant score<90 \\ C & 70\leqslant score<80 \\ D & 60\leqslant score<70 \\ E & 0\leqslant score<60 \end{cases}$$

4. 输入三角形的三条边,判断它能否构成三角形,若能,则指出是何种三角形:等腰三角形?直角三角形?一般三角形?

5. 编写程序,输入一个年份和月份,输出该月有多少天(考虑闰年问题。闰年的条件是:①能被 4 整除,但不能被 100 整除的年份都是闰年;②能被 100 整除,又能被 400 整除的年份是闰年)。

第4章

循环结构程序设计

例 3-8 中介绍了一个简单的猜数游戏程序，但这个程序存在一个问题，就是用户只能猜一次，如果用户输入的数与要猜的数不一致想继续再猜时，必须重新运行程序。那么能否在不退出程序运行的情况下，让用户连续输入要猜的数直到猜对为止呢？答案是肯定的，对此用循环结构即可实现。

循环结构是指在一定条件下重复地执行一组语句的一种程序结构，在实际问题中应用非常广泛，它和顺序结构、选择结构一样可作为构造各种复杂程序的基本单元。循环结构可分为当型循环与直到型循环两种形式。

4.1 当型循环与直到型循环

4.1.1 当型循环结构

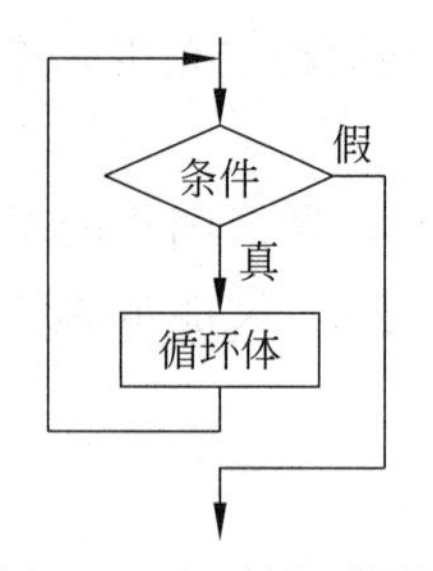

图 4-1 当型循环结构

当型循环结构的流程图如图 4-1 所示。其中，条件一般是逻辑表达式或关系式，循环体是程序中需要重复执行的语句，可以是单个语句，也可以是由若干语句构成的复合语句。

当型循环的执行过程：当条件成立（为真）时，重复执行循环体中所包含的语句，直到条件不成立（为假）时循环结束。

由上述执行过程可以看出，如果在开始执行这个结构前条件就不成立，则当型循环中的循环体一次也不执行。

4.1.2 直到型循环结构

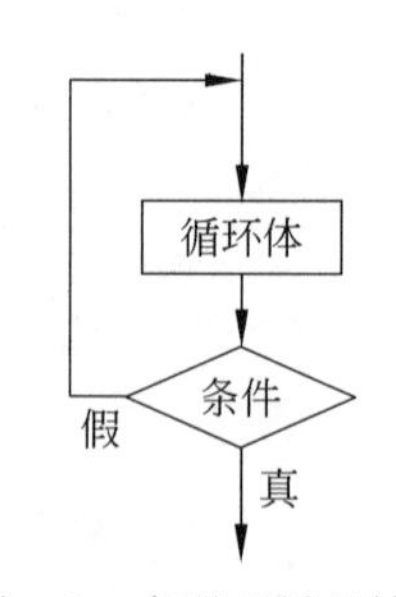

图 4-2 直到型循环结构

直到型循环结构的流程图如图 4-2 所示。

直到型循环的执行过程：先执行循环体中所包含的语句，然后判断循环条件，若条件不成立（为假），则重复执行循环体中所包含的语句，直到条件成立（为真）时循环结束。

由上述执行过程可以看出，对于直到型循环来说，由于首先执行循环体,然后再判断条件,因此,循环体至少要被执行一次。这也是与当型循环结构最显著的区别。

4.2 循环语句

C 语言主要提供了三种循环语句来实现循环结构,分别为 while 语句、do-while 语句和 for 语句。在一定条件下,这三种循环语句可相互替代。

4.2.1 while 语句

while 语句主要用来实现当型循环,其一般形式是:

```
while(表达式)
    循环体语句
```

该语句的执行过程:先计算表达式(即循环条件)的值,若值为真(即为非 0),表示循环条件成立,则重复执行循环体语句,直到表达式的值为假(即为 0,代表条件不成立)时循环结束。

下面介绍两个使用 while 语句实现循环结构的实例。

【例 4-1】 计算 s=1+2+3+…+100。

编程点拨:本题可按以下操作:

s=0

s=s+1

s=s+2

s=s+3

⋮

若计算只是按以上操作简单地从 1 加到 100,程序将很烦琐。而若将以上操作通过循环语句来实现则简便得多,流程图如图 4-3 所示。

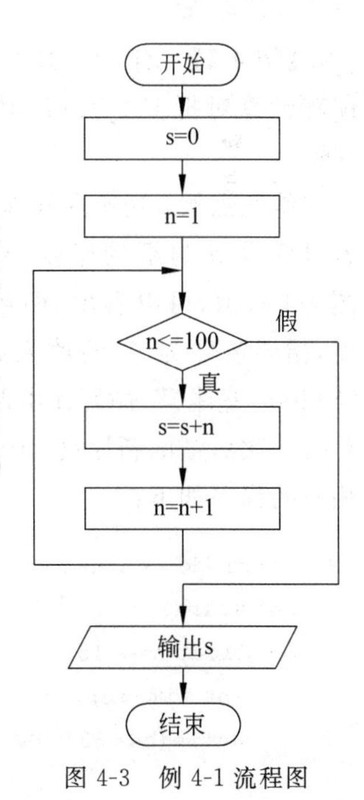

图 4-3 例 4-1 流程图

由流程图可以看出,该循环结构中的条件是"n≤100",其中 n 的初值为 1,共循环 100 次。在循环体中有两个语句"s=s+n;n=n+1;"重复执行 100 次,从而可计算出 1～100 的和。相应的 C 程序如下:

```
#include <stdio.h>
int main()
{  int  s=0,n=1;
   while(n<=100)
   {   s=s+n;                /*对 s 进行累加*/
       n++;                  /*循环变量 n 增值 1*/
```

```
    }
    printf("s=%d\n", s);
    return 0;
}
```

运行结果：

```
s=5050
```

在循环体中，也可以先将循环变量 n 增值，然后再进行累加，此时需要改变循环变量 n 的初值以及循环条件。例如，以上的程序还可改写为：

```
#include <stdio.h>
int main()
{  int  s=0,n=0;
   while(n<100)
   {  n++;
      s=s+n;
   }
   printf("s=%d\n", s);
   return 0;
}
```

因此，要使循环结构的逻辑功能正确，必须将循环变量的初值、循环条件和循环体这三者作为整体来考虑。一旦循环变量的初值改变了，循环条件和循环体中各语句的顺序可能也要随之而改变。同样，如果改变了循环条件或循环体中各语句的顺序，其他两方面也要随之改变。

【例 4-2】 有一足够大的纸，其厚度为 0.15 毫米，编程计算对折多少次后，其厚度能超过珠穆朗玛峰的高度。

编程点拨：众所周知珠穆朗玛峰的高度为 8844 米，若设变量 h 为纸的厚度，对折次数为 time，流程图如图 4-4 所示，可以看出，循环前 h 的初值为纸的初始厚度，循环条件为“h 的值未超过珠穆朗玛峰的高度（即 8844000 毫米）”，循环体由两个语句构成，h＝2＊h 计算对折一次后纸的新厚度，time＝time＋1 统计对折次数。相应的程序如下：

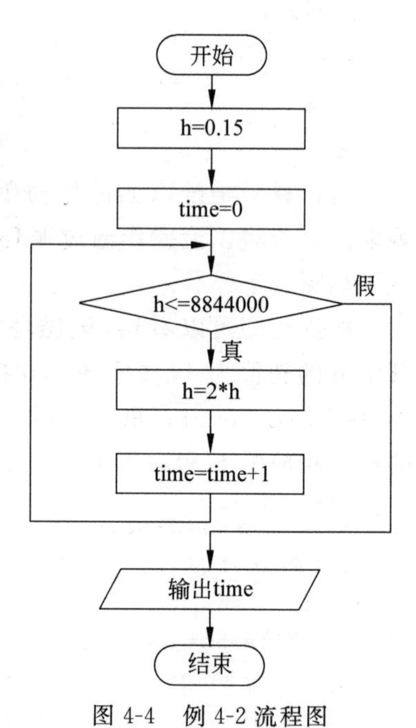

图 4-4　例 4-2 流程图

```
#include  <stdio.h>
int main()
{   float h=0.15;          /*单位为毫米*/
    int time=0;
    while(h<=8844000)
    {
```

```
        h=2*h;              /*计算对折后纸的新厚度*/
        time=time+1;        /*统计对折次数*/
    }
    printf("time=%d\n",time);
    return 0;
}
```

运行结果：

```
time=26
```

4.2.2 do-while 语句

do-while 语句主要用来实现直到型循环，一般形式是：

```
do
    循环体语句
while(表达式);
```

与 while 语句不同的是，do-while 语句是先执行循环体，后判断循环条件。执行 do-while 语句时，不管循环条件如何，总是先执行一次循环体，然后再判断 while 后括号内的表达式（即循环条件）的值是否为真。若表达式的值为真（即为非 0），则继续重复执行循环体，直到表达式的值为假（即为 0）时循环结束。

特别要指出的是，在前面图 4-2 所示的直到型循环结构中，只有当条件为真时才退出循环，而条件为假时继续执行循环。但在 C 语言所提供的 do-while 循环结构中，与此刚好相反。因此，虽然 C 语言中的 do-while 循环结构也称为直到型循环结构，但要注意它的条件是相反的。

下面介绍两个使用 do-while 语句实现循环结构的实例。

【例 4-3】 用 do-while 语句编程计算 s＝1＋2＋3＋…＋100。

编程点拨：流程图如图 4-5 所示。相应的 C 程序如下：

```
#include <stdio.h>
int main()
{   int  s=0,n=1;
    do{
        s=s+n;
        n++;
    }while(n<101);          /*当 n<101 时继续执行循环*/
    printf("s=%d\n",s);
    return 0;
}
```

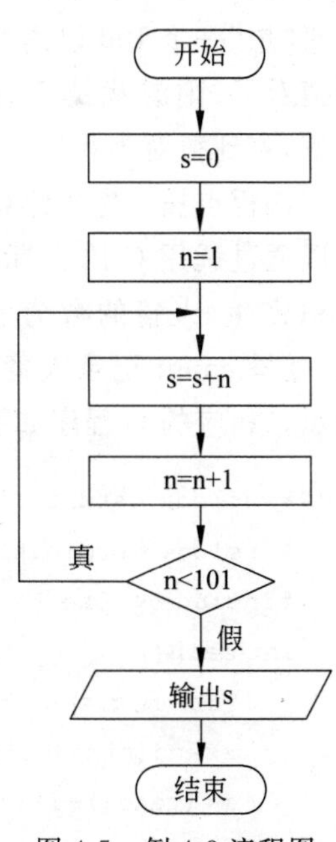

图 4-5　例 4-3 流程图

运行结果：

```
s=5050
```

需要注意的是，尽管以上问题用 while 语句和 do-while 语句可相互替代，但 while 语句和 do-while 语句在第一次进入循环时条件就不成立的特殊情况下，二者是不等价的。例如，下面两段程序就是不等价的：

程序段 1：

```
n=100;
while(n<100)
    printf("n=%d\n",n);
```

程序段 2：

```
n=100;
do
    printf("n=%d\n",n);
while(n<100);
```

第一段程序因为先判断后执行，所以当 n 的初值不满足小于 100 的条件时，循环一次也不执行，因此没有任何输出结果。而第二段程序虽然 n 的初值不满足小于 100 的条件，但因为是先执行后判断，所以循环至少执行一次，因此输出结果为 n＝100。

【例 4-4】 改进例 3-8 的猜数游戏：先由计算机“想”一个 100 以内的正整数，然后请人猜，如果猜对了，则游戏结束；否则给出提示信息并继续猜，直到猜对为止。

编程点拨：若令计算机“想”的数为 m，其值可以通过调用 C 语言标准函数库中的随机函数 rand 产生，人猜的数为 g，其值可以通过键盘输入，变量 count 记录人猜的次数，流程图如图 4-6 所示。相应的 C 程序如下：

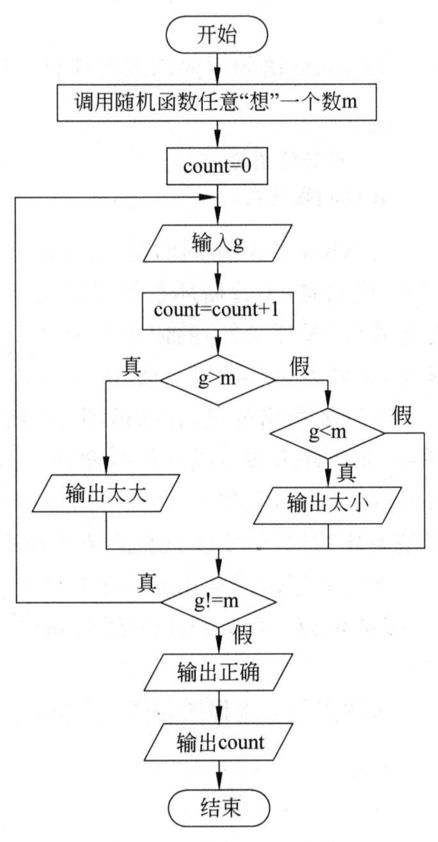

图 4-6　例 4-4 流程图

```
#include <stdlib.h>
#include <stdio.h>
#include <time.h>
int main()
{   int  m,g,count=0;
    srand(time(NULL));
    m=(rand()+1)%100;
    do{
```

```
        printf("Please guess a magic number:");
        scanf("%d",&g);
        count++;
        if(g>m)
            printf("Wrong!Too big!\n");
        else if(g<m)
            printf("Wrong!Too small!\n");
    }while(g!=m);
    printf("Right!the number:%d\ncount=%d\n",m,count);
    return 0;
}
```

运行结果：

```
Please guess a magic number:50
Wrong!Too small!
Please guess a magic number:70
Wrong!Too small!
Please guess a magic number:90
Wrong!Too big!
Please guess a magic number:80
Wrong!Too big!
Please guess a magic number:75
Wrong!Too small!
Please guess a magic number:78
Wrong!Too small!
Please guess a magic number:79
Right!the number:79
count=7
```

4.2.3 for 语句

前面介绍的 while 和 do-while 这两种形式的循环结构，对于循环次数无法预估的情况是十分有效的。但在一些问题的求解中，循环次数是可以事先计算出来的，虽然也可以用 while 或 do-while 这两种循环形式，但用 for 语句来实现这样的循环将更为有效。

for 语句可用于实现当型循环结构，其使用非常灵活，在循环结构中应用非常广泛。

for 语句的一般形式：

```
for(表达式 1;表达式 2;表达式 3)
  循环体语句
```

以上 for 循环结构执行过程与以下的 while 循环结构等价：

```
表达式 1;
while(表达式 2)
{  循环体语句
   表达式 3;
}
```

通常来说，“表达式 1”一般在循环开始时用来给循环变量赋初值，“表达式 2”一般代表循环条件，只有循环条件为真，循环才会继续执行，“表达式 3”一般是循环增量表达式，用来改变循环变量的值。

for 语句的执行过程：

(1) 求表达式 1(循环变量初值)的值；

(2) 计算表达式 2(循环条件)的值，并判断其值是否为真。若值为真，则执行(3)，否则执行(5)；

(3) 执行循环体语句；

(4) 计算表达式 3(循环增量表达式)的值，然后转回(2)；

(5) 循环结束，跳转到 for 后面的语句继续。

for 语句的执行流程如图 4-7 所示。

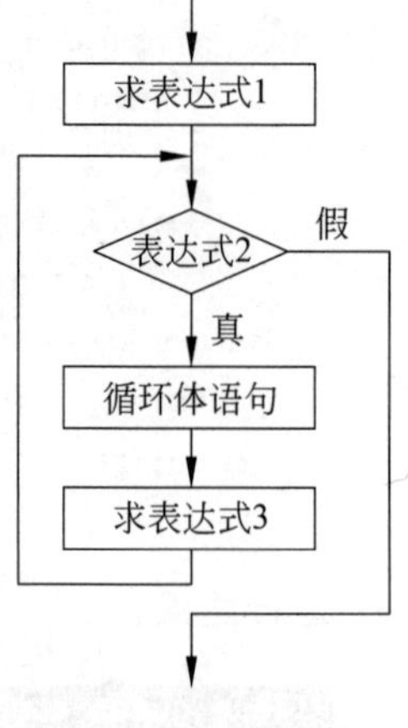

图 4-7　for 语句的执行流程图

例如，如下 for 语句：

```
for(x=0,a=1;a<5;a++) x=x+a;
```

其中：

① 表达式 1 为：x＝0,a＝1　是一个逗号表达式，用于初始化循环变量 a 的值以及变量 x 的值。

② 表达式 2 为：a＜5　表示循环条件，即 a＜5 时循环条件为真。

③ 表达式 3 为：a＋＋　使循环变量 a 增值，即每循环一次，使 a 的值加 1。

④ 循环体语句：“x＝x＋a;”。

不难看出，以上 for 语句将重复执行语句“x＝x＋a;a＋＋;”4 次。

下面介绍两个使用 for 语句实现循环结构的实例。

【例 4-5】 用 for 语句编程计算 s＝1＋2＋3＋…＋100。

编程点拨：根据例 4-3 的流程图可得如下 C 程序：

```
#include <stdio.h>
int main()
{   int  s=0,n;
    for(n=1;n<=100;n++)      /* n=1 为表达式 1,n<=100 为表达式 2,n++为表达式 3 */
        s=s+n;
    printf("s=%d\n", s);
    return 0;
}
```

运行结果：

```
s=5050
```

显然，这个程序要比例 4-1 的程序简练得多。

说明：

(1) 在 for 语句中，三个表达式均可省略，但其中的分隔符“;”不能省略；

(2) 如果省略表达式 1，应在 for 语句之前给循环变量赋初值；

例如：

```
n=1;
for( ;n<=100;n++) s=s+n;
```

执行 for 语句时跳过 “求表达式 1”这一步，其余不变。

(3) 如果省略表达式 2，就意味着表达式 2 的值一直是非 0，即循环条件始终为真，循环将无法终止；

例如：

```
for(n=1; ;n++) s=s+n;
```

执行时循环将无法终止，造成无限循环。

(4) 如果省略表达式 3，这时应在循环体内增加改变循环变量的语句，否则将造成无限循环；

例如：

```
for(n=1;n<=100;) {s=s+n;n++;}
```

执行时跳过“求表达式 3”这一步，其余不变。

又如：

```
for(n=1;n<=100;) s=s+n;
```

因为 n 的值始终是 1，循环条件为真，造成无限循环。

(5) 如果三个表达式均省略，就意味着表达式 2 的值总是非 0，循环条件始终为真，循环将无法终止；

例如：

```
for( ; ; ) s=s+n;
```

(6) 在 for 循环中，如果循环体包含多个语句，则应该用大括号括起来，以复合语句的形式出现。如果不加大括号，则 for 语句的范围直到 for 后面的第一个分号处。

例如：

```
for(n=1;n<=100;)  s=s+n;n++;
```

循环体语句只包含“s＝s＋n;”语句，而“n＋＋;”语句和循环无关，执行时，将造成无限循环。

4.3 循环的嵌套

在一个循环体内又包含另一个完整循环的程序结构，称为**循环的嵌套**，又称为**多重循环**。若某循环结构中包含一个循环结构，而该循环结构里又包含另外一个循环结构，则为多层嵌套结构。

C语言中的三种循环形式，while循环、do-while循环和for循环都可以相互嵌套，即在while循环、do-while循环和for循环内，都可以完整地包含这三种循环形式中的任一种循环结构。

注意：

(1) 循环的嵌套不能交叉，即在一个循环体内必须完整地包含另一个循环。如图4-8所示；

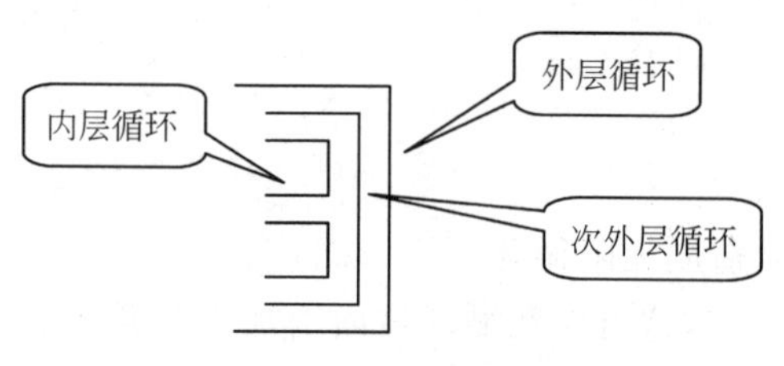

图4-8 合法的循环嵌套

(2) 嵌套的内层循环和外层循环的循环变量不能同名，否则会造成循环混乱；

(3) 循环的嵌套书写时最好采用缩进格式，以保证嵌套层次的清晰性。

循环嵌套执行时，先判断最外层循环条件是否为真，若为真，则进入内层循环，并在内层循环结束之后继续执行外层循环，直到外层循环结束为止。

例如，分析以下程序的运行情况，可以更直观地了解循环嵌套的执行过程。

```
#include <stdio.h>
int main()
{  int  i,j;
   for(i=0;i<2;i++)                        /*外循环开始*/
   {
     printf("loop1 i=%d\n", i);
     for(j=0;j<3;j++)                      /*内循环开始*/
     {
       printf("loop2 j=%d\t", j);
     }                                     /*内循环结束*/
     printf("\n");
   }                                       /*外循环结束*/
   return 0;
}
```

运行结果：

```
loop1 i=0
loop2 j=0       loop2 j=1       loop2 j=2
loop1 i=1
loop2 j=0       loop2 j=1       loop2 j=2
```

由运行结果可以看出：程序开始运行时，由于i=0，满足循环条件i<2，故进入外层循环，执行该层的第一次循环，输出loop1 i=0。接着进入内层循环，共执行三次，分别输出loop2 j=0，loop2 j=1，loop2 j=2。内循环结束后，退出内层循环，继续执行外层循环，

输出换行，然后执行 i++，使 i=1；由于仍然满足循环条件 i<2，继续执行第二次外层循环并输出 loop i=1，进入内层循环，共执行三次，分别输出 loop2 j=0，loop2 j=1，loop2 j=2。内循环结束后，退出内层循环，回到外层循环，输出换行，然后执行 i++，使 i=2，由于此时外层循环的条件为假，外层循环结束，即整个循环执行结束。

由此可知，在这个程序中，外层循环每循环 1 次，内层循环就循环 3 次。这样外层循环循环了 2 次，内层循环共循环了 2×3=6 次。

【例 4-6】 编写程序输出如下形式的乘法九九表。

```
1   2   3   4   5   6   7   8   9
2   4   6   8   10  12  14  16  18
3   6   9   12  15  18  21  24  27
4   8   12  16  20  24  28  32  36
5   10  15  20  25  30  35  40  45
6   12  18  24  30  36  42  48  54
7   14  21  28  35  42  49  56  63
8   16  24  32  40  48  56  64  72
9   18  27  36  45  54  63  72  81
```

编程点拨：乘法九九表给出的是两个数的乘积，如果用变量 x 代表被乘数，y 代表乘数，这两个变量的取值范围都是 1～9，因此，可用两层嵌套循环结构实现，x 可作为外层循环变量控制被乘数的变化，y 可作为内层循环变量控制乘数的变化，其流程图如图 4-9 所示，相应的 C 程序如下：

```
#include <stdio.h>
int main()
{   int  x,y;
    for(x=1;x<10;x++)
    {
        for(y=1;y<10;y++)
            printf("%5d",x*y);
        printf("\n");
    }
    return 0;
}
```

运行结果：

```
1    2    3    4    5    6    7    8    9
2    4    6    8    10   12   14   16   18
3    6    9    12   15   18   21   24   27
4    8    12   16   20   24   28   32   36
5    10   15   20   25   30   35   40   45
6    12   18   24   30   36   42   48   54
7    14   21   28   35   42   49   56   63
8    16   24   32   40   48   56   64   72
9    18   27   36   45   54   63   72   81
```

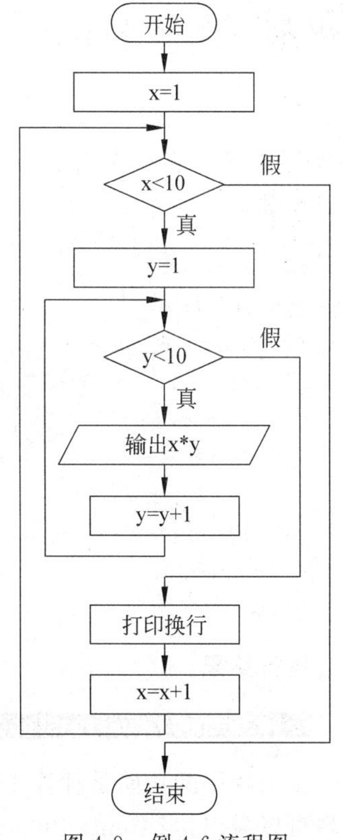

图 4-9　例 4-6 流程图

本程序外层循环每执行1次，内层循环就执行9次，计算并输出一行中的9个数。外层循环执行了9次，内层循环共执行了9×9=81次。

4.4 break语句和continue语句

4.4.1 break语句

在第3章介绍的switch语句中使用过break语句，它的作用是跳出switch语句。在实际使用中，break语句有以下两个功能：

(1) 跳出switch结构；

(2) 强制中断当前循环体的执行并退出循环。

break语句的一般形式为：

```
break;
```

在循环结构中使用break语句可以使循环提前结束，在某些情况下可提高循环执行的效率。break语句对三种循环形式的执行过程影响如下所示：

```
while(表达式1){
  ⋮
if(表达式2)break;  ─┐
  ⋮                │
}                  │
循环的下一条语句 ←─┘
```

```
do{
  ⋮
  if(表达式2)break;  ─┐
  ⋮                  │
  }while(表达式1);   │
循环的下一条语句   ←─┘
```

```
for(;表达式1;){
  ⋮
if(表达式2)break;  ─┐
  ⋮                │
}                  │
循环的下一条语句 ←─┘
```

例如：

```
#include  <stdio.h>
int main()
{   float  n,sum=0;
    for(n=1;n<=100;n++)
    {   sum+=n;
        if(sum>1000) break;
    }
    printf("n=%f  sum=%f\n",n,sum);
    return 0;
}
```

运行结果：

```
n=45.000000  sum=1035.000000
```

以上程序的功能是计算1～100的累加和，直到累加和大于1000停止。从上面的for循环可以看出，当sum＞1000时，执行break语句，提前终止循环的执行。

4.4.2 continue 语句

continue 语句只能用在循环体中，其一般形式：

```
continue;
```

continue 语句的功能是结束本次循环，即跳过循环体中后面尚未执行的语句，直接结束本次循环并转入下一次循环条件的判断。continue 语句对循环执行过程的影响如下所示：

```
 while(表达式 1){          do{                       for(;表达式 1;){
    ⋮                        ⋮                          ⋮
┌ if(表达式 2)continue;   ┌ if(表达式 2)continue;    ┌ if(表达式 2)continue;
│   ⋮                     │  ⋮                       │   ⋮
└→ }                      └→ }while(表达式 1);       └→ }
 循环的下一条语句           循环的下一条语句              循环的下一条语句
```

例如：

```
#include  <stdio.h>
int main()
{   int  x;
    for(x=1;x<100;x++)
    {   if(x%2) continue;
        printf("%4d",x);
    }
    printf("\n");
    return 0;
}
```

运行结果：

```
  2   4   6   8  10  12  14  16  18  20  22  24  26  28  30  32  34  36  38  40
 42  44  46  48  50  52  54  56  58  60  62  64  66  68  70  72  74  76  78  80
 82  84  86  88  90  92  94  96  98
```

以上程序输出 100 以内的所有偶数。程序中用模运算 x%2 的值是否为 0 来判断 x 的奇偶性。如果是偶数，则输出 x；如果是奇数，则用 continue 语句终止本次循环，转而执行下一次循环判断。这就是程序中语句 if(x%2) continue;的作用。

特别要注意 break 语句和 continue 语句的区别，前者是结束本层循环，后者只是结束本层本次的循环，循环并不终止。

使用 break 语句和 continue 语句时，还需要注意在嵌套循环的情况下，break 语句和 continue 语句只对包含它们的那一层循环语句起作用。

4.5 程序举例

循环结构编程在实际生活中应用非常广泛。本节将结合一些实际应用介绍初学者应该掌握的一些常用算法，以便为进一步学习打下良好基础。

【例 4-7】 编程计算当 x=0.5 时下列级数和的近似值，直到某项的绝对值小于 0.000001 时为止。

$$x-\frac{x^3}{3\times1!}+\frac{x^5}{5\times2!}-\frac{x^7}{7\times3!}\cdots\cdots$$

编程点拨：求级数和的问题是程序设计中最常见的问题，解决这类问题要利用循环来实现累加计算，主要考虑以下几点：

(1) 设定一个代表级数和的累加变量，并赋予合适的初值；

(2) 找出每次进行累加的通项表达式；

(3) 循环体中的语句；

(4) 循环结束的条件。

对于本题，可设定一个表示级数和的累加变量 s，并赋初值 x；累加通项用 t 表示，由于每次累加通项的符号是交替变化的，可用变量 f 表示数的正负变化，循环体中主要语句如下：

```
n++;                                    计算当前项 n,n 的初始值为 0
p=p * n;                                计算当前项的阶乘 p,p 的初始值为 1
f=-f;                                   计算的当前项的符号
t=(f * pow(x,2 * n+1))/((2 * n+1) * p); 计算当前的累计通项 t,用 pow(x,2 * n+1)计算 x^(2n+1)
s=s+t;                                  将当前累加通项累加到 s 中
```

反复执行以上操作，随着 n 的增加，级数和 s 的值精度越高。当满足条件 $|t|<0.000001$ 时，循环结束，然后输出计算结果。

流程图如图 4-10 所示，相应的程序如下：

```
#include <stdio.h>
#include <math.h>
int main()
{   float x,p,s,t;
    int n=0,f=1;
    x=0.5; p=1; s=x; t=x;
    while(fabs(t)>=1e-6)
    {
        n++;
        p=p * n;
        f=-f;
        t=(f * pow(x,2 * n+1))/((2 * n+1) * p);
        s+=t;
```

```
    }
    printf("s=%f\n",s);
    return 0;
}
```

运行结果：

```
s=0.461281
```

思考：程序中为什么设置累加变量 s 的初始值为 x,n 的初始值为 0？能否改为其他值？

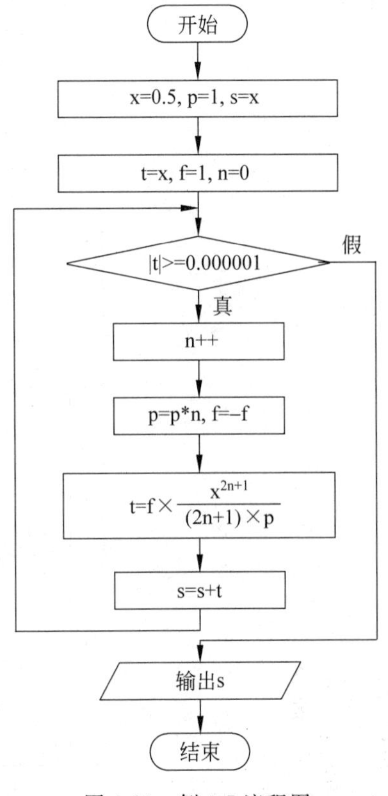

图 4-10　例 4-7 流程图

【例 4-8】　编程求解马克思手稿中的数学题。

在马克思手稿中曾经有一道趣味数学题：有 30 个人，其中有男人、女人和小孩，在一家餐馆里进餐，共花了 50 先令，每个男人各花 3 先令，每个女人各花 2 先令，每个小孩各花 1 先令。问男人、女人和小孩各有几人？

编程点拨：设男人、女人和小孩各有 x、y、z 人，据题意可得以下方程：

$$\begin{cases} x+y+z=30 \\ 3x+2y+z=50 \end{cases}$$

两个方程有三个未知数，这是一个不定方程，有多组解。由于用代数方法求解费时费力，故可采用“穷举法”来求解这类问题。所谓“穷举法”就是在一个集合内对所有可能的方案都逐一测试，从中找出符合指定要求的解答。它也是解答计数问题的最简单、最直接的一种统计计数方法。类似小孩子想知道他的盒子里有多少只皮球，就一只一只地往外拿，皮球拿完了，也就数出来了。这里，小孩子用的就是“穷举法”，就是把集合中的元素一一列举，不重复，不遗漏，从而计算出元素的个数。

“穷举法”对人来说常常是单调而又烦琐的工作，但对计算机来说，重复计算正好可以用简洁的程序发挥它运算速度快的优势。使用“穷举法”的关键是要确定正确的穷举范围，既不能过分扩大穷举的范围，也不能过分缩小穷举的范围，过分扩大会导致程序运行效率的降低，过分缩小会遗漏正确的结果而导致错误。

对于本题，按常识，x、y、z 都应为正整数，且它们的取值范围应分别为：

x：0～16(在只花 50 先令的情况下，最多只有 16 个男人)

y：0～25(在只花 50 先令的情况下，最多只有 25 个女人)

z＝30－x－y(小孩的人数由方程中的第一个式子计算)

然后判断 x、y、z 的每一种组合是否满足方程中的第二个式子：

3＊x＋2＋y＋z＝50

若满足，就可以得到一组符合题意的 x、y 和 z 值。流程图如图 4-11 所示，相应的程序如下：

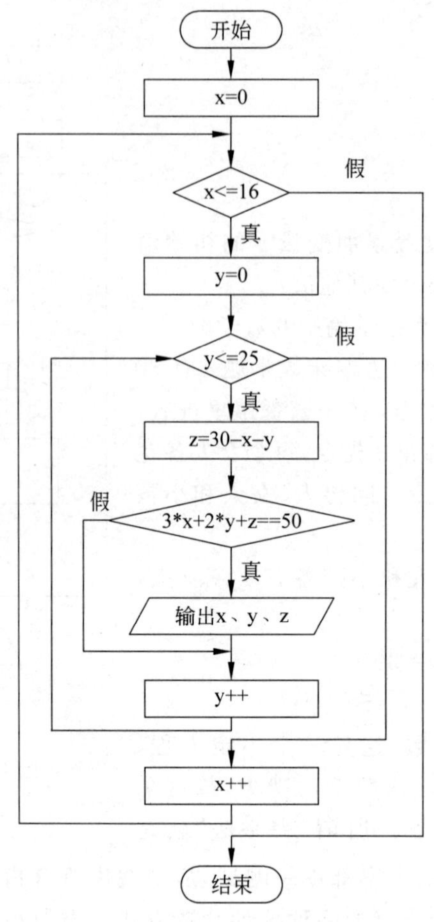

图 4-11　例 4-8 流程图

```
#include <stdio.h>
int main()
{   int  x,y,z;
    printf("Man\tWomen\tChildren\n");
    for(x=0;x<=16;x++)
        for(y=0;y<=25;y++)
        {   z=30-x-y;
            if(3 * x+2 * y+z==50)
                printf("%d\t%d\t%d\n",x,y,z);
        }
    return 0;
}
```

运行结果：

```
Man     Women   Childern
0       20      10
1       18      11
2       16      12
3       14      13
4       12      14
5       10      15
6       8       16
7       6       17
8       4       18
9       2       19
10      0       20
```

思考：程序中若用3层嵌套循环表示，该如何修改？

【例 4-9】 编程求 Fibonacci 数列。

Fibonacci 是中世纪意大利的一位极有才华的数学家。他的代表作是1202年出版的《算盘的书》。在这本书中，Fibonacci 提出了一个问题：假定一对新出生的兔子一个月后成熟，而且再过一个月开始生出一对小兔子。按此规律，在没有兔子死亡的情况下，一对初生的兔子，一年可以繁殖成多少对兔子？

编程点拨：本题可采用"递推法"解决。所谓递推是由一个变量的值推出另外一个变量的值。例如，若每代人的年龄相差25岁，则由一个人的年龄推出其父亲的年龄、爷爷年龄的过程就称为递推。用"递推法"解题的基本点是通过分析问题，找出问题内部包含的规律和性质，然后设计算法，按照找出的规律从初始条件进行递推，最终得到问题的解答。

如果用f1、f2、f3、f4、…表示各月有多少对兔子，则有：

f1=1(最初的一对兔子)

f2=1(第二个月，原来的兔子长成，还未生育)

f3=2(最初的一对兔子开始生育)

f4=3(上个月生的小兔子还不能生育，原来的一对老兔子又生一对)

f5=5(上个月生的小兔子还不能生育，其中的两对老兔子各生育一对)

⋮

显然，各月的兔子数可组成以下 Fibonacci 数列：

1、1、2、3、5、8、13、21、34、55、…

进一步分析，可以知道从第三个月起，该月的兔子数由两部分组成：上月的兔子数和本月新增的兔子数。因为每对兔子只有隔一个月才有生育能力，所以本月的兔子数为上月的兔子数加上上月的兔子数，即

$$f_n = f_{n-1} + f_{n-2}$$

因此，若令最初的两个 Fibonacci 数分别为：

f1=1,f2=1

则下一个 Fibonacci 数 f3 可通过公式递推求得：

f3=f1+f2

如果要求出一年内的 Fibonacci 数列值，就应当用以下循环递推过程：

f3=f1+f2,f1=f2,f2=f3

这是一个按照数据序列的顺序不断向后推导的算法。流程图如图 4-12 所示，相应的程序如下：

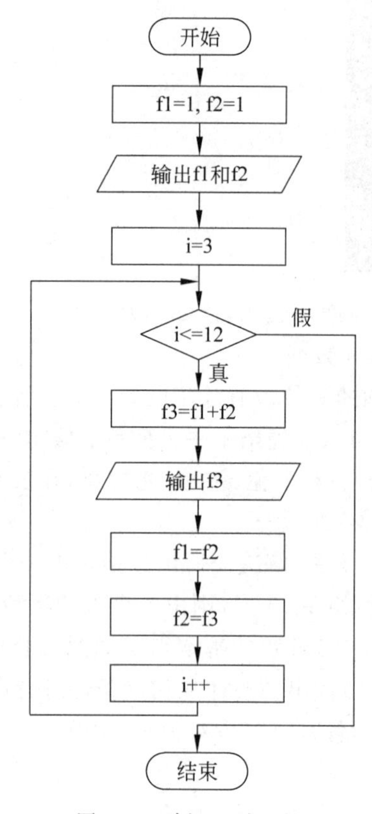

图 4-12　例 4-9 流程图

```
#include<stdio.h>
int main()
{   int f1=1,f2=1,f3,i;
    printf("%d\t%d\n",f1,f2);        /*输出前两个月的兔子数*/
    for(i=3;i<=12;i++)               /*i值表示第3~12个月*/
    {   f3=f1+f2;
        printf("%d%c",f3,i%2?'\t':'\n');
        f1=f2;
        f2=f3;
    }
    return 0;
}
```

运行结果：

```
1       1
2       3
5       8
13      21
34      55
89      144
```

思考：程序中使用表达式 i%2？'\t'：'\n'有何作用？

【例 4-10】 从键盘输入一个正整数，编程判断它是否是素数，若是素数，输出“Yes!”，否则输出“No!”。

编程点拨：素数是指除了能被 1 和它本身整除外，不能被其他任何整数整除的数。例如，13 除了 1 和 13 外，它不能被 2～12 的任何整数整除，故 13 就是一个素数。根据素数的这个定义，可得到判断任意一个正整数 m 是否为素数的方法：把 m 作为被除数，把 i（依次取 2、3、4、…、(m－1)）作为除数，判断 m 与 i 相除的结果，若都除不尽，说明 m 是素数；反之，只要有一次能被除尽，则说明 m 存在一个 1 和它本身以外的另一个因子，故不是素数。

事实上，根本用不着除那么多次，用数学的方法可以证明：只需要用 2～$\sqrt{m}$（取整数）或 2～m/2（取整数）的数去除 m 即可得到正确的判断结果，这样可以减少计算的工作量。

按以上思路可得如图 4-13 所示的算法流程图，相应的程序如下：

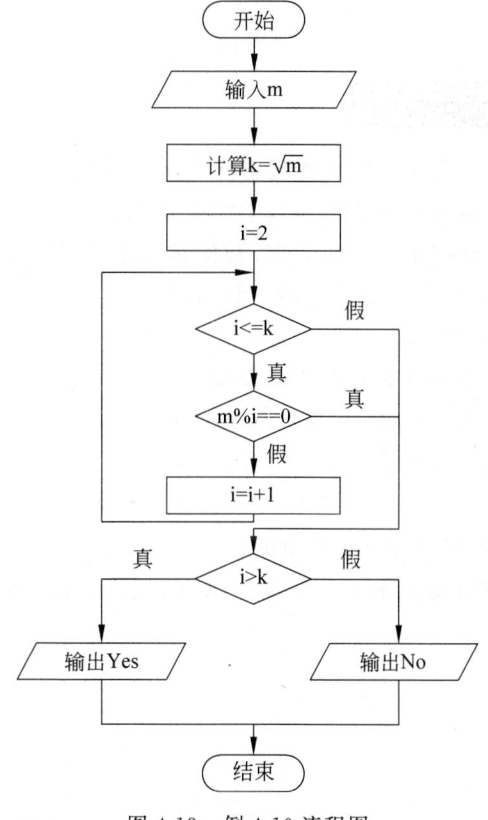

图 4-13 例 4-10 流程图

```
#include <stdio.h>
#include <math.h>
int main()
{   int m,i,k;
```

```
    printf("Please enter a number:");
    scanf("%d",&m);
    k=sqrt(m);
    for(i=2;i<=k;i++)                    /* i 取 2~k,检查 m 是否能被 i 整除 */
        if(m%i==0)break;                 /* 若能被 i 整除,则终止循环 */
    if(i>k)
        printf ("Yes!\n");               /* 输出结果 */
    else
        printf ("No!\n");
    return 0;
}
```

运行结果：

(1) m＝13 时

```
Please enter a number:13
Yes!
```

(2) m＝12 时

```
Please enter a number:12
No!
```

思考：程序中输出结果时为什么要用条件"i>k"判断？

【例 4-11】 从键盘输入一行字符，将其中的英文字母进行加密输出。(非英文字母不变)

编程点拨：随着通信技术的广泛应用，数据被窃取的危险也在不断增加。数据加密就是一种信息保护技术，它使窃取者不能了解数据的真实内容，无法使用这些数据，因此可以减少数据失窃造成的危害。

一种简单的数据加密方法是：把一个要变换的字符加上(或减去)一个小的常数 k，使其变换成另外一个字符。例如，当 k＝5 时，字符'c'＋5 变成了'h'，这里 5 就称为密钥。需要注意的是，在转换过程中，如果某大写字母其后的第 k 个字母已超出大写字母 Z，或某小写字母其后的第 k 个字母已经超出小写字母 z，则将循环到字母表的开始。例如，V 转换成 A，Z 转换成 E，v 转换成 a，z 转换成 e 等。

按以上加密的过程可得如图 4-14 所示的算法流程图，相应的程序如下：

```
#include <stdio.h>
int main()
{   char  c;
    int  k;
    printf("Input k:");
    scanf("%d",&k);                      /* 输入密钥 */
    getchar();                           /* "吃掉"上次输入的回车 */
    c=getchar();                         /* 输入字符 c */
    while(c!='\n')
    {
        if((c>='a'&&c<='z')||(c>='A'&&c<='Z'))
```

```
        {   c=c+k;
            if(c>'z'||c>'Z'&&c<='Z'+k)          /* 判断 c 值是否超出了字母边界 */
                c=c-26;
        }
    printf("%c",c);                             /* 输出加密后的 c */
    c=getchar();
    }
    putchar('\n');
    return 0;
}
```

运行结果：

```
Input k:5
Asdf234GT#
Fxik234LY#
```

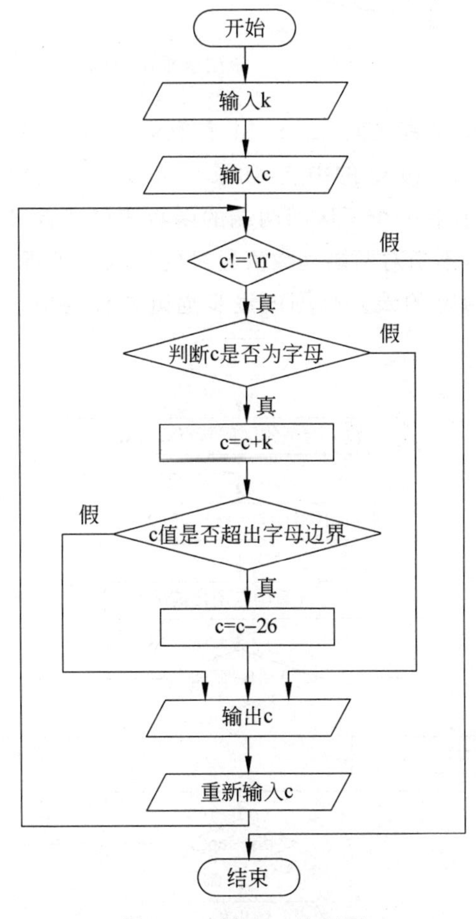

图 4-14　例 4-11 流程图

由以上加密的过程不难推出解密的方法。请读者思考。

【例 4-12】　用二分法求方程 $2x^3-4x^2+3x-6=0$ 在(−10,10)的一个根。精度要求

为 0.00001。

编程点拨：一般来说，非线性方程 f(x)=0 根的分布是非常复杂的，要找出它们的解析表达式也是非常困难的。有人已经证明，5 次方以上的 f(x)=0 方程，都找不出用初等函数表示的根的解析表达式。在这种情况下，只能借助数学分析的方法得到方程的近似根。二分法就是求解非线性方程时常用的一种方法，其基本思想如图 4-15 所示。

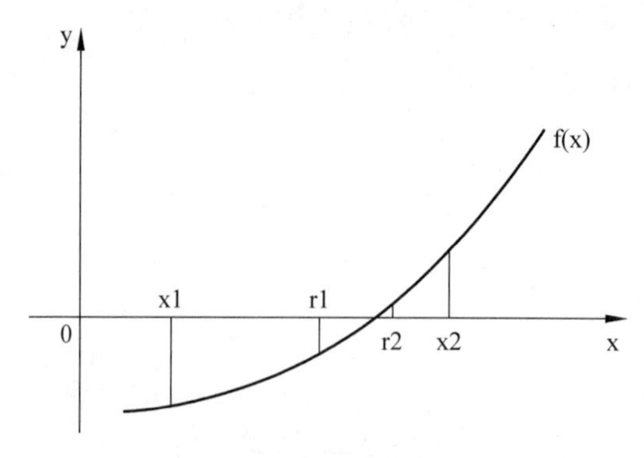

图 4-15　二分法求根示意图

若非线性方程 f(x)=0 在区间[x_1,x_2]上有 f(x_1)与 f(x_2)符号相反，则至少在此区间内有一个根。若取 r_1 为 x_1 和 x_2 的中点，如果 r_1 不是方程的根，则在分隔成的两个子区间[x_1,r_1]和[r_1,x_2]中，必有一个子区间两端的函数值仍然符号相反，在该子区间中也必然至少有一个根。这样，不断对两端函数值异号的子区间进行二分的方法来缩小解所在区间的范围，就可以在给定的误差范围内逐步逼近方程的根。算法流程图如图 4-16 所

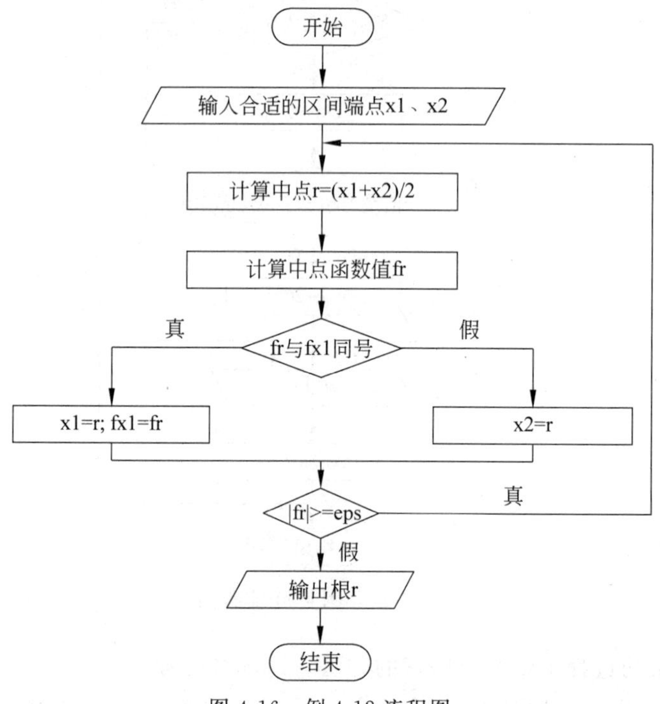

图 4-16　例 4-12 流程图

示，相应的程序如下：

```
#include <stdio.h>
#include <math.h>
int main()
{  float x1,x2,r,fx1,fx2,fr,eps=1e-5;                 /*eps表示精度*/
   do{  /*输入合适的区间端点x1和x2*/
        printf("Please enter two number: ");
        scanf("%f,%f",&x1,&x2);
        fx1=2*x1*x1*x1-4*x1*x1+3*x1-6;               /*计算左端点函数值fx1*/
        fx2=2*x2*x2*x2-4*x2*x2+3*x2-6;               /*计算右端点函数值fx2*/
   }while(fx1*fx2>0);
   do{  /*二分法求根*/
        r=(x1+x2)/2;                                 /*求中点r*/
        fr=2*r*r*r-4*r*r+3*r-6;                      /*计算中点函数值fr*/
        if(fx1*fr>0)                                 /*判断fx1和fr是否同号*/
        {  x1=r;
           fx1=fr;
        }
        else                                         /*fx1和fr异号*/
            x2=r;
   }while(fabs(fr)>=eps);
   printf ("root=%.2f\n",r);                         /*输出方程的根*/
   return 0;
}
```

运行结果：

```
Please enter two number:9,10
Please enter two number:-10,10
 root=2.00
```

【例4-13】 用牛顿迭代法求方程 $x-1-\cos x=0$ 的一个实根。x的初始值为1.0，精度要求为0.00001。

编程点拨：牛顿迭代法又称牛顿切线法，是一种收敛速度比较快的数值计算方法，其基本思想如图4-17所示。

设方程 $f(x)=0$ 有一个根，首先选取一个包含根的区间的一个端点作为初值 x_0，过点 $(x_0,f(x_0))$ 作函数 $f(x)$ 的切线与x轴交于 x_1，则此切线的斜率为 $f'(x_0)=f(x_0)/(x_0-x_1)$，整理后即为：

$$x_1=x_0-f(x_0)/f'(x_0)$$

显然，x_1 比 x_0 更接近根(注：$f'(x_0)$ 为函数 $f(x_0)$ 的导数)。

继续过点 $(x_1,f(x_1))$ 作函数 $f(x)$ 的切线与x轴交于 x_2，……当求得的 x_i 与 x_{i+1} 两点之间的距离小于给定的误差时，便认为 x_{i+1} 就是方程 $f(x)=0$ 的近似根了。算法流程图如图4-18所示，相应的程序如下：

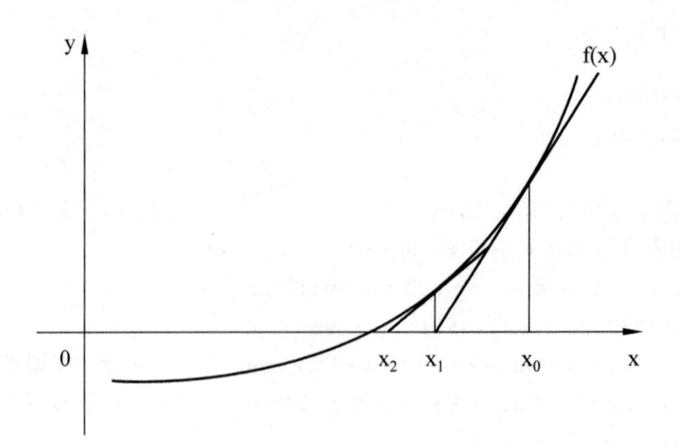

图 4-17　牛顿迭代法求根示意图

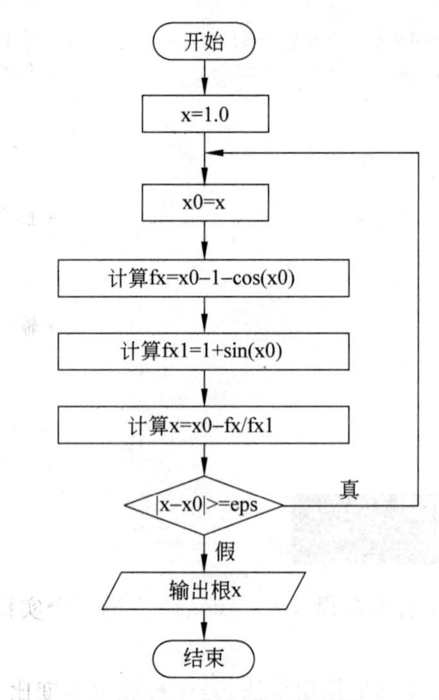

图 4-18　例 4-13 流程图

```
#include <stdio.h>
#include <math.h>
int main()
{ float  x0,x,fx1,fx,eps=1e-5;                    /*eps表示精度*/
  x=1.0;                                          /*赋初始值*/
  do{                                             /*牛顿迭代法求根*/
      x0=x;
      fx=x0-1-cos(x0);                            /*计算函数值f(x0)*/
      fx1=1+sin(x0);                              /*计算函数f(x0)的导数*/
      x=x0-fx/fx1;                                /*牛顿迭代公式*/
```

```
    }while(fabs(x-x0)>=eps);
  printf("root=%.2f\n",x);                          /*输出方程的根*/
  return 0;
}
```

运行结果：

```
root=1.28
```

【举一反三】

(1) 利用以下泰勒级数公式计算 e 的近似值，当最后一项的绝对值小于 10^{-5}时为止，要求输出 e 的值，并统计总共累加了多少次。

$$e=1+\frac{1}{1!}+\frac{1}{2!}+\frac{1}{3!}+\cdots+\frac{1}{n!}$$

提示：本题属级数求和问题，可用累加方法求和。累加语句为：e=e+term;，且设 e 初始值为 1.0；通项表达式的计算可利用前一项和后一项的关系来寻找，例如，1/2!=1/1!/2，1/3!=1/2!/3，以此类推，可发现前后项的关系为：term=term/n，term 初值为 1.0，n 的初值为 1，n 按 n++变化；统计累加次数可设置一个计数器变量 count，初值为 0，在循环体中每累加一项 count 值就加 1。

(2) 三色球问题。若一个口袋中放了 12 个球，其中有 3 个红色的，3 个白色的，6 个黑色的，从中任取 8 个球，问共有多少种不同的颜色搭配？

提示：设取的红球个数为 i，白球个数为 j，黑球个数为 k，根据题意有以下关系：

i+j+k=8，且 0<=i<=3，0<=j<=3，0<=k<=6

本题可采用穷举法求解，即根据红球和白球的取值范围，可设计一个两层嵌套的循环，在红球和白球个数确定的情况下，黑球个数的取值应为 k=8-i-j，只要再满足条件：k<=6，则 i、j、k 的值即为所求的解。

(3) 一个排球运动员一人练习托球，第二次只能托到第一次托起高度的 2/3 再偏高 25 厘米。按此规律，他托到第八次时，只托起了 1.5 米。问他第一次托起了多少米？

提示：这是一个倒推的问题，即由某一结果倒推出初始状态。对这样的倒推问题同样可采用递推法求解。根据题意可知倒推过程为(设单位为米)：

第八次托起高度：$h_8=h_7*2/3+0.25=1.5$

第七次托起高度：$h_7=h_6*2/3+0.25$

……

第二次托起高度：$h_2=h_1*2/3+0.25$

整理后可得倒推公式为：$h_{n-1}=(h_n-0.25)*3/2$，n 取 8～2，用 C 语言表示为：h=(h-0.25)*3/2。设 h 初始值为 1.5，对以上公式循环计算 7 次即可得解。

(4) 编程求 1000 以内的所有素数。

提示：例 4-10 已介绍了判断任一个整数 m 是否为素数的方法，在此基础上，利用循环使 m 的值取 2～1000，然后对每一个值进行素数判断即可。

复习与思考

1. 当型循环与直到型循环的执行过程有何不同？

2. C语言中的for循环、while循环以及do-while循环各有什么特点？分别适合于何种情况？

3. 什么是循环的嵌套？有哪些要求？如何执行循环的嵌套？

4. break语句和continue语句的功能是什么？在循环中使用时有何区别？

习 题 4

一、选择题

1. 执行以下for语句后，正确的选项是________。

```
for(x=0,y=10;(y>0)&&(x<4);x++,y--);
```

A. 是无限循环　　B. 循环次数不定

C. 循环执行4次　　D. 循环执行3次

2. C语言中while循环和do-while循环的主要区别是________。

A. do-while的循环体至少无条件执行一次

B. while的循环控制条件比do-while的循环控制条件严格

C. do-while循环允许从外部转到循环体内

D. do-while循环的循环体不能是复合语句

3. 以下循环语句中有语法错误的是________。

A. `while(x=y) printf("x=y");`

B. `while(0);`

C.
```
do
  printf("%d",a);
while(a--);
```

D.
```
do
  x++
while(x==10);
```

4. 有如下程序段：

```
int t=0;
while(t=1)
{ …}
```

以下叙述正确的选项是________。

A. 循环条件表达式的值为0　　B. 循环条件表达式的值为1

C. 循环条件表达式不合法　　D. 以上说法都不对

5. 以下程序的输出结果是________。

```
#include <stdio.h>
int main( )
{   int i;
    for(i='A';i<'I';i++,i++)  printf("%c",i+32);
    printf("\n");
    return 0;
}
```

A. 编译不通过,无输出　　B. aceg

C. acegi　　D. abcdefghi

6. 设有程序段如下,其中 x 为整型变量:

```
x=-1;
do{;}while(x++);
printf("x=%d",x);
```

以下叙述正确的选项是 ________。

A. 没有循环体,程序错误　　B. 输出: x=1

C. 输出: x=0　　D. 输出: x=−1

7. 设 x 和 y 均为 int 型变量,则执行以下的循环后,y 的值为________。

```
for(y=1,x=1;y<=50;y++)
{
  if(x>=10) break;
  if(x%2==1)
  {  x+=5;
     continue;
  }
  x-=3;
}
```

A. 2　　B. 4　　C. 6　　D. 8

8. 已知 int i=1; 执行语句 while(i++<4); 后,变量 i 的值为________。

A. 3　　B. 4　　C. 5　　D. 6

二、填空题

1. 以下程序的输出结果是________。

```
#include <stdio.h>
int main()
{   int num=0;
    while(num<=2)
    {
        num++;
        printf("%d\n",num);
```

```
    }
    return 0;
}
```

2. 以下程序的输出结果是________。

```
#include <stdio.h>
int main()
{   int a=1,b=0;
    do{
        switch(a)
        {   case 1: b=1;break;
            case 2: b=2;break;
            default : b=0;
        }
        b=a+b;
    }while(!b);
    printf("a=%d,b=%d",a,b);
    return 0;
}
```

3. 从键盘上输入"446755"时,以下程序的输出结果是________。

```
#include <stdio.h>
int main()
{   int c;
    while((c=getchar())!='\n')
    switch(c - '2')
    {   case 0:
        case 1: putchar(c+4);
        case 2: putchar(c+4);break;
        case 3: putchar(c+3);
        default: putchar(c+2);break;
    }
    printf("\n");
    return 0;
}
```

4. 以下程序的输出结果是________。

```
#include <stdio.h>
int main()
{   int x,i;
    for(i=1;i<=100;i++)
    {   x=i;
        if(++x%2==0)
            if(++x%3==0)
```

```
            if(++x%7==0)
                printf("%d",x);
    }
    return 0;
}
```

5. 以下程序的输出结果是________。

```
#include <stdio.h>
int main()
{   int i,j,x=0;
    for(i=0;i<2;i++)
    {
        x++;
        for(j=0;j<3;j++)
        {
            if(j%2) continue;
            x++;
        }
        x++;
    }
    printf("x=%d\n",x);
    return 0;
}
```

6. 以下程序的输出结果是________。

```
#include <stdio.h>
int main()
{   int i,j,k=10; int m=0;
    for(i=0;i<2;i++)
    {
        k++;
        for(j=0;j<=3;j++)
        {
            if(j%2) continue;
            m++;
        }
        printf("m=%d\n",m);
        k++;
    }
    printf("k=%d\n",k);
    return 0;
}
```

7. 有以下程序段：

```
s=1.0;
for(k=1;k<=n;k++)
    s=s+1.0/(k*(k+1));
printf("%f\n",s);
```

将以下程序段补充完整,使之与上述程序段的功能完全相同。

```
s=0.0;
__(1)__;
k=0;
do{
    s=s+d;
    __(2)__;
    d=1.0/(k*(k+1));
    }while(__(3)__);
printf("%f\n",s);
```

8. 以下程序的功能是:从键盘输入若干学生某门课的成绩,统计并输出最高分和最低分,当输入为负数时结束。请完善程序。

```
#include <stdio.h>
int main()
{   float x,amax,amin;
    scanf("%f",&x);
    amax=x;
    amin=x;
    while(__(1)__)
    {
        if(x>amax) amax=x;
        if(__(2)__) amin=x;
        scanf("%f",&x);
    }
    printf("\namax=%f\namin=%f\n",amax,amin);
    return 0;
}
```

9. 以下程序的功能是:统计用0~9的不同数字组成的三位数的个数。请完善程序。

```
#include <stdio.h>
int main()
{   int i,j,k,count=0;
    for(i=1;i<=9;i++)
        for(j=0;j<=9;j++)
            if(__(1)__)continue;
            else
            for(k=0;k<=9;k++)
```

```
        if(___(2)___) count++;
    printf("%d",count);
    return 0;
}
```

10. 以下程序的功能是：输出 100 以内的个位数为 6 且能被 3 整除的所有数。请完善程序。

```
#include <stdio.h>
int main()
{   int i,j;
    for(i=0;___(1)___;i++)
    {
        j=i*10+6;
        if(___(2)___) continue;
        printf("%d",j);
    }
    return 0;
}
```

11. 以下程序的功能是：计算并输出方程 $X^2+Y^2+Z^2=1989$ 的所有整数解。请完善程序。

```
#include <stdio.h>
int main()
{   ___(1)___;
    for(i=-45;i<=45;i++)
        for(___(2)___)
            for(k=-45;k<=45;k++)
                if(___(3)___)
                    printf("%4d%4d%4d\n", i,j,k);
    return 0;
}
```

12. 以下程序的功能是：输入两个整数，输出它们的最小公倍数和最大公约数。请完善程序。

```
#include <stdio.h>
int main( )
{   int m,n,gbs,gys;
    scanf(___(1)___);
    for(gbs=m;___(2)___; gbs=gbs+m);
    gys=___(3)___;
    printf("gbs=%d\tgys=%d\n", gbs,gys);
    return 0;
}
```

三、编程题

1. 编写程序计算下式的值：

$$sum=1+\frac{1}{2}+\frac{1}{3}+\frac{1}{4}+\cdots+\frac{1}{999}+\frac{1}{1000}$$

2. 编写程序计算下式的值：

$$\sum_{k=1}^{100}k+\sum_{k=1}^{50}(k*k)+\sum_{k=1}^{10}\frac{1}{k}$$

3. 编写程序计算下式的值：

$$1+\frac{1}{1*2}+\frac{1}{2*3}+\frac{1}{3*4}+\frac{1}{4*5}+\cdots+\frac{1}{N*(N+1)}$$

要求当最后一项小于 0.001 时，或当 N=20 时，则停止计算。

4. 已知求正弦 sinx 的近似值的多项式为：

$$\sin x=x-\frac{x^3}{3!}+\frac{x^5}{5!}-\frac{x^7}{7!}+\cdots+(-1)^n\frac{x^{2n+1}}{(2n+1)!}+\cdots$$

编写程序，要求输入 x 和 eps(设定的精度)，按上述公式计算 sinx 的近似值，当最后一项小于 eps 时停止计算。

5. 编写程序，输入一个整数 N，若 N 为非负数，计算 N～2×N 的整数和；若 N 为负数，则计算 2×N～N 的整数和。

6. 国王的许诺。相传国际象棋是古印度舍罕王的宰相达依尔发明的。舍罕王十分喜欢象棋，决定让宰相自己选择何种赏赐。这位聪明的宰相指着 8×8 共 64 格的象棋盘说："陛下，请您赏给我一些麦子吧，就在棋盘的第 1 个格子中放 1 粒，第 2 个格子中放 2 粒，第 3 个格子中放 4 粒，以后每一格都比前一格增加一倍，依次放完棋盘上的 64 个格子，我就感恩不尽了。"舍罕王让人扛来一袋麦子，他要兑现他的许诺。请问：国王能兑现他的许诺吗？

试编写程序计算舍罕王共要赏赐给他的宰相多少粒麦子。假设 1 立方米麦子有 1.42×10^8 粒的话，那么这些麦子又合多少立方米？

7. 100 匹马驮 100 担货，大马一匹驮 3 担，中马一匹驮 2 担，小马两匹驮 1 担。编写程序计算大、中、小马的数目。

8. 设 N 是一个四位数，它的 9 倍恰好是其反序数(例如：123 的反序数是 321)，编写程序求 N 的值。

9. 如果一个正整数等于其各个数字的立方和，则称该数为阿姆斯特朗数(亦称为自恋性数)。例如 $407=4^3+0^3+7^3$，407 就是一个阿姆斯特朗数。编写程序找出 1000 以内的所有阿姆斯特朗数。

10. 韩信点兵。韩信统领了一大队士兵，为了知道有多少士兵，于是让士兵排队报数：按从 1 至 5 报数，最末一个士兵报的数为 1；按从 1 至 6 报数，最末一个士兵报的数为 5；按从 1 至 7 报数，最末一个士兵报的数为 4；按从 1 至 11 报数，最末一个士兵报的数为 10。请问韩信一共统领了多少士兵？

试编写程序计算韩信一共统领了多少士兵。

11. 编写程序验证2000以内的哥德巴赫猜想：对于任何大于4的偶数均可以分解为两个素数之和。

12. 猴子吃桃问题。猴子第一天摘下若干桃子，当即吃了一半还不过瘾，又多吃了一个；第二天早上将剩下的桃子吃掉一半，又多吃了一个。以后每天早上都吃了前一天剩下的一半零一个。到第十天早上想再吃时，就只剩下一个桃子。请问：第一天猴子共摘了多少个桃子？

试编写程序计算第一天共摘了多少个桃子。

13. 水手分椰子问题。五个水手来到一个岛上，采了一堆椰子后，因为疲劳都睡着了。一段时间后，第一个水手醒来，悄悄将椰子等分成五份，多出一个椰子，便给了旁边的猴子，然后自己藏起一份，再将剩下的椰子重新合在一起，继续睡觉。不久，第二名水手醒来，同样将椰子等分成五份，恰好也多出一个，也给了猴子。然而自己也藏起一份，再将剩下的椰子重新合在一起。以后每个水手都如此分了一次并都藏起一份，也恰好都把多出的一个给了猴子。第二天，五个水手醒来，发现椰子少了许多，心照不宣，便把剩下的椰子分成五份，恰好又多出一个，给了猴子。请问水手最初最少摘了多少个椰子？

试编写程序计算水手最初最少摘了多少个椰子。

14. 编写程序，用牛顿迭代法求方程 $2x^3-4x^2+3x-6=0$ 在1.5附近的根。

15. 编写程序，输出如下上三角形式的乘法九九表。

1	2	3	4	5	6	7	8	9
	4	6	8	10	12	14	16	18
		9	12	15	18	21	24	27
			16	20	24	28	32	36
				25	30	35	40	45
					36	42	48	54
						49	56	63
							64	72
								81

16. 编写程序，输入顶行字符和图形的高，输出如下所示图形。

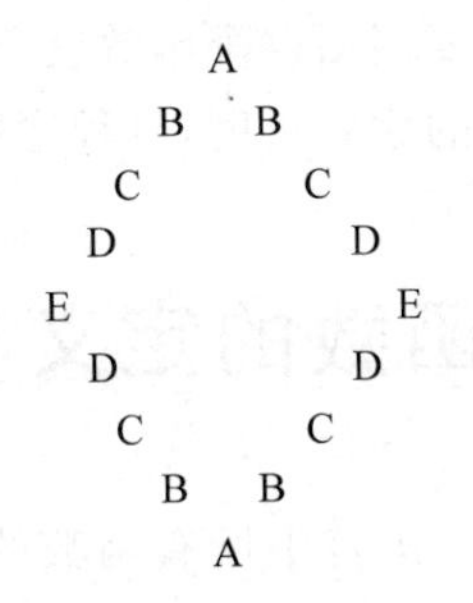

第5章

函　　数

到目前为止，编写的所有程序都是用一个main函数来实现的。但是，如果程序的功能比较多，规模比较大，若还是只用一个main函数来实现所有功能，程序就会变得十分庞杂、烦琐和冗长，不便于程序的阅读和调试。因此，可采取模块化设计方法。所谓模块化设计是指设计一个复杂的应用程序时，先把整个程序划分为若干功能较为单一的程序模块，然后分别予以实现。这种方法有点类似于小朋友玩的搭积木游戏。

在C语言中，函数是组成程序的基本单位。利用函数可实现程序的模块化，使程序设计简单、直观，提高程序的易读性、可维护性和编写效率。有以下两类函数：

（1）标准库函数

这类函数由C语言编译系统提供，用户可直接使用，例如常用的printf函数、scanf函数、sqrt函数等。在使用这些库函数时，需要用文件包含命令＃include将包含该函数定义的头文件添加到当前的C程序中。

（2）用户自定义函数

这类函数由用户自己编写，以解决用户的一些特定问题。用户在编写程序时，如果一个程序段在程序不同处多次出现，就可以把这段程序取出来，单独建一个函数，以后凡是程序中需要执行这段程序时，只需要调用这个函数就可以了。多次调用同一个函数，可以减少编写程序的工作量，减少程序的代码长度，且程序的结构也显得简洁、清楚。

5.1　函数的定义与调用

函数的构建即为**函数的定义**，C语言中所有函数的定义是平行的，且相互独立，故在定义一个函数时，不能包含其他函数的定义，各个函数之间没有从属的关系。使用函数即为**函数的调用**，函数只有调用时才能被执行。

在函数的调用关系中，一般把调用其他函数的函数称为**主调函数**，被其他函数所调用的函数称为**被调函数**。main函数只能被系统调用，因而相对于其他函数而言，main函数只能是主调函数，除此之外其他任何函数既可以作为主调函数，也可作为被调函数。

一个C程序一般由一个main函数和若干其他函数构成，但有且仅有一个main函数。C程序的执行是从main函数开始，在调用完其他函数后，再回到main函数结束。

5.1.1 函数的定义

C 语言规定，在程序中用到的所有函数，除了 C 编译系统提供的标准库函数外，其他用户自定义函数必须要“先定义，后使用”。函数的定义主要包括：指定函数的名字，以便以后按名调用；指定函数的类型；指定函数参数的名字和类型，以便调用函数时向它们传递数据；指定函数应当执行的操作，也就是函数的功能，这是最重要的。

函数定义的一般形式如下：

```
函数类型  函数名(类型 形参 1,类型 形参 2,…)
{
    声明部分
    语句
}
```

其中第一行为函数首部，包括函数类型、函数名和函数参数；后面用一对大括号括起来的部分是函数体，包含了函数要执行的相关语句。

例如，定义一个求两个整数和的函数。

```
/* 函数名为 sum,函数类型为 int,形参为 x 和 y,形参类型为 int */
int sum(int x,int y)
{                       /* 函数体,完成求两个数和的功能 */
  int  z;
  z=x+y;
  return(z);
}
```

说明：

(1) 函数名可以是符合 C 语言规定的标识符，命名规则与变量一样，通常使用有意义的符号表示。在同一程序中，函数名应该是唯一的，不能重名。

(2) 函数类型是指函数返回值的数据类型，函数返回值通过函数体中的 return 语句带回。当函数不要求带回值时，应该用 void 标识函数类型。关键字 void 是一种数据类型，用它标识的对象是无值的，又称“空类型”。

(3) 根据实际需要，函数可以没有形参，由此函数又可分为有参函数和无参函数。带有形参的函数称为**有参函数**，不带形参的函数称为**无参函数**。无参函数的定义中，形参表为空，但函数名后的一对“( )”不能省略。

无参函数定义一般形式为：

```
函数类型  函数名()
{
  声明部分
  语句
}
```

例如,定义无参函数。

```
/* 函数名为printstar,形参表为空 */
void printstar()
{
  printf("********************\n");
}
```

(4) 对于有参函数,在函数定义时,必须分别说明所有形参的数据类型,形参可以是变量、数组等,形参与形参之间用“,”分隔。

例如:

```
int sum(int x,int y)
{
  int  z;
  z=x+y;
  return(z);
}
```

(5) 函数体用一对大括号{}括起,由声明部分和语句部分组成。声明部分包括对函数内使用的一些变量和一些被调函数的原型进行声明的语句,语句部分包含实现该函数功能的可执行语句序列。

(6) C语言函数体内可以不包含任何语句,此类函数称为**空函数**。

空函数定义的一般形式为:

```
函数类型  函数名()
{ }
```

例如:

```
void dummy()
{ }
```

由于在空函数的函数体中没有任何语句,函数被调用时,实际上什么操作也不做,那么定义空函数有什么意义呢?按照模块化设计思想,编写一个程序时,往往要分成几个模块,分别用一些函数来实现。在编程的初期,一般先编写最基本的模块,其他模块会在以后一一补上,这样可以将这些模块先取一个函数名,然后设计为一个空函数,目的是在程序中占据一席之地,等以后扩充程序功能时再具体编写这个函数。这对于较大程序的编写、调试以及功能扩充是十分方便的。

5.1.2 函数的返回值

若函数要返回一个函数值,函数体内就应该至少包含一个返回语句。返回语句在函数中的功能是返回主调函数,同时将计算结果(函数返回值)带回主调函数。其一般格式为:

```
return (表达式);
```

或

```
return  表达式;
```

return语句的执行过程是：先计算return语句中表达式的值，然后返回主调函数并将计算结果带回。

例如，求两个数的最大值函数。

```
float max(float x,float y)       /*max函数的定义,求两个数的最大值*/
{   float z;
    if(x>y) z=x;
    else z=y;
    return z;
}
```

以上函数需要把求得的最大值返回给主调函数，故语句return z；的作用是返回主调函数并将计算结果z值带回。

说明：

(1) 一个函数中可以有一个以上的return语句，当执行到某个return语句时，该语句就起作用。

例如，有多个return语句的函数。

```
float min(float x,float y)
{
    if(x<y) return x;
    else  return y;
}
```

以上函数执行时，若条件x<y成立，执行return x；语句，返回主调函数并带回x值，否则执行return y；语句，返回主调函数并带回y值。

(2) return语句中表达式的类型一般应和函数定义时的函数类型相一致。如果函数类型和return语句中表达式值的类型不一致，则系统自动将表达式值的类型转换为与函数类型一致的类型。

例如，函数类型和return语句中表达式值类型不一致的函数。

```
int max(float x,float y)
{   float z;
    if(x>y) z=x;
    else z=y;
    return  z;
}
```

以上函数类型定义为整型，而return语句中的z为实型，二者不一致，故执行return语句时，系统要先将变量z的值转换为整型，然后函数带回一整型值返回给主调函数。

(3) 函数类型为 void 类型时，表示函数不带回任何值，此时在函数中不需要有 return 语句。当这类函数被执行时，遇到函数体最后的}结束，并返回主调函数。

5.1.3 函数的调用

在定义了一个函数后，它不会自动执行，必须被调用后才能被执行。但要注意函数在被调用之前必须先定义，然后才能被其他函数调用。

1. 函数调用的一般形式

函数调用的一般形式为：

函数名(实参表)

其中实参可以是常量、变量或表达式，之间用逗号分开。在实参表中，实参的个数、顺序和类型必须与函数定义时形参的个数、顺序和类型相一致。

函数调用的执行过程：

(1) 对于有参函数。先计算实参表中各个实参表达式的值，一一对应地赋给相应的形参；对于无参函数，则不需要此操作。

(2) 转去执行被调函数，即进入被调函数，执行被调函数相关语句。当执行到 return 语句时，计算并带回 return 语句中表达式的值(函数类型为 void 的函数不需要带回)，返回到主调函数的调用处。

(3) 继续执行主调函数中后续的语句。

【例 5-1】 求两个数的最大值。

编程点拨：前面已定义了一个求两个数最大值的 max 函数，为了调用并执行该函数，需要再定义一个 main 函数，main 函数的功能是输入任意两个数，调用 max 函数求出最大值，然后输出结果。程序如下：

```
#include <stdio.h>
float max(float x,float y)        /* 函数 max 的定义,求两个数的最大值 */
{   float z;
    if(x>y) z=x;
    else z=y;
    return(z);                    /* 返回计算结果 */
}
int  main()
{   float a,b,c;
    scanf("%f%f",&a,&b);
    c=max(a,b);                   /* 调用函数 max 并将函数返回值赋给 c */
    printf("max=%f\n",c);         /* 输出计算结果 */
    return 0;
}
```

运行结果：

```
2.3 1.8
max=2.300000
```

以上程序的执行过程是：首先执行 main 函数中的 scanf 语句，输入两个数 2.3 和 1.8 分别给变量 a 和 b，然后调用 max 函数，即 max(a,b)，此时会将实参 a、b 的值赋给对应的形参 x、y，执行 max 函数，求出最大值(变量 z 的值)。当执行到语句 return z; 时，返回到 main 函数中 c=max(a,b);语句处，同时把最大值也带回此处并赋值给变量 c，继续执行 main 函数中后续语句直至结束。程序中函数的调用控制流程如图 5-1 所示。

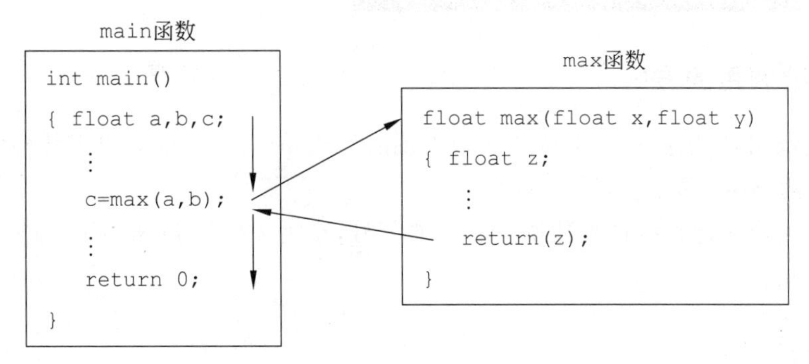

图 5-1　例 5-1 函数调用过程

【例 5-2】 计算并输出一个圆台两底面积之和。

编程点拨：可定义三个函数，其中 area 函数计算圆台两底面积之和，printstar 函数输出一行星号，main 函数输入圆台两底的半径，然后分别调用前面两个函数计算并输出结果。程序如下：

```
#include <stdio.h>
float area(float x,float y)      /* area 函数的定义,求一个圆台两底面积之和 */
{
    float  s;
    s=3.1415*(x*x+y*y);
    return s;
}
void printstar()                 /* printstar 函数的定义,输出一行星号 */
{   int i;
    for(i=0;i<40;i++)
        printf("*");
    printf("\n");
}
int main()
{
    float  r1,r2,s;              /* r1 和 r2 代表圆台两底的半径 */
    printstar();                 /* 调用 printstar 函数 */
    scanf("%f,%f",&r1,&r2);
```

```
    s=area(r1,r2);              /* 调用 area 函数 */
    printf("s=%.2f\n",s);
    printstar();                /* 调用 printstar 函数 */
    return 0;
}
```

运行结果：

```
****************************************
1,2
s=15.71
****************************************
```

2. 函数调用的方式

函数被调用时，依据它在主调函数中出现的形式和位置，可以有以下几种调用方式：

(1) 函数调用语句方式

这种调用形式是直接在函数调用后面加分号，作为一个语句来调用。例如，在例 5-2 代码中的语句：

```
printstar();
```

这种调用方式一般是针对函数类型为 void 型，函数不需要返回值，仅完成一些操作。例如，例 5-2 代码中的 printstar 函数功能是输出一行星号。

(2) 函数表达式方式

这种调用形式是把函数调用放在一个表达式中，调用结束后函数会带回一个值。例如，例 5-2 代码中的语句：

```
s=area(r1,r2);
```

这种调用方式通常可出现在赋值语句中，或者出现在算术表达式中作为一个运算分量参与运算。

(3) 函数参数方式

这种调用方式是把函数调用作为一个函数的实参，调用结束后的返回值就作为实参的值。

【例 5-3】 求三个数中的最大值。

编程点拨：本题可在例 5-1 的基础上，在 main 函数中增加一条语句：

```
m=max(max(a,b),c);
```

程序如下：

```
#include <stdio.h>
float max(float x,float y)       /* max 函数的定义，求两个数的最大值 */
{   float z;
    if(x>y) z=x;
    else z=y;
    return(z);
```

```
}
int  main()
{   float a,b,c,m;
    scanf("%f%f%f",&a,&b,&c);
    m=max(max(a,b),c);          /*两次调用max函数求出最大值*/
    printf("max=%f\n",m);
    return 0;
}
```

运行结果：

```
2.3 5.6 1.2
max=5.600000
```

以上程序第一次调用 max(a,b)求出 a、b 两个数中的最大值，然后将结果作为 max 函数第二次调用的第一个实参，从而求出 a、b、c 三个数中的最大值。

3. 函数的原型声明

在例 5-2 中，三个函数的调用关系是：main 函数分别调用 area 函数和 printstar 函数，三个函数在程序中定义的顺序为(参看例 5-2)：

```
定义 area 函数
定义 printstar 函数
定义 main 函数
```

因为 area 函数和 printstar 函数之间没有调用关系，所以 area 函数和 printstar 函数在程序中定义的顺序可任意，但如果将 main 函数的定义位置放在 printstar 函数或 area 函数定义之前，例如调整函数定义顺序后的程序如下：

```
#include <stdio.h>
int main()
{
    float  r1,r2,s;
    printstar();                /*调用printstar函数*/
    scanf("%f,%f",&r1,&r2);
    s=area(r1,r2);              /*调用area函数*/
    printf("s=%.2f\n",s);
    printstar();                /*调用printstar函数*/
    return 0;
}
float area(float x,float y)    /*area函数的定义*/
{
    float  s;
    s=3.1415*(x*x+y*y);
    return s;
}
```

```
void printstar()                /* printstar 函数的定义 */
{   int i;
    for(i=0;i<40;i++)
        printf("*");
    printf("\n");
}
```

运行以上程序时会发现系统提示错误。那么，造成这种现象的原因是什么呢？

原来C程序在进行编译时是从上到下逐行进行的。例如，当系统编译到main函数中的语句s=area(r1, r2);时，由于area函数定义在main函数之后，系统无法确定area是不是函数名，也无法判定实参的个数和类型是否正确，因而无法进行正确性检查，从而会出现错误。对printstar函数的调用亦会如此。

解决此类问题的方法就是在函数被调用之前，需要对被调函数作出“**声明**”。对函数声明是为了便于编译系统对函数调用的合法性进行检查，即调用函数时，检查函数名、函数类型、形参的类型、个数和顺序是否与被调函数定义的一致。

通常，把函数首部称为**函数原型**。由于函数原型包含了对函数调用的合法性进行检查的主要内容，故在写函数声明语句时，可以简单地在函数原型后面加一个分号。例如，对例5-2中area函数的原型声明语句：

```
float area(float x,float y);
```

由于对函数调用的合法性进行检查时，并不关心形参名，故函数声明时可以不用给出形参名。例如，对例5-2中area函数的原型声明语句也可如下：

```
float area(float ,float);
```

根据以上介绍，函数原型声明可用以下两种形式之一：

形式1：**函数类型　函数名(参数1类型,参数2类型,…)**；

形式2：**函数类型　函数名(参数1类型　参数名1,参数2类型　参数名2,…)**；

采用第一种形式比较精炼，而采用第二种形式只需要照抄函数首部就可以了，不易出错。

函数原型声明语句一般可放在程序的开头部分(在所有函数定义之前)，也可放在主调函数定义的说明部分。

【例5-4】 不改变程序功能，仅调整例5-2中三个函数定义的顺序。

方法一　函数原型声明在主函数说明部分：

```
#include <stdio.h>
int main()
{
    float  r1,r2,s;
    float area(float,float);   /* area 函数原型声明 */
    void printstar();          /* printstar 函数原型声明 */
    printstar();
    scanf("%f,%f",&r1,&r2);
    s=area(r1,r2);
```

```
    printf("s=%.2f\n",s);
    printstar();
    return 0;
}
float area(float x,float y)
{
    float  s;
    s=3.1415*(x*x+y*y);
    return s;
}
void printstar()
{   int i;
    for(i=0;i<40;i++)
        printf("*");
    printf("\n");
}
```

方法二　函数原型声明在程序开始部分：

```
#include <stdio.h>
float area(float,float);         /*area 函数原型声明*/
void printstar();                /*printstar 函数原型声明*/
int main()
{
    float  r1,r2,s;
    printstar();
    scanf("%f,%f",&r1,&r2);
    s=area(r1,r2);
    printf("s=%.2f\n",s);
    printstar();
}
float area(float x,float y)
{
    float  s;
    s=3.1415*(x*x+y*y);
    return s;
}
void printstar()
{   int i;
    for(i=0;i<40;i++)
        printf("*");
    printf("\n");
}
```

方法一中，由于函数原型声明放在主函数内部，因此声明仅在主函数内部有效；方法二中，由于将函数原型声明语句放在了程序开始处，这些声明被称为“外部声明”，所有外部声明在整个文件范围内有效。

说明：如果被调函数的定义在主调函数之前，可以不作函数声明。例如，例 5-1、例 5-2 和例 5-3。除此之外，则必须作函数原型声明。

5.2 函数间的参数传递

5.2.1 实参与形参的传递方式

在 C 语言中，当一个函数调用另一个函数时，会将一些数据传递给被调用的函数，而被调函数执行完后，一般也会将函数结果或相关信息带回主调函数。这就是主调函数中的实参与被调函数中的形参之间如何传递数据的问题。一般有两种参数传递方式，即**值传递**方式和**地址传递**方式。

1. 值传递方式

值传递方式是指函数被调用时，主调函数把实参的值传给被调函数的形参。具体来说，当函数被调用时，系统为函数中的形参变量分配存储单元，并将实参的值传给形参。被调函数在执行过程中访问的是形参，由于形参和实参各自分配了不同的存储单元，因此形参值的任何变化不会影响到实参。当被调函数调用结束时，系统将收回为形参分配的存储单元。

由此可看出，在值传递方式下，主调函数中实参的存储地址与被调函数中形参的存储地址是互相独立的。被调函数中对形参的操作不会影响主调函数中实参的值，因此这种数据传递方式是单向传递，即是在调用时将实参值传给形参。

在值传递方式下，实参可以是变量(值已知)、常量、表达式，形参可以是简单变量和数组元素。在这种情况下，一个函数只能通过函数名带回一个值。例如在本章之前介绍的所有例子，均采用的是值传递方式。

为了加深对这种传递方式的理解，下面看一个具体实例。

【例 5-5】 分析下列程序。

```
#include <stdio.h>
int main()
{
    void sum(int);              /* 函数声明 */
    int n;
    printf("input number\n");
    scanf("%d",&n);
    sum(n);                     /* 调用函数 */
    printf("main:n=%d\n",n);
    return 0;
```

```
}
void sum(int n)
{
    int i;
    for(i=n-1;i>=1;i--)
        n=n+i;
    printf("sum:n=%d\n",n);
}
```

运行结果：

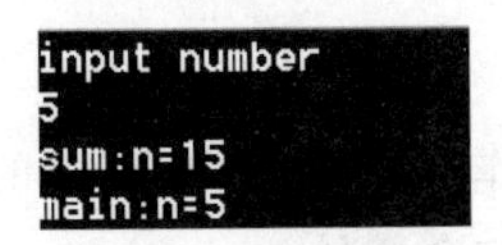

```
input number
5
sum:n=15
main:n=5
```

以上程序的功能是计算 $\sum_{i=1}^{n} i$。程序由两个函数构成，在 main 函数中先输入 n 值，并作为函数调用的实参，在调用 sum 函数时传递给形参 n（注意，本例的形参变量和实参变量的标识符都为 n，但这是两个不同的量，在计算机中的存储地址是不同的）。在 main 函数中用 printf 语句输出一次 n 值，这个 n 值是实参 n 的值。在 sum 函数中也用 printf 语句输出了一次 n 值，这个 n 值是形参值。从以上运行结果看到，输入 n 值为 5，即实参 n 的值为 5，把此值传给 sum 函数的形参 n，即 n 的初值也为 5，在执行 sum 函数过程中，形参 n 的值已变为 15（以上输出 sum：n=15）。返回 main 函数之后，实参 n 的值仍为 5（以上输出 main：n=5）。可见在值传递方式下，实参的值不随形参的变化而变化。

2. 地址传递方式

地址传递方式是指在一个函数调用另一个函数时，并不是将主调函数中实参的值直接传递给被调函数中的形参，而是将实参的地址传递给形参，从而实参的存储地址与形参的存储地址是相同的。在这种传递方式下，被调函数在执行过程中，当需要存取形参值时，实际上是通过形参找到实参所在的地址后，直接存取实参地址中的值。因此，如果在被调函数中改变了形参的值，实际上也就改变了主调函数中实参的值。

由此可看出，在地址传递方式下，主调函数中实参的存储地址与被调函数中形参的存储地址是相同的，被调函数中对形参的操作会影响主调函数中实参的值。

在地址传递方式下，实参可以是变量地址、指针变量或数组名，形参可以是指针变量。

说明：

(1) 不论值传递方式还是地址传递方式，在 C 语言中都是单向传递数据的，即都是由实参传递数据给形参，反过来不行。也就是说，C 语言中函数参数传递的两种方式本质上都是“单向传递”。

(2) 值传递方式和地址传递方式区别在于传递的数据类型不同，值传递方式传递的是一般的数值，地址传递方式传递的是地址。地址传递实际是值传递方式的一个特例，本质还是传值，只是此时传递的是一个地址数据值。

5.2.2 局部变量与全局变量

从例 5-5 中可以看到,在 main 函数和 sum 函数中都各自定义了变量 n,为什么一个变量要定义两次？在一个函数中定义的变量在其他函数中能否引用？在不同位置定义的变量,在什么范围内有效？

这就是变量作用域问题。**变量的作用域**是指变量有效性的范围。C 语言中所有的变量都有自己的作用域,依照变量定义的位置可分为**局部变量**和**全局变量**。

1. 局部变量

局部变量也称为**内部变量**,它是在函数内部定义的变量,其作用域仅限于定义它的函数内,故只能在本函数内使用它,一旦离开函数后就不能再使用这个变量。

例如：

```
int f1(int a)                    /* 变量 a、b、c 只能在 f1 函数中使用 */
{
    int  b,c;
     ⋮
}
int f2(int x)                    /* 变量 x、y、z 只能在 f2 函数中使用 */
{
    int  y,z;
     ⋮
}
int main()                       /* 变量 m、n 只能在 main 函数中使用 */
{
    int  m,n;
     ⋮
}
```

在 f1 函数内定义了三个变量,其中 a 为形参,b、c 为简单变量,a、b、c 变量的作用域仅限于 f1 内。同理,x、y、z 的作用域仅限于 f2 函数内。m、n 的作用域仅限于 main 函数内。

说明：

(1) 形参变量属于被调函数的局部变量,实参变量属于主调函数的局部变量；

(2) 允许在不同的函数中使用同名的变量,它们各自代表不同的对象,作用域不同,互不干扰,也不会混淆；

(3) 在复合语句中定义的变量,作用域只在复合语句内有效。

例如：

```
int main()                       /* 变量 sum、a 只能在 main 函数中使用 */
{
    int sum,a;
```

```
    ⋮
    {                                   /* 变量 b 只能在复合语句中使用 */
        int b;
        sum=a+b;
         ⋮
    }
    ⋮
}
```

2. 全局变量

全局变量也称为**外部变量**，它是在函数外部定义的变量，作用域是从定义位置开始到本文件结束。

例如：

```
int a,b;                                /* 定义全局变量 a、b */
void f1()
{
  ⋮
}
float x,y;                              /* 定义全局变量 x、y */
int f2()
{
  ⋮
}
int main()
{
  ⋮
}
```

变量 a、b、x、y 均在函数外部定义，都是全局变量。a，b 定义在程序最前面，因此作用域为程序开始至末尾，故 f1 函数、f2 函数及 main 函数均可引用，而 x，y 定义在 f1 函数之后，因而在 f1 函数内无效。

说明：

(1) 如果同一个文件中，全局变量与局部变量同名，则在局部变量的作用范围内，全局变量被“屏蔽”，即它不起作用。

【例 5-6】 分析下列程序。

```
#include <stdio.h>
int a=3,b=5;                            /* a、b 为全局变量 */
int max(int a,int b)                    /* a、b 为 max 函数中的局部变量 */
{   int c;
    c=a>b?a:b;
    return(c);
```

```
}
int main()                          /* a 为 main 函数中的局部变量 */
{   int a=8;
    printf(" max=%d\n",max(a,b));
    return 0;
}
```

运行结果：

```
max=8
```

以上程序中全局变量 a、b 和 max 函数的局部变量 a、b，以及 main 函数中的局部变量 a 同名。根据规定，在局部变量的作用范围内，同名的全局变量不起作用，因此在 max 函数中使用的是局部变量 a、b，在 main 函数中调用 max 函数时使用的实参是局部变量 a 和全局变量 b 的值，即 max(8,5)，故结果为 8。

(2) 由于全局变量是在函数外部定义的，因此使用全局变量也可实现各函数之间的数据传递。

【例 5-7】 以下程序的功能是输入正方体的长、宽、高，求体积及三面的面积。试分析程序。

```
#include <stdio.h>
int s1,s2,s3;                       /* 定义 s1、s2、s3 为全局变量 */
int v_s( int a,int b,int c)
{
    int v;
    v=a * b * c;                    /* 求体积 v */
    s1=a * b;                       /* 求三面的面积 s1、s2、s3 */
    s2=b * c;
    s3=a * c;
    return v;
}
int main()
{
    int v,l,w,h;
    printf("\ninput length,width and height\n");
    scanf("%d%d%d",&l,&w,&h);
    v=v_s(l,w,h);
    printf("v=%d,s1=%d,s2=%d,s3=%d\n",v,s1,s2,s3);
    return 0;
}
```

运行结果：

```
input length,width and height
3 4 5
v=60,s1=12,s2=20,s3=15
```

以上程序中，v_s 函数的功能是求正方体的体积以及三面的面积，并带回四个结果给 main 函数。由于 return 语句只能带回一个值，故三面的面积 s1、s2、s3 定义为全局变量，且定义放在程序开始位置，根据全局变量的作用范围规定，在 v_s 函数和 main 函数中均可使用这三个全局变量，由此在 v_s 函数计算三面的面积 s1、s2、s3 的值时，可以在 main 函数中输出，从而实现了函数之间的数据传递。

需要指出，依照软件工程思想，除非十分必要，一般不提倡使用全局变量来实现函数之间的数据传递。有以下几点原因：

(1) 在程序的执行过程中，全局变量都要占据分配给它的存储空间，即使正在执行的函数根本用不着这些全局变量，它们也要牢牢占用存储空间；

(2) 由于全局变量可以被多个函数共用，使函数之间的影响较大，从而使模块的"内聚性"低，而与其他模块的"耦合性"高；

(3) 在函数中过多使用全局变量，会降低程序的清晰性，可读性差。

5.2.3 局部变量的存储类别

一般来说，内存中供用户使用的存储空间分为三部分，即：

(1) 程序区：用于存放程序。

(2) 静态存储区：存放在这个区域的变量，在程序开始运行时就分配固定的存储单元，直到程序运行结束后才释放所占据的存储单元。因此，把存储在该区域的变量称为**静态存储变量**，例如全局变量、静态局部变量等。

(3) 动态存储区：存放在这个区域的变量，在函数被调用执行时才分配存储单元，一旦函数调用结束后就立即释放所占的存储单元。因此把存储在该区域的变量称为**动态存储变量**，例如函数形参、自动型的局部变量、函数调用时的现场保护和返回地址等。

由此，决定变量的属性除了值的类型，还有变量的存储位置。在 C 语言中，变量都有两个属性：**数据类型**和**存储类型**。于是在 C 语言中变量定义的一般形式应为：

```
存储类型  数据类型  变量名表;
```

其中，数据类型是指变量所持有数据的性质，如 int 型、long 型、float 型等；存储类型是指变量在内存中的存储方式，可分为两大类，即静态存储类和动态存储类，具体又可分为以下三种：

- 自动类型(auto)
- 寄存器类型(register)
- 静态类型(static)

1. 自动类型(auto)

使用关键字 auto 定义的变量为自动型变量，自动型变量是动态存储变量。C 语言规定，如果局部变量定义不作存储类型说明，则默认是自动型变量。

例如，局部变量定义：

```
auto int x,y;
```

等价于：

```
int x,y;
```

实际上，之前的程序中定义的所有局部变量均是自动型变量。自动型变量存储在动态存储区中。

2. 寄存器类型(register)

使用关键字 register 定义的变量为寄存器变量。这类变量的值保存在 CPU 的一个寄存器中，其访问速度比普通变量快，因此对程序中使用较频繁的变量可以用 register 说明。

【例 5-8】 用 register 定义变量的程序。

```
#include "stdio.h"
int fac(int n)
{  register int i,f=1;
   for(i=1;i<=n;i++)
     f=f*i;
   return f;
}
int main()
{  int i;
   for(i=1;i<=5;i++)
     printf("%d!=%d\n",i,fac(i));
   return 0;
}
```

运行结果：

以上程序的功能是计算 1～5 的阶乘。在 fac 函数中用 register 定义了寄存器变量 f 和 i，这两个变量的值保存在 CPU 的寄存器中而不是内存中，形参 n 是自动型变量，其值保存在动态存储区中，在 main 函数中定义的变量 i 也是自动型变量，其值也保存在动态存储区中。一般来说，寄存器变量的数据类型只限于整型、字符型，且只用于局部变量和形参。

3. 静态类型(static)

用关键字 static 定义的局部变量为静态局部变量。静态局部变量的值存储在静态存储区中，在程序开始运行时就分配固定的存储单元，直到程序运行结束后才释放所占据的存储单元。因此，静态局部变量的值具有继承性，即在下一次调用函数时，静态局部变量的初值就是上一次调用结束时该变量的值。

【例 5-9】 用 static 定义变量的程序。

```
#include "stdio.h"
int fac(int n)
{   static int f=1;
    f=f*n;
    return f;
}
int main()
{   int i;
    for(i=1;i<=5;i++)
        printf("%d!=%d\n",i,fac(i));
    return 0;
}
```

运行结果:

```
1!=1
2!=2
3!=6
4!=24
5!=120
```

以上程序的功能同例 5-8。由于在 fac 函数中用 static 定义了静态局部变量 f,因此在程序编译时给它赋初值 1 后,每次重新调用 fac 函数时,赋值语句 f=f*n;右部的变量 f 的值均为上一次调用结束后的值。fac 函数调用执行的过程为:

第一次调用 fac 函数时,赋值语句 f=f*n;右部的变量 f=1;

第二次调用 fac 函数时,赋值语句 f=f*n;右部的变量 f=1!;

第三次调用 fac 函数时,赋值语句 f=f*n;右部的变量 f=2!;

第四次调用 fac 函数时,赋值语句 f=f*n;右部的变量 f=3!;

第五次调用 fac 函数时,赋值语句 f=f*n;右部的变量 f=4!。

注意: 静态变量可以在定义时初始化,没有赋初值的静态变量由编译程序自动初始化为 0,这一点是有别于动态变量的。

5.2.4 全局变量的存储类别

全局变量即外部变量,都是存放在静态存储区中,属静态变量,因此也是在程序开始运行时就分配固定的存储单元,直到程序运行结束后才释放所占据的存储单元。

外部变量的作用域是从定义位置开始到文件的末尾,因此可以被此区域内的所有函数引用。但是,如果在外部变量的作用域之外的函数也要引用它,则要先用关键字 extern 对该变量作"**外部变量声明**",表示把该外部变量的作用域扩展到此。

【例 5-10】 分析下列程序。

```
#include <stdio.h>
```

```
extern  int n;                    /* 外部变量声明 */
void  fun()
{
  n-=20;
}
int  n=100;                       /* 外部变量的定义 */
int  main()
{
  for( ; n>=60; )
  {
    fun();
    printf("n=%d\n", n);
  }
  return 0;
}
```

运行结果：

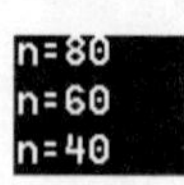

在以上程序中，外部变量 n 尽管定义在 fun 函数之后，由于用 extern 进行了声明，故在 fun 函数中仍是有效的。如果不做说明，系统会认为在 fun 函数中使用的 n 未定义，编译时会出错。

5.3 函数的嵌套调用

C 语言中不允许嵌套定义函数，因此函数定义是独立的，不存在上一层函数和下一层函数的问题，但允许函数的嵌套调用，即在某被调函数(main 函数除外)中又可调用其他函数。其关系可表示为如图 5-2 所示。

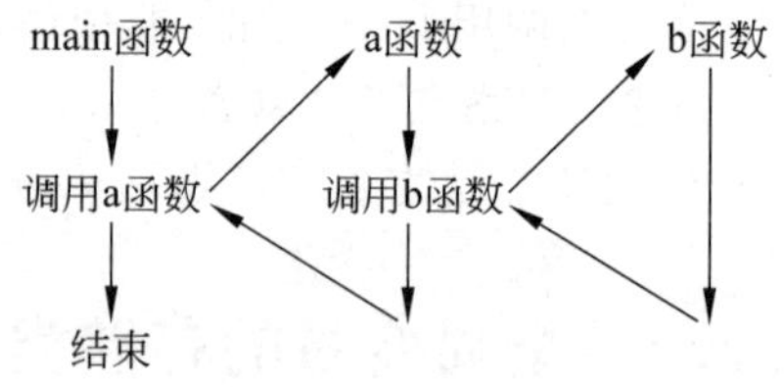

图 5-2 函数的嵌套调用

图 5-2 表示了两层嵌套调用的情形，其执行过程是：首先执行 main 函数的语句，当执行到 main 函数中调用 a 函数的语句时，则停留在此，转而去执行 a 函数的语句；在 a 函数中当遇到调用 b 函数的语句时，也停留在此，又转去执行 b 函数中的语句；b 函数执行完毕后，返回 a 函数中的调用语句处继续执行 a 函数；a 函数执行完毕后，又返回 main 函数的调用语句处继续执行 main 函数，直至程序结束。

【例 5-11】 计算 $s=2^2!+3^2!$。

编程点拨：依据模块化编程方法，本题可分为三个模块，共编写三个函数。

(1) f2 函数：计算某个数的阶乘；

(2) f1 函数：计算某个数的平方值的阶乘；

(3) main 函数：两次调用 f1 函数计算并输出 2 的平方值的阶乘及 3 的平方值的阶乘之和。

相应的程序如下：

```
#include <stdio.h>
long f1(int p)
{
    int k;
    long r;
    long f2(int);                    /* 函数声明 */
    k=p*p;
    r=f2(k);                         /* 函数调用 */
    return r;
}
long f2(int q)
{
    long c=1;
    int i;
    for(i=1;i<=q;i++)
        c=c*i;
    return c;
}
int  main()
{
    int i;
    long s=0;
    for (i=2;i<=3;i++)
        s=s+f1(i);                   /* 函数调用 */
    printf("\ns=%ld\n",s);
    return 0;
}
```

运行结果：

```
s=362904
```

在以上程序中，执行 main 程序时，当执行到循环语句，把 i 值作为实参调用 f1 函数；执行 f1 函数时，先计算 i^2 的值，然后把 i^2 的值作为实参调用 f2 函数；在 f2 函数中完成求 i^2! 的计算后，就会回到 f1 函数，且将结果返回给 f1 函数；f1 函数调用结束后，又将 i^2! 的结果返回给 main 函数求和。

【例 5-12】 用梯形法求函数 $f(x)=x^2+2x+1$ 的定积分 $\int_0^2 f(x)dx$ 的值。

编程点拨：以上定积分的几何意义是求曲线 $y=f(x)$、$x=a$(a 为 0)、$y=0$(x 轴)和 $x=b$(b 为 2)所围成的面积。若把区间$[a,b]$等分为 n 等分，可得若干个小梯形，每个小

梯形的高为 h=(b-a)/n,积分面积就近似为这些小梯形面积之和。其中,第 1 个小梯形面积近似为:

((f(a)+f(a+h))*h)/2

第 i 个小梯形面积近似为:

((f(a+(i-1)*h)+f(a+i*h))*h)/2

依据模块化编程方法,本题可分为三个模块,共编写三个函数。

(1) fun 函数:计算 $f(x)=x^2+2x+1$ 的函数值;

(2) djf 函数:用梯形法计算定积分值;

(3) main 函数:输入变量 n、a 和 b 的值,然后调用 djf 函数计算并输出定积分的值。

相应的程序如下:

```c
#include <stdio.h>
double fun(double x)
{  double y;
   y=x*x+2*x+1;
   return y;
}
double djf(double n,double a,double b)
{  double s=0,h;
   int i;
   h=(b-a)/n;
   for(i=1;i<=n;i++)
     s+=((fun(a+(i-1)*h)+fun(a+i*h))*h)/2;
   return(s);
}
int main()
{  double s,n,a,b;
   scanf("%lf,%lf,%lf",&n,&a,&b);
   s=djf(n,a,b);
   printf("s=%lf\n",s);
   return 0;
}
```

运行结果:

```
100,0,2
s=8.666800
```

5.4 函数的递归调用

在解决一些复杂问题时,为了降低问题的复杂度,一般总是将问题逐层分解,最后归结为一些简单的问题。这种将问题逐层分解的过程,实际上并没有对问题进行求解,而只是当解决了最后那些最简单的问题后，再沿着原来分解的逆过程逐步进行综合。这就是递归的基本思想。

在C语言中，一个函数在它的函数体内直接或间接调用自身称为**递归调用**，这种函数称为**递归函数**。在递归调用中，主调函数又是被调函数。执行递归函数将反复调用其自身，每调用一次就进入新的一层。

例如，定义f函数如下：

```
int f(int x)
{
  int y;
  z=f(y);                          /*f函数调用其自身*/
  return z;
}
```

以上f函数体内调用了f函数自身，故f函数是递归函数。

进一步分析f函数的运行情况，由于f函数将无休止地调用自身，进入一种无限循环状态，使调用不能终止。为了避免出现这种递归调用无休止地进行，就必须要在递归函数内有递归调用终止的操作。常用的办法是增加一个递归调用结束的判断条件，当满足条件后就不再作递归调用，然后再逐层返回。

【例5-13】 编写程序用递归方法计算n!。

编程点拨：求n!可以用循环结构实现，在第4章已有所介绍。下面用递归方法来实现。

采用递归方法，首先要考虑递归调用的规律以及使递归调用结束的条件。由于n!的计算具有以下规律：

$$n! = n*(n-1)!$$
$$(n-1)! = (n-1)*(n-2)!$$
$$\vdots$$
$$2! = 2*1!$$
$$1! = 1$$

故可归纳出以下递归公式：

$$n! = \begin{cases} 1 & n=0,1 \\ n\times(n-1)! & n>1 \end{cases}$$

依此公式编写的程序如下：

```
#include <stdio.h>
long fun(int n)
{
    long f;
    if(n==0||n==1) f=1;
    else f=fun(n-1)*n;
    return(f);
```

```
}
int main()
{
    int n;
    long y;
    printf("\ninput a integer number:\n");
    scanf("%d",&n);
    y=fun(n);
    printf("%d!=%ld\n",n,y);
    return 0;
}
```

运行结果：

```
input a integer number:
5
5!=120
```

以上程序中设计的 fun 函数是一个递归函数。在 main 函数中先输入 n 的值，然后调用 fun 函数。如果 n＝0 或 n＝1，fun 函数调用结束，否则 fun 函数就要不断递归调用自身。由于每次递归调用的实参为 n－1，即把 n－1 的值赋予形参 n，直至为 1。然后再逐层退回。例如当 n=5 时，计算 5! 的递归调用过程如图 5-3 所示。

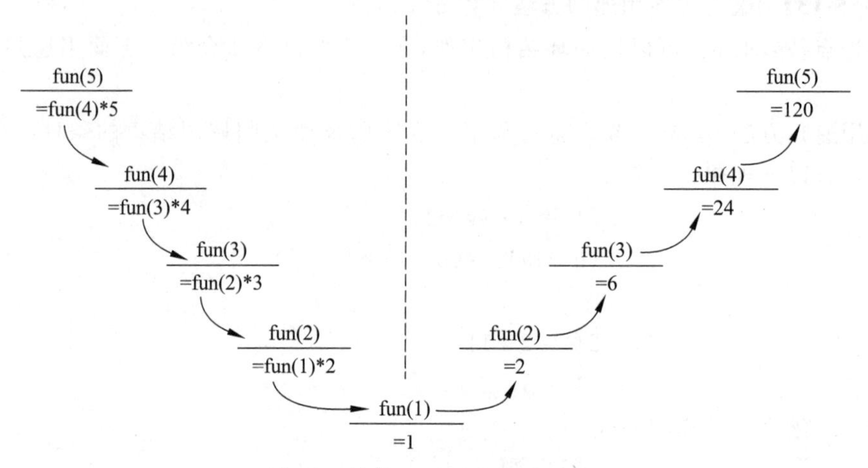

图 5-3　计算 5！调用过程示意图

从图 5-3 可知，函数递归调用的执行过程可分成两个阶段：回溯和递推。

第一个阶段为“**回溯**”，即：

由 fun(5)＝fun(4) ∗ 5 开始，由于 fun(4)的值还未知，需要回溯到 fun(4)；

又由 fun(4)＝fun(3) ∗ 4，fun(3)的值也还未知，还要回溯到 fun(3)；

又由 fun(3)＝fun(2) ∗ 3，需要回溯到 fun(2)；

由 fun(2)＝fun(1) ∗ 2，回溯到 fun(1)；

由 fun(1)＝1，不必再向前推了。

然后开始第二个阶段，即“**递推**”：

从 fun(1)=1 递推出 f(2)=1 * 2=2;

从 fun(2)的值递推出 f(3)=2 * 3=6;

从 fun(3)的值递推出 f(4)=6 * 4=24;

从 fun(4)的值递推出 f(5)=24 * 5=120。

在程序设计中,递归是一个很有用的工具,对于一些比较复杂的问题,设计成递归算法可使程序结构清晰,可读性强,编程简单。

【例 5-14】 Hanoi 塔问题。

Hanoi 塔(又称汉诺塔)问题是源于印度一个古老传说的益智玩具。在世界中心贝拿勒斯(在印度北部)的圣庙里,一块黄铜板上插着三根宝石针。印度教的主神梵天在创造世界的时候,在其中一根针上从下到上地穿好了由大到小的 64 片金片,这就是所谓的 Hanoi 塔。不论白天黑夜,总有一个僧侣在按照下面的法则移动这些金片:一次只移动一片,不管在哪根针上,小片必须在大片上面。僧侣们预言,当所有的金片都从梵天穿好的那根针上移到另外一根针上时,世界就将在一声霹雳中消灭,而梵塔、庙宇和众生也都将同归于尽。

Hanoi 塔问题在数学界有很高的研究价值,是一个用递归方法解题的典型例子。经典题目:一块板上有三根针,即 A、B、C,A 针上套有 64 个大小不等的圆盘,大的在下,小的在上。如图 5-4 所示。要把这 64 个圆盘从 A 针移到 C 针上,每次只能移动一个圆盘,移动可以借助 B 针进行。但在任何时候,任何针上的圆盘都必须保持大盘在下,小盘在上。求移动的步骤。

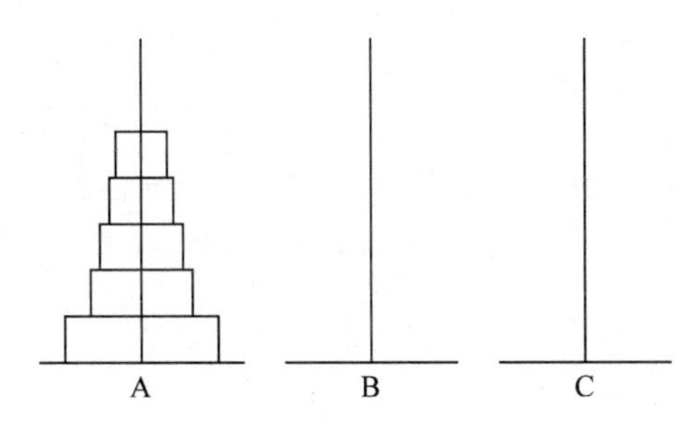

图 5-4 Hanoi 塔问题示意图

编程点拨:设 A 针上有 n 个盘子,分析以下情况:

(1) 如果 n=1,则直接将圆盘从 A 针移动到 C 针。

(2) 如果 n=2,则:

① 先将 A 针上的 1 个圆盘移到 B 针;

② 再将 A 针上的 1 个圆盘移到 C 针;

③ 最后将 B 针上的 1 个圆盘移到 C 针。

(3) 如果 n=3,则:

① 先将 A 针上的 2 个圆盘移到 B 针(借助于 C 针),步骤如下:

第一步:将 A 针上的 1 个圆盘移到 C 针;

第二步:将 A 针上的 1 个圆盘移到 B 针;

第三步:将 C 针上的 1 个圆盘移到 B 针。

② 将A针上的1个圆盘移到C针。

③ 将B针上的2个圆盘移到C针(借助A针),步骤如下:

第一步:将B针上的1个圆盘移到A针。

第二步:将B针上的1个盘子移到C针。

第三步:将A针上的1个圆盘移到C针。

从上面分析可以看出,当n大于等于2时,圆盘移动的过程可分解为以下三个步骤:

第一步:把A针上的n−1个圆盘移到B针。

第二步:把A针上的1个圆盘移到C针。

第三步:把B针上的n−1个圆盘移到C针。

以上求解步骤属于典型的递归问题,可以用move函数实现圆盘递归移动过程,即:

第一步:move(n−1,A,C,B)。

第二步:A->C。

第三步:move(n−1,B,A,C)。

在main函数中,首先输入n值,然后调用move函数实现圆盘移动过程。程序如下:

```
#include <stdio.h>
void move(int n,char x,char y,char z)
{
    if(n==1)
      printf("%c-->%c\n",x,z);
    else
    {
      move(n-1,x,z,y);              /*把x针上的n-1个圆盘移到y针*/
      printf("%c-->%c\n",x,z);      /*把x针上的1个圆盘移到z针*/
      move(n-1,y,x,z);              /*把y针上的n-1个圆盘移到z针*/
    }
}
int main()
{
    int h;
    printf("\ninput number:\n");
    scanf("%d",&h);
    printf("the step to moving %2d diskes:\n",h);
    move(h,'A','B','C');
    return 0;
}
```

运行结果:

n=1时的移动步骤:

```
input number:
1
the step to moving  1 diskes:
A-->C
```

n=2 时的移动步骤：

```
input number:
2
the step to moving  2 diskes:
A-->B
A-->C
B-->C
```

n=3 时的移动步骤：

```
input number:
3
the step to moving  3 diskes:
A-->C
A-->B
C-->B
A-->C
B-->A
B-->C
A-->C
```

从以上程序可以看出，move 函数是一个递归函数，功能是把 x 上的 n 个圆盘移动到 z，其中 n 表示圆盘数，x、y、z 分别代表三根针。当 n=1 时，直接把 x 上的圆盘移至 z。如 n≠1，则分为三步：调用 move 函数，把 n−1 个圆盘从 x 移到 y；把 x 上的 1 个圆盘移至 z；调用 move 函数，把 n−1 个圆盘从 y 移到 z。

思考：当 n=64 时，要将这 64 个圆盘从 A 针移动到 C 针上，共需要移动多少步？

【举一反三】

(1) 用递归法求 Fibonacci 数列。

提示：根据 Fibonacci 数列的规律，可归结出求前 n 项 Fibonacci 数列的递归公式：

$$\mathrm{fib}(n)=\begin{cases}1 & (n=1)\\ 1 & (n=2)\\ \mathrm{fib}(n-1)+\mathrm{fib}(n-2) & (n\geqslant 3)\end{cases}$$

(2) 有 5 个人坐在一起，问第 5 个人多少岁，他说比第 4 个人大 3 岁。问第 4 个人多少岁，他说比第 3 个人大 3 岁。问第 3 个人多少岁，他说比第 2 个人大 3 岁。问第 2 个人多少岁，他说比第 1 个人大 3 岁。最后问第 1 个人，他说是 16 岁。请问第 5 个人多大？

提示：本题属于典型的递推求解问题，根据题意，递归公式可为：

$$\mathrm{age}(n)=\begin{cases}16 & n=1\\ \mathrm{age}(n-1)+3 & n>1\end{cases}$$

复习与思考

1. 如何定义和调用函数？
2. 什么是函数原型？在什么情况下必须使用函数原型声明？
3. 模块间参数传递有哪些方法？值传递方式和地址传递方式有何不同？

4. 什么是全局变量？什么是局部变量？
5. 什么是静态存储变量？什么是动态存储变量？各有什么特点？
6. 函数嵌套调用执行过程如何？
7. 什么是函数的递归调用？递归调用的执行过程如何？

习　题　5

一、选择题

1. 以下正确的说法是________。
   A. 用户若需要调用标准库函数,调用前必须重新定义
   B. 用户可以重新定义标准库函数,若如此,该函数将失去原有含义
   C. 系统根本不允许用户重新定义标准库函数
   D. 用户若需要调用标准库函数,调用前不必使用预编译命令将该函数所在文件包括到用户源文件中,系统自动调用
2. 在C语言中,以下说法正确的是________。
   A. 一般变量作实参时和与其对应的形参各占用独立的存储单元
   B. 实参和与其对应的形参共占用一个存储单元
   C. 只有当实参和与其对应的形参同名时才共占用存储单元
   D. 形参是虚拟的,不占用存储单元
3. 在C语言中,以下不正确的说法是________。
   A. 实参可以是常量、变量或表达式
   B. 形参可以是常量、变量或表达式
   C. 实参可以为任意类型
   D. 形参应与其对应的实参类型一致
4. 在下列结论中,只有一个是错误的,它是________。
   A. C语言中允许函数的递归调用
   B. C语言中允许函数的嵌套调用
   C. 有些递归程序是不能用非递归算法实现的
   D. C语言中不允许在函数中再定义函数
5. 已知函数定义如下:

```
float fun1(int x,int y)
{  float z;
   z=(float)x/y;
   return(z);
}
```

如果在主调函数中有语句“int a=1,b=0;”,则可以正确调用此函数的选项

是________。

A. printf("%f",fun1(a,b));　　B. printf("%f",fun1(&a,&b));

C. printf("%f",fun1(* a, * b));　　D. printf("%f",fun1(b,a));

6. 在C语言中,函数类型是指________。

A. 函数返回值的数据类型　　B. 函数形参的数据类型

C. 调用该函数时的实参的数据类型　　D. 任意指定的数据类型

7. 以下正确的说法是________。

如果在一个函数的复合语句中定义了一个变量,则该变量:

A. 在该复合语句中有效　　B. 在该函数中有效

C. 在本程序范围中均有效　　D. 为非法变量

8. 如果程序中funA函数调用了funB函数,funB函数又调用了funA函数,则________。

A. 称为函数的直接递归调用　　B. 称为函数的间接递归调用

C. 称为函数的循环调用　　D. C语言中不允许这样的递归调用

9. 以下说法中正确的是________。

A. C程序总是从第一个函数开始执行

B. 在C程序中,被调用的函数必须在main()函数中定义

C. C程序总是从main()函数开始执行

D. C程序中的main()函数必须放在程序的开始部分

10. 以下正确的说法是________。

A. 函数的定义可以嵌套,但函数的调用不可以嵌套

B. 函数的定义不可以嵌套,但函数的调用可嵌套

C. 函数的定义和调用均不可以嵌套

D. 函数的定义和调用均可以嵌套

11. 有以下函数定义:

```
void fun(int n,double x) {…}
```

若以下选项中的变量都已经正确定义并赋值,则对函数fun的正确调用语句是________。

A. fun(int y,double m)　　B. k=fun(10,12.5)

C. fun(x,n)　　D. void fun(n,x)

12. 关于return语句,正确的说法是________。

A. 在主函数和其他函数中均可出现

B. 必须在每个函数中出现

C. 不可以在同一个函数中多次出现

D. 只能在除主函数之外的函数中出现一次

13. 已知func函数的定义为:

```
void func(){ … }
```

则函数定义中void的含义是________。

A. 执行func函数后,函数没有返回值

B. 执行函数func后,函数不再返回

C. 执行func函数后,可以返回任何类型

D. 以上答案均不正确

14. 以下正确的函数首部定义形式是________。

A. int abc(int x,int y)

B. int abc(int x;int y)

C. int abc(int x,int y);

D. int abc(int x,y)

15. C语言规定,简单变量作实参时,它和对应形参之间的数据传递方式是________。

A. 地址传递

B. 由用户指定传递方式

C. 由实参传给形参,再由形参传回给实参

D. 值传递

16. 下面函数调用语句含有实参的个数为________。

```
fun((exp1,exp2),(exp3,exp4));
```

A. 1　　B. 2　　C. 3　　D. 4

17. 函数swap(int x,int y)可以完成对x值和y值的交换,若在主调函数调用执行以下语句后,a和b的值分别是________。

```
a=2; b=3;
swap(a,b);
```

A. 3 2　　B. 3 3　　C. 2 2　　D. 2 3

二、填空题

1. 以下程序的运行结果是________。

```
#include <stdio.h>
int func(int a,int b)
{  int c;
   c=a+b;
   return(c);
}
int main()
{  int x=6,y=7,z=8,r;
   r=func((x--,y++,x+y),z--);
   printf("%d\n",r);
   return 0;
}
```

2. 以下程序的运行结果是________。

```
#include <stdio.h>
```

```
int main()
{  int x=1;
   void f1(),f2(int);
   f1();
   f2(x);
   printf("%2d\n",x);
   return 0;
}
void f1()
{
  int x=3;
  printf("%2d",x);
}
void f2(int x)
{
  printf("%2d",++x);
}
```

3. 以下程序的运行结果是________。

```
#include <stdio.h>
int max(int x,int y)
{  int z;
   z=x>y?x:y;
   return(z);
}
int main()
{  int a=3,b=10,c;
   c=max(a,b);
   printf("%d",c);
   return 0;
}
```

4. 以下程序的运行结果是________。

```
#include <stdio.h>
int f(int a,int b)
{
   int c;
   if(a>b) c=1;
   else if(a==b) c=0;
   else c=-1;
   return(c);
}
int main()
{
   int i=2,j,p;
```

```
    j=++i;
    p=f(i,j);
    printf("%d",p);
    return 0;
}
```

5. 以下程序的运行结果是________。

```
#include <stdio.h>
int f(int x,int y)
{  return(y-x)*x; }
int main()
{  int a=3,b=4,c=5,d;
   d=f(f(3,4),f(3,5));
   printf("%d\n",d);
   return 0;
}
```

6. 以下函数的功能是________。

```
void xx(int x,int y,int z)
{  int t;
   if(x>y) {t=x;x=y;y=t;}
   if(x>z) {t=z;z=x;x=t;}
   if(y>z) {t=y;y=z;z=t;}
   printf("%d %d %d\n",x,y,z);
}
```

7. 以下程序的运行结果是________。

```
#include <stdio.h>
long fib(int g)
{  switch(g)
     {  case 0:return 0;
        case 1:case 2:return 1;
     }
     return(fib(g-1)+fib(g-2));
}
int main()
{  long k;
   k=fib(7);
   printf("k=%d\n",k);
   return 0;
}
```

8. 以下程序的运行结果是________。

```
#include <stdio.h>
int k=1;
```

```
void fun(int);
int main()
{  int i=4;
   fun(i);
   printf ("\n%d,%d",i,k);
   return 0;
}
void fun(int m)
{  m+=k;k+=m;
   {  char k='B';
      printf("\n%d",k-'A');
   }
   printf("\n%d,%d",m,k);
}
```

9. 以下程序的运行结果是________。

```
#include <stdio.h>
int w=3;
int fun(int);
int main()
{  int w=10;
   printf("%d\n",fun(5)*w);
   return 0;
}
int fun(int k)
{  if(k==0) return(w);
   return(fun(k-1)*k);
}
```

10. 以下程序的运行结果是________。

```
#include "stdio.h"
void f()
{   int a=0;
    static int b=0;
    a++;
    b++;
    printf("a=%d,b=%d, ",a,b);
}
int main()
{   int i;
    for(i=0;i<3;i++)
        f();
    return 0;
}
```

11. 水仙花数是指一个 n 位数($n \geqslant 3$),它的每个位上的数字的 n 次幂之和等于它本身(例如:$1^3+5^3+3^3=153$)。以下程序的功能是找出所有三位的水仙花数。请完善程序。

```
#include <stdio.h>
int fun(int n)
{  int a,b,c;
   a=___(1)___;
   b=n%100/10;
   c=n%10;
   if(a*100+b*10+c ___(2)___ a*a*a+b*b*b+c*c*c) return n;
   else return 0;
}
int main()
{  int n;
   for(n=100;n<1000;n++)
   {  k=___(3)___;
      if(k!=0) printf("%d",k);
   }
   return 0;
}
```

12. 以下函数的功能是判断一个整数是否为素数。请完善程序。

```
void f(int m)
{   int i,k;
    k=___(1)___;
    for(i=2;i<=k;i++)
        if(___(2)___)break;
    if(___(3)___)printf("是素数");
    else printf("不是素数");
}
```

13. 以下函数的功能是判断一个五位数是不是回文数。例如,12321 是回文数,因为个位与万位相同,十位与千位相同。请完善程序。

```
void fun(long x)
{  long ge,shi,qian,wan;
   wan=x/10000;
   qian=___(1)___;
   shi=___(2)___;
   ge=x%10;
   if (___(3)___)
       printf("this number is a huiwen\n");
   else printf("this number is not a huiwen\n");
}
```

14. 用递归方法实现：将输入的一个小于 32768 的整数按逆序输出。例如，输入 12345，则输出 54321。请完善程序。

```
#include"stdio.h"
void r(int m);
int main()
{   int n;
    printf("Input n : ");
    scanf("%d",&n);
    r(n);
    printf("\n");
    return 0;
}
void r(int m)
{   printf("%d",____(1)____);
    m=____(2)____;
    if(____(3)____)  r(m);
}
```

15. 输入 n 值，输出高度为 n 的等边三角形。例如当 n=4 时的等边三角形如下：

```
   *
  * * *
 * * * * *
* * * * * * *
```

请完善程序。

```
#include <stdio.h>
void prt(char c,int n)
{  if(n>0)
   {  printf("%c",c);
      ____(1)____;
   }
}
int main()
{  int i,n;
   scanf("%d",&n);
   for(i=1;i<=n;i++)
   {  ____(2)____;
      ____(3)____;
      printf("\n");
   }
   return 0;
}
```

三、编程题

1. 编写一个函数,根据给定的三角形的三条边计算三角形的面积。

2. 编写两个函数,分别求两个整数的最大公约数和最小公倍数,再编写一个主函数调用这两个函数,并输出结果。

3. 求方程 $ax^2+bx+c=0$ 的根。要求用三个函数分别求当 $b^2-4ac>0$、$b^2-4ac=0$ 和 $b^2-4ac<0$ 时的根,并输出结果。在主函数中输入 a、b、c 的值,并调用以上三个函数。

4. 编写一个函数实现牛顿迭代法求一元三次方程 $x^3+2x^2+3x+4=0$ 在 1 附近的一个实根,结果在主函数中输出。

5. 输入以秒为单位的一个时间值,将其转换成"时:分:秒"的形式输出。将转换工作编写一个函数实现。

6. 一个整数,它加上 100 后是一个完全平方数,再加上 168 又是一个完全平方数,请问该数是多少?编写一个函数按照以上方法找出该数。

7. 编写一个函数,验证 2000 以内的哥德巴赫猜想:对于任何大于 4 的偶数均可以分解为两个素数之和。

8. 编写一个递归函数,计算并返回阿克马(Ackermann)函数值。

阿克马函数的定义如下:

$$
Ack(n,x,y)=\begin{cases}
x+1 & n=0 \\
x & n=1 \text{ 且 } y=0 \\
0 & n=2 \text{ 且 } y=0 \\
1 & n=3 \text{ 且 } y=0 \\
2 & n\geqslant 4 \text{ 且 } y=0 \\
Ack(n-1,Ack(n,x,y-1),x) & n\neq 0 \text{ 且 } y\neq 0
\end{cases}
$$

其中 n,x,y 均为非负整数。

第6章

数　组

之前介绍的所有程序都是定义简单变量解决一些问题，而在实际应用中，经常会遇到需要用批量数据解决复杂问题的情况。例如，输入100名学生的成绩，要求按成绩由高到低排序输出。对于此类对同类型的批量数据进行处理的问题，若定义100个简单变量来存放100个学生的成绩，显然对其进行处理是非常复杂和烦琐的，而若采用数组来解决此类问题，则可使处理简便且易于扩充。

所谓**数组**是一组有序数据的集合。在程序设计中，为了方便处理，往往会把一些同类型的数据按有序的形式组织起来，且用一个统一的名字标识这组数据，这个名字就称为**数组名**，构成数组的每一数据项称为**数组元素**或**下标变量**。用于区别数组的各个元素的数字编号称为下标。

在C语言中，数组属于构造数据类型。一个数组可以包含多个数组元素，这些数组元素可以是基本数据类型或构造类型。按照数组的维数，数组可分为一维数组和多维数组；按照数组元素的类型，数组又可分为数值型数组、字符数组、指针数组、结构体数组等各种类别。本章主要介绍数值型数组和字符数组，其余部分将在以后各章陆续介绍。

6.1　一维数组

6.1.1　一维数组的定义与引用

1. 一维数组的定义

一维数组是最简单的数组，从逻辑上看，一维数组表示一个按下标顺序排列的队列。和引用简单变量一样，在C语言中使用数组也必须先定义后引用。定义数组主要告知计算机有关数组名、类型、维数与大小等信息。

一维数组定义的一般形式为：

```
类型符 数组名[常量表达式];
```

其中，类型符可以是基本数据类型或构造数据类型，数组名是用来标识这组数据的标识符，常量表达式表示数据元素的个数，也称为数组的长度。

例如：

```
int a[10];              定义一个整型数组 a,有 10 个元素
float b[10],c[20];      定义一个有 10 个元素的实型数组 b 和有 20 个元素的实型数组 c
```

对于数组定义应注意以下几点：

(1) 数组的类型实际上是指数组元素的类型。对于同一个数组，其所有元素的数据类型都是相同的；

(2) 数组名的命名规则应符合标识符的命名规定；

(3) 数组名不能与同一函数内的其他变量名相同；

例如，以下关于数组的定义是错误的：

```
int main()
{
  int a;
  float a[10];
  …
}
```

(4) 数组定义中的常量表达式表示数组元素的个数，数组元素下标**从 0 开始计算**；

例如：

```
int a[5];  表示数组 a 有 5 个元素,分别为 a[0],a[1],a[2],a[3],a[4]
```

经过以上定义，在内存中划出一片存储空间来存放数组 a 的 5 个元素，在 VC++ 2010 中，此空间大小为 4×5=20 字节，数组名 a 的值为这片存储空间的首地址，即 a=&a[0]，如下所示：

a[0]	a[1]	a[2]	a[3]	a[4]

(5) 数组定义中的常量表达式不能用变量表示，但是可以是符号常量；

例如，以下关于数组的定义是合法的：

```
#define FD 5
int main()
{
  int a[3+2],b[7+FD];
  …
}
```

又如，以下定义方式是错误的：

```
int main()
{
  int n=5;
  int a[n];
```

```
  ...
}
```

(6) 允许在同一个说明语句中同时定义多个数组和多个变量。

例如,以下定义方式是合法的:

```
int a,b,c,d,k1[10],k2[20];
```

2. 一维数组元素的引用

数组元素(也称为下标变量)是组成数组的基本单元。数组元素也是一种变量,其标识方法为数组名后跟一个下标。下标表示元素在数组中的数字编号。

一维数组元素引用的一般形式为:

数组名[下标]

其中,下标只能为整型常量或整型表达式,其值最小为0,最大为定义的数组长度减1。

例如,设:int a[10],i=2,j=3;,则以下数组元素的引用都是合法的。

```
a[5]      表示第6个元素
a[i+j]    表示第6个元素
a[i++]    表示第3个元素
```

注意:在C语言中只能逐个地引用数组元素,而不能一次引用整个数组。

例如,设:int a[10];且每个元素已有值。要输出这10个元素的值,必须使用以下循环语句逐个输出各元素值:

```
for(i=0; i<10; i++)
    printf("%d",a[i]);
```

而不能用以下形式输出:

```
printf("%d",a);
```

【例6-1】 数组的定义和引用。

```
#include <stdio.h>
int main()
{
  int i,a[10];                 /*定义数组*/
  for(i=0;i<=9;i++)
    a[i]=i;                    /*引用数组元素*/
  for(i=9;i>=0;i--)
    printf("%4d",a[i]);        /*引用数组元素*/
  return 0;
}
```

运行结果：

```
9  8  7  6  5  4  3  2  1  0
```

在以上程序中，首先定义了一个长度为 10 的整型一维数组 a，然后利用 for 循环对其中的每一个元素(a[0]～a[9])进行赋值，最后利用 for 循环按逆序输出这 10 个元素值。

在 C 语言中，凡是同类型的简单变量可以使用的地方，都可以使用数组元素。

6.1.2　一维数组的初始化

在 C 语言中，输入数组元素的值可以用循环对数组元素逐个赋值，如例 6-1；也可在循环中用 scanf 函数逐个输入数组的各元素值。例如：

```
for(i=0;i<10;i++)
    scanf("%d",&a[i]);
```

另外，和对简单变量初始化一样，也可以对数组初始化。

所谓“**数组初始化**”是指在数组定义时也给数组元素赋初值。数组初始化是在编译阶段进行的，这样可缩短运行时间，提高效率。

对一维数组元素初始化有以下几种方式：

(1) 在定义数组时给所有数组元素赋初值；

例如：

```
int a[10]={0,1,2,3,4,5,6,7,8,9};
```

其中在{}中的数据值即为各元素的初值，数据之间用逗号间隔。以上语句相当于以下操作：

```
a[0]=0;a[1]=1;...;a[9]=9;
```

(2) 可以只给部分元素赋初值，未赋初值的元素自动取 0 值；

例如：

```
int a[10]={0,1,2,3,4};
```

当{}中值的个数少于元素个数时，表示只给前面的部分元素赋值，其余元素值自动赋 0 值。例如以上语句表示：a[0]＝0，a[1]＝1，a[2]＝2，a[3]＝3，a[4]＝4，而后 5 个元素自动赋 0 值。

(3) 只能给数组元素逐个赋值，不能给数组整体赋值；

例如，要给数组的 10 个元素全部赋初值 1，只能写为：

```
int a[10]={1,1,1,1,1,1,1,1,1,1};
```

而不能写为：

```
int a[10]=1;
```

(4) 在定义数组时，若要给全部元素赋初值，可以省略数组长度。

例如：

```
int a[5]={1,2,3,4,5};
```

可写为：

```
int a[]={1,2,3,4,5};
```

6.1.3 一维数组应用举例

【例 6-2】 编写程序，从键盘输入学生某门课的成绩，求出最高分以及其序号。

编程点拨：保存学生成绩可定义一个一维数组 score，求最高分就是求最大值的问题，可先取第一个学生的成绩为最高分（用变量 max 表示），其余学生的成绩只要逐个和 max 比较即可。比较时，同时记录最高分对应的元素下标（即序号，用变量 num 表示）。算法流程图如图 6-1 所示，相应的程序如下：

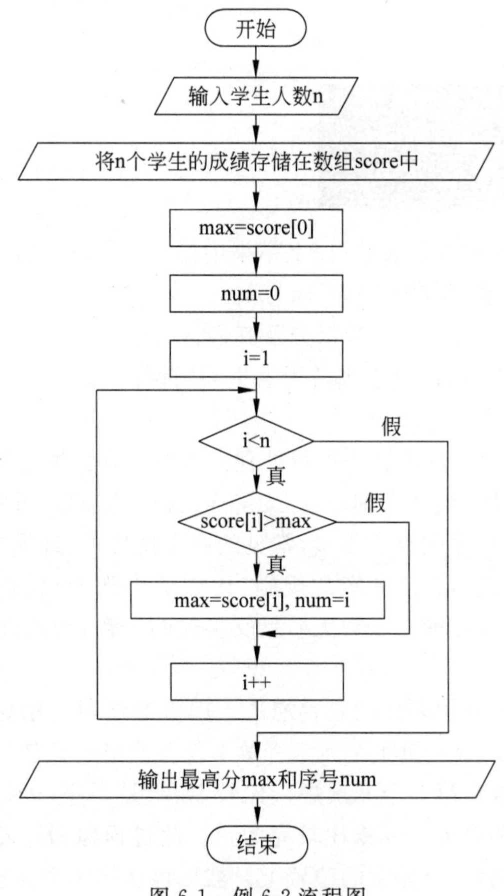

图 6-1 例 6-2 流程图

```
#include <stdio.h>
int main()
{
  int max,score[40];
  int i,n,num;
  printf("input total numbers:\n");
  scanf("%d",&n);            /* 输入学生的实际人数 */
  printf("input score:\n");
  for(i=0;i<n;i++)
    scanf("%d",&score[i]);
  max=score[0];  num=0;
  for(i=1;i<n;i++)           /* 求最大值 */
    if(score[i]>max)
    {   max=score[i];  num=i;  }
  printf("max=%d,num=%d\n",max,num);
  return 0;
}
```

运行结果：

```
input total numbers:
10
input score:
56 54 77 86 78 90 88 65 32 76
max=90,num=5
```

以上程序运行时，先输入总人数(以上结果中输入为 10)，然后输入学生成绩(以上结果中的第 4 行)，结果为最高分为 90，下标为 5。

思考：若要同时求出最高分和最低分及其各自的序号，程序该如何修改呢？

【例 6-3】 编写程序，从键盘输入若干学生某门课的成绩，然后按分数从低到高排序输出。

编程点拨：本题需要用排序算法进行处理。所谓排序算法是把一组数据按一定规则(比如从小到大，称为升序，或从大到小，称为降序)排列的过程，可将一个无序的数据序列调整为有序数据序列。排序的算法很多，常见的有交换排序、选择排序和插入排序等。

交换排序的基本思路是：按一定的规则(比如从小到大)比较待排序数列中的两个数，如果是逆序(后一个数比前一个数大)，就交换这两个数；否则就继续比较另一对数，直到全部数都排好序为止。

在交换排序中，最具有代表性的是冒泡法。用**冒泡法对一组数按升序排列的基本过程**是：首先将待排序数列中的第 1 个元素和第 2 个元素进行比较，如果是逆序，进行一次交换；接着对第 2 个元素和第 3 个元素进行比较，如果是逆序，进行一次交换；依此类推，直到对第 n－1 个元素和第 n 个元素比较完为止。此过程称为一轮冒泡，这时，最大的一个元素便被“沉”到了最后一个元素的位置上。然后再从第 1 个元素开始，到第 n－1 个元素进行第二轮冒泡比较交换，将次大元素“沉”到了倒数第二个元素的位置上。如此这般，直到第 n－1 轮冒泡后，没有元素需要交换为止。图 6-2 为对 5 个数用冒泡法进行排序的过程。

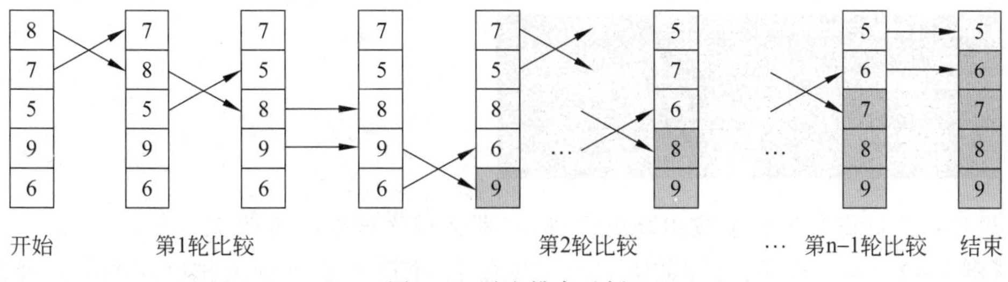

图 6-2　冒泡排序示例

依照冒泡法排序方法，对以上按成绩由小到大排序问题的算法描述如下：

```
Step 1:输入待排序的 n 个学生的成绩;
Step 2:对学生成绩进行排序:
for(i=0;i<n-1;i++)                /*需要进行 n-1 轮冒泡比较交换*/
    for(j=0;j<n-1-i;j++)          /*比较交换第 0~n-i 的相邻元素*/
        if(score[j]>score[j+1])
            交换 score[j]和 score[j+1]
Step 3:输出排序后结果。
```

相应的程序如下：

```
#include <stdio.h>
int main()
{
  int temp,score[40];
  int i,j,n;
  printf("input total numbers:\n");
  scanf("%d",&n);                  /*输入学生的实际人数*/
  printf("input score:\n");
  for(i=0;i<n;i++)                 /*输入学生的成绩*/
    scanf("%d",&score[i]);
  for(i=0;i<n-1;i++)               /*用冒泡法对学生成绩由低到高排序*/
  for(j=0;j<n-1-i;j++)
    if(score[j]>score[j+1])
    {  temp=score[j];              /*交换 score[j]和 score[j+1]*/
       score[j]=score[j+1];
       score[j+1]=temp;
    }
  printf("output score:\n");
  for(i=0;i<n;i++)                 /*输出排序后结果*/
    printf("%d  ",score[i]);
  return 0;
}
```

运行结果：

```
input total numbers:
10
input score:
56 54 77 86 78 90 88 65 32 76
output score:
32  54  56  65  76  77  78  86  88  90
```

思考：若要将学生成绩按由高到低排序，那么程序该如何修改呢？

【例 6-4】 编写程序，已知数组 a 中一共有 10 个已按由小到大排好序的数。现从键盘输入一个数，判断这个数是否是数组 a 中的数，如果是的话，输出此数在数组 a 中的位置，否则输出“找不到”。

编程点拨：在程序设计中经常遇到对一个有序的数列进行查找的问题，这种操作称为检索。检索的算法有很多，本例介绍二分法查找算法。

二分法查找的基本思想为：

第一步，把一个包含 n 个数的有序数列放在数组 a 中，将待查的数放在 x 中。设三个位置变量 d、m、h。其中 d 用来表示查找范围的底部，即 d 的初值为 0。h 用来表示查找范围的顶部，即 h 的初值为 n－1。m 用来表示查找范围的中间位置，即 m＝(d＋h)/2，这样 n 个数可分成以 a[m]为中点的两个区间；

第二步，重复进行以下判断，不断缩小查找范围，直至找到该数(x＝a[m])结束，或找不到该数(d＞h)结束：

① 如果 x 等于 a[m]，则已找到，就此可以结束查找过程。

② 如果 x 大于 a[m]，则 x 必定落在后半段区间，即在 a[m＋1]～a[h]，所以舍弃前半段区间，将后半段作为新的区间。然后令 d＝m＋1，用公式 m＝(d＋h)/2 重新计算 m 的值，把新的区间再分成两段，重新进行判断。

③ 如果 x 小于 a[m]，则 x 必定落在前半段区间，即在 a[d]～a[m－1]，所以可以将前半段作为新的区间。然后令 h＝m－1，m＝(d＋h)/2 重新计算 m 的值，并把新的区间再分成两段，重新进行判断。

本题用二分法查找的具体算法描述如下：

```
Step 1:输入 10 个由小到大排好序的整数保存到数组 a 中,再输入一个数给变量 x;
Step 2:用二分法查找 x;
    d=0; h=9;                     /*给底部变量 d 和顶部变量 h 赋初值*/
    while(d<=h)
    {  m=(d+h)/2;                 /*计算中间位置变量 m*/
       if(x==a[m]) break;         /*x 与 a[m]相等*/
       else if(x>a[m]) d=m+1;     /*x 大于 a[m]时,新的区间取后半段*/
       else  h=m-1;               /*x 小于 a[m]时,新的区间取前半段*/
    }
Step 3:输出查找结果。
    if(d<=h)                      /*已找到情况*/
       printf(" The %d is in the %d place\n",x,m);
```

```
    else                          /* 未找到情况 */
        printf(" Can not find the %d\n",x);
```

相应的程序如下：

```
#include <stdio.h>
int main()
{  int  a[10],d,h,x,i,m;
   printf("Please input 10 numbers: ");
   for(i=0;i<10;i++)              /* 输入已按由小到大排序的 10 个整数到数组 a 中 */
       scanf("%d",&a[i]);
   printf("Please input x: ");
   scanf("%d",&x);                /* 输入要找的数 x */
   d=0; h=9;                      /* 给底部变量 d 和顶部变量 h 赋初值 */
   while(d<=h)                    /* 用二分法查找数 x */
   {  m=(d+h)/2;                  /* 计算中间位置变量 m */
      if(x==a[m]) break;          /* x 与 a[m]相等 */
      else if(x>a[m]) d=m+1;      /* x 大于 a[m]时 */
      else  h=m-1;                /* x 小于 a[m]时 */
   }
   if(d<=h)                       /* 输出查找结果 */
       printf(" The %d is in the %d place\n",x,m);
   else
       printf(" Can not find the %d\n",x);
   return 0;
}
```

运行结果：

(1)找到的情况：

```
Please input 10 numbers: 2  4  6  7  10  12  13  15  21  23
Please input x: 7
The 7 is in the 3 place
```

(2) 找不到的情况：

```
Please input 10 numbers: 2  4  6  7  10  12  13  15  21  23
Please input x: 8
Can not find the 8
```

【举一反三】

(1) 用筛选法找出 1000 以内的所有素数。

筛选法是古希腊著名数学家埃拉托色尼(Eratosthenes)提出的一种找素数的方法。他在一张纸上写下 1～1000 的全部整数，然后按照下面的方法把一些数挖掉：

① 先把 1 挖掉。

② 从 2 开始，先挖去纸上能整除 2 的所有数；然后挖掉纸上能整除 3 的所有数；依此法依次用纸上剩下的数去除它后面的各数，把凡是能被该数整除的数挖掉。

这样,纸就被挖成了一个筛子,而剩下的数就是1000以内的全部素数。

提示:可设置一个一维数组a[1001],将a[0]置为0,a[1]~a[1000]依次存放1~1000。先将a[1]置为0,即表示把1挖掉。然后用以下方法挖掉能被2~999整除的所有数:

```
for(i=2;i<1000;i++)
  if(a[i]!=0)
    for(j=i+1;j<=1000;j++)
      if(a[j]!=0)
        if(a[j]%a[i]==0) a[j]=0;/*置0,表示a[j]被挖掉*/
```

(2) 输入10个互不相等的整数,然后删除最大数。

提示:定义一个一维数组a[10]存放输入的10个互不相等的整数,然后可用例6-2介绍的方法找出这10个数的最大数及其下标k,最后用以下操作删除这个数:

```
for(i=k;i<9;i++)
    a[i]=a[i+1];
```

6.2 二维数组

6.2.1 二维数组的定义与引用

前面介绍的一维数组适合表示一个队列的数据,如果要表示一张二维表格的数据,可定义一个二维数组。除此之外,C语言还允许定义和引用其他多维数组。本节主要介绍二维数组的定义和引用,有了二维数组的基础,再掌握其他多维数组就不困难了。

1. 二维数组的定义

二维数组定义的一般形式为:

类型符 数组名[常量表达式1][常量表达式2]

其中常量表达式1表示第一维元素个数,常量表达式2表示第二维元素个数。

例如:

```
int a[3][4];
```

定义了一个三行四列的二维数组a,该数组共有3×4个元素,即:

```
a[0][0],a[0][1],a[0][2],a[0][3]
a[1][0],a[1][1],a[1][2],a[1][3]
a[2][0],a[2][1],a[2][2],a[2][3]
```

二维数组从逻辑上可以看成是一个二维表,其中第一维看作表的行,第二维看作表的列。由于实际的内存是连续编址的，也就是说内存单元是线性排列的，那么如何在线性排列的内存中存放二维数组呢？一般有两种方式：一种方式是将二维数组按行排列，即放完一行之后顺次放入下一行。另一种方式是按列排列，即放完一列之后再顺次放入下一列。

在 C 语言中，二维数组采用按行排列的方式存储，数组名的值为给其分配的存储空间的首地址。

例如，设："int a[3][4];"，则二维数组 a 在内存中存放时，先顺序存放 a[0]行的所有元素，再存放 a[1]行，最后存放 a[2]行。各元素在内存中的存放情况如图 6-3 所示。

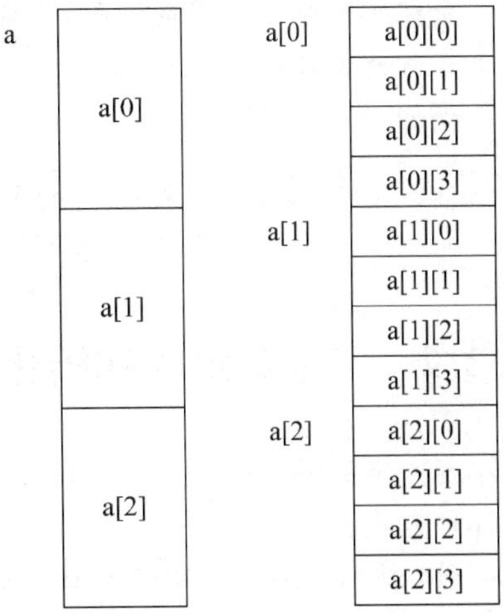

a | a[0] | a[1] | a[2]

a[0]: a[0][0], a[0][1], a[0][2], a[0][3]
a[1]: a[1][0], a[1][1], a[1][2], a[1][3]
a[2]: a[2][0], a[2][1], a[2][2], a[2][3]

图 6-3　二维数组示意图

当定义了一个二维数组后，这个二维数组在内存中所需分配的存储空间大小是多少呢？可用下列公式计算：

行数×列数×一个数组元素所需字节数

例如，设："int a[3][4];"，数组 a 在 VC++ 2010 编译系统中所需分配的存储空间大小为：

$$3\times4\times4=48\ 字节$$

说明：因为在 VC++ 2010 编译系统中，int 型变量需要分配 4 字节内存空间。若在其他编译系统，如 TC 2.0，由于 int 型变量需要分配 2 字节内存空间，则数组 a 所需分配的存储空间大小为：$3\times4\times2=24$ 字节。

从概念上讲，在 C 语言中，一个二维数组可以看成是由若干个一维数组组成。例如，"int a[3][4];"，这个数组 a 可以看作是一个由 3 个元素(a[0]、a[1]、a[2])组成的一维数组；而其中的每个元素又是一个由 4 个元素组成的一维数组，如数组元素 a[0]，它又是由 4 个元素(a[0][0]、a[0][1]、a[0][2]、a[0][3])组成的一维数组。对上述概念的理解可参看图 6-3 所示。

2. 二维数组元素的引用

引用二维数组元素的形式为：

数组名[下标][下标]

其中下标应为整型常量或整型表达式，行下标取值范围为：0 至第一维的长度－1，列下标取值范围为：0 至第二维的长度－1。

例如：

```
a[2][3]    表示引用 a 数组的第 2 行第 3 列的元素
```

注意：

(1) 在使用数组元素时，下标取值应在规定的范围内。如果超出此范围，就会产生下标越界错误。

(2) 尽管数组元素引用和数组定义在形式上有些相似，但这两者具有完全不同的含义。数组定义属于说明类语句，常量表达式的值代表元素的个数；而数组元素引用中的下标表示该元素在数组中的位置。

例如：

```
int  a[3][4];     定义了一个包含 3×4 个元素的二维数组 a
a[2][3]           表示数组 a 中的第 2 行第 3 列元素
```

6.2.2 二维数组的初始化

与一维数组一样，也可以对二维数组元素值进行初始化。对二维数组的初始化有以下几种方式：

(1) 按行的方式给数组所有元素赋初值；

例如：

```
int a[4][3]={{80,75,92},{61,65,71},{59,63,70},{85,87,90}};
```

赋值后各元素的值为：

```
a[0][0]=80      a[0][1]=75      a[0][2]=92
a[1][0]=61      a[1][1]=65      a[1][2]=71
a[2][0]=59      a[2][1]=63      a[2][2]=70
a[3][0]=85      a[3][1]=87      a[3][2]=90
```

在这种初始化方法中，每行的初值分别用{}括起来。

(2) 按数组元素在内存中的存储顺序赋初值；

例如：

```
int a[4][3]={ 80,75,92,61,65,71,59,63,70,85,87,90};
```

赋值后各元素的值同上。

在这种初始化方法中，不需要标出行和列，只需要将全部初始化数据按数组元素的存储顺序(按行存储)写在一个{}内。

(3) 允许只对部分元素赋初值，未赋初值的元素自动取 0 值；

例如：

```
int a[4][3]={{1},{2},{3},{4}};
```

表示对每一行的第一列元素赋值，未赋值的元素取 0 值。赋值后各元素的值为：

```
a[0][0]=1      a[0][1]=0      a[0][2]=0
a[1][0]=2      a[1][1]=0      a[1][2]=0
a[2][0]=3      a[2][1]=0      a[2][2]=0
a[3][0]=4      a[3][1]=0      a[3][2]=0
```

又如：

```
int a [4][3]={{0,1},{0,0,2},{3},{4,1}};
```

赋值后的元素值为：

```
a[0][0]=0        a[0][1]=1        a[0][2]=0
a[1][0]=0        a[1][1]=0        a[1][2]=2
a[2][0]=3        a[2][1]=0        a[2][2]=0
a[3][0]=4        a[3][1]=1        a[3][2]=0
```

(4) 若对全部元素赋初值，则第一维的长度可以省略。

例如：

```
int a[4][3]={ 80,75,92,61,65,71,59,63,70,85,87,90};
```

可以写为：

```
int a[][3]={ 80,75,92,61,65,71,59,63,70,85,87,90};
```

下面结合一个具体例子进一步说明二维数组的定义、引用和初始化方法。

【例 6-5】 一个学习小组有 5 个人，每个人有 3 门课的考试成绩，如表 6-1 所示。求全组各科的平均成绩和所有科目的总平均成绩。

表 6-1　5 个人 3 门课的考试成绩

科目	成　员				
	张	王	李	赵	周
数学	80	61	59	85	76
C 语言	75	65	63	87	77
英语	92	71	70	90	85

编程点拨：对这类求平均值问题，可以先求和，再除以个数即可。定义一个 5 行 3 列的二维数组 a 来存放 5 个人的 3 门课的成绩。再定义一个一维数组 v[3]存放全组各科的平均成绩，定义简单变量 average 存放全组所有科目的总平均成绩。相应的程序如下：

```
#include <stdio.h>
int main()
{
  int i,j,s=0,average,v[3];
  int a[5][3]={{80,75,92},{61,65,71},{59,63,70},
               {85,87,90},{76,77,85}};
  for(i=0;i<3;i++)
  {   for(s=0,j=0;j<5;j++)
        s=s+a[j][i];                /*求各科的总成绩*/
      v[i]=s/5;                     /*求各科的平均成绩*/
  }
  average=(v[0]+v[1]+v[2])/3;   /*求所有科目的总平均成绩*/
  printf("数学:%d\nC语言:%d\n英语:%d\n",v[0],v[1],v[2]);
  printf("总平均分:%d\n", average);
```

```
  return 0;
}
```

运行结果：

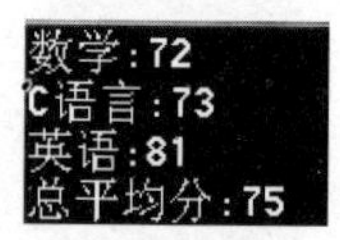

以上程序在定义数组 a 时按行给数组所有元素赋了初值，使用了一个双重循环，在内循环中将 5 个学生的各科成绩累加起来，退出内循环后再把该累加和除以 5 保存在 v[i] 之中。循环结束后，把 v[0]，v[1]，v[2]相加除以 3 即得所有科目的总平均成绩并保存在 average 中，最后输出结果。

6.2.3　二维数组应用举例

【例 6-6】 将一个二维数组行和列互换，存到另一个二维数组中。例如：

$$a=\begin{bmatrix}2 & 4 & 6\\ 8 & 10 & 12\end{bmatrix} \qquad b=\begin{bmatrix}2 & 8\\ 4 & 10\\ 6 & 12\end{bmatrix}$$

编程点拨：先定义一个 m×n 的二维数组 a 用来存放原数组值，再定义一个 n×m 的二维数组 b 用来存放行和列互换后的值。

相应的程序如下：

```
#include <stdio.h>
#define  m  2
#define  n  3
int main()
{  int a[m][n]={2,4,6,8,10,12},b[n][m],i,j;
   printf("array a:\n");
   for(i=0;i<m;i++) {
       for(j=0;j<n;j++) {
           printf("%4d",a[i][j]);    /* 输出 a 数组元素的值 */
           b[j][i]=a[i][j];          /* 将 a[i][j]元素值赋给 b[j][i]元素 */
       }
       printf("\n");                 /* 输出 a 数组一行元素值后换行 */
   }
   printf("array b:\n");
   for( i=0;i<n;i++) {
       for(j=0;j<m;j++)
           printf("%4d", b[i][j]);   /* 输出 b 数组元素的值 */
       printf("\n");                 /* 输出 b 数组一行元素值后换行 */
   }
   return 0;
```

```
}
```

运行结果：

```
array a:
   2   4   6
   8  10  12
array b:
   2   8
   4  10
   6  12
```

【例 6-7】 打印如下所示的杨辉三角形：

```
1
1  1
1  2  1
1  3  3   1
1  4  6   4   1
1  5  10  10  5  1
…
```

编程点拨：杨辉三角形是(a+b)的 n 次幂的展开系数。例如：

$(a+b)^1=a+b$　　　　　　　　系数为 1,1

$(a+b)^4=a^4+4a^3b+6a^2b^2+4ab^3+b^4$　　　　系数为 1,4,6,4,1

显然，杨辉三角形的系数规律是(设幂为 n)：

(1) 共有 n+1 组系数，且第 k(取 0～n)组有 k+1 个数；

(2) 每组最后一位与第一位均为 1；

(3) 若用二维数组存放系数，每行存放一组，则从第 2 行开始除最后一个数与第一个数外，其余每个数都是其所在行的前一行同一列与前一列之和。

故求幂为 n 的杨辉三角形的算法描述如下：

```
Step 1:对每组最后一位与第一位元素赋值 1:
    for(i=0;i<=n;i++)
      a[i][0]=a[i][i]=1;
Step 2:对其他元素赋值:
    for(i=2;i<=n;i++)
      for(j=1;j<i;j++)
          a[i][j]=a[i-1][j-1]+a[i-1][j];
Step 3:按指定格式输出。
```

相应的程序如下：

```
#include <stdio.h>
#define  N  15
int main()
{  int  i,j,n,a[N][N];
```

```
    printf(" Input n(1-15):\n");
    scanf("%d",&n);                      /* 输入幂数 n */
    for(i=0;i<=n;i++)                    /* 对每组最后一位与第一位元素赋值 */
        a[i][0]=a[i][i]=1;
    for(i=2;i<=n;i++)                    /* 对其他元素赋值 */
        for(j=1;j<i;j++)
            a[i][j]=a[i-1][j-1]+a[i-1][j];
    for(i=0;i<=n;i++) {                  /* 按指定格式输出 */
        for(j=0;j<=i;j++)                /* 每组有 i+1 个系数 */
            printf("%5d",a[i][j]);
        printf("\n");                    /* 打印一组系数后换行 */
    }
    return 0;
}
```

运行结果：

```
Input n(1-15):
5
    1
    1    1
    1    2    1
    1    3    3    1
    1    4    6    4    1
    1    5   10   10    5    1
```

【例 6-8】 打印"魔方阵"。所谓的魔方阵是指这样的方阵，它的每一行、每一列和对角线之和均相等。例如，三阶魔方阵为：

8 1 6

3 5 7

4 9 2

要求打印出由 $1\sim n^2$(n 为奇数)的自然数构成的 n 阶魔方阵。

编程点拨：求魔方阵(奇数阶)的一种解法是，用一个 $n\times n$ 的二维数组存放该方阵，由 $1\sim n^2$ 各数构成的魔方阵的排放规律如下：

(1) 将 1 放在第 0 行最中间一列；

(2) 取 $2\sim n^2$ 的各数依次按以下规则存放：

① 每一个数存放的行比前一个数的行数减 1，列数加 1；

② 如果上一数的行数为 0，则下一个数的行数为 n－1(指最后一行)；

③ 如果上一个数的列数为 n－1(指最后一列)时，下一个数的列数应为 0；

④ 如果按上面规则确定的位置上已有数，则把下一个数放在上一个数的下面。

求魔方阵的算法描述如下：

```
Step 1:初始化魔方阵，即将数组中所有元素值赋 0，作为有无数字的判断；
Step 2:存放数字 1:
    j=n/2;i=0;
    a[i][j]=1;
```

Step 3:存放 $2 \sim n^2$ 的各数:

```
    for(k=2;k<=n*n;k++)
    {  i1=i;j1=j;                          /*保留原行数和列数*/
       i--;j++;                            /*行数减1,列数加1*/
       if(i<0) i=n-1;                      /*行数为0情况处理*/
       if(j>n-1) j=0;                      /*列数为n-1情况处理*/
       if(a[i][j]==0)  a[i][j]=k;          /*将k存于第i行,第j列*/
       else {                              /*确定的位置上已有数情况处理*/
         i=i1+1;
         j=j1;
         a[i][j]=k;
       }
    }
```

Step 4:输出魔方阵。

相应的程序如下:

```
#include <stdio.h>
#define N 11
int main()
{   int  i,j,k,i1,j1,n;
    int a[N][N]={0};                       /*初始化魔方阵*/
    scanf("%d",&n);
    j=n/2;
    i=0;
    a[i][j]=1;                             /*存放数字1*/
    for(k=2;k<=n*n;k++)                    /*存放2~n² 数字*/
    {   i1=i;j1=j;                         /*保留原行数和列数*/
        i--; j++;
        if(i<0) i=n-1;
        if(j>n-1) j=0;
        if(a[i][j]==0) a[i][j]=k;
        else {
            i=i1+1;
            j=j1;
            a[i][j]=k;
        }
    }
    for(i=0;i<n;i++)                       /*输出魔方阵*/
    {
        for(j=0;j<n;j++)
            printf("%4d",a[i][j]);
        printf("\n");
    }
    return 0;
```

```
}
```

运行结果：

(1) n=3 时：

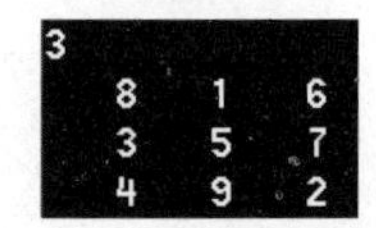

(2) n=5 时：

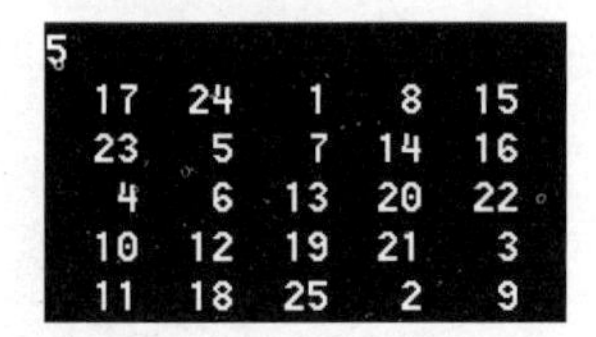

【举一反三】

(1) 将一个 5×5 的矩阵转置。

提示：一个矩阵的转置运算就是将行与列对调。可定义一个 5×5 二维数组 a 存放矩阵的值，然后以主对角线为界，交换上三角和下三角对应元素的值(即使 a[i][j]与 a[j][i]互换，其中 i 取值为 0～4，j 取值为 0～i)。

(2) 编写程序，输入 n 值，输出 n×n(n<10)阶螺旋方阵。例如，5×5 阶螺旋方阵如下：

```
1    2    3    4    5
16   17   18   19   6
15   24   25   20   7
14   23   22   21   8
13   12   11   10   9
```

提示：根据螺旋方阵的规律，定义一个二维数组，然后按顺时针方向从外向内给二维数组设置螺旋方阵的值。可用嵌套循环来实现，其中外循环用来控制螺旋方阵的圈数，若 n 为偶数，则有 n/2 圈，若 n 为奇数，则有 n/2+1 圈。内层用 4 个循环分别给每一圈的上行、右列、下行、左列元素赋值。

6.3 字符数组

用来存放字符型数据的数组称为字符数组。字符数组中的每个元素可存放一个字符数据。

6.3.1 字符数组的定义与初始化

和前面介绍的定义方式一样，字符数组定义的一般形式为：

定义一维字符数组：**char　数组名[常量表达式]**

定义二维字符数组：**char　数组名[常量表达式1][常量表达式2]**

例如：

```
char c[10];        定义了一个包含 10 个元素的一维数组 c
char s[5][5];      定义了一个包含 25 个元素的二维数组 s
```

字符数组也可在定义时初始化。其初始化方法与前两节介绍的数组的初始化方法相同。

例如：

```
char c[9]={'c', ' ', 'p', 'r', 'o', 'g', 'r', 'a','m'};
```

表示把 9 个字符分别赋给 c[0]～c[8]的 9 个元素，c 数组在内存中各元素的存储形式如下：

c[0]	c[1]	c[2]	c[3]	c[4]	c[5]	c[6]	c[7]	c[8]
c		p	r	o	g	r	a	m

说明：

(1) 对字符数组初始化时，如果一对大括号{}中提供的初值个数(即字符的个数)多于数组长度，则会出错；如果初值个数少于数组长度，则只将这些字符赋给数组中前面的那些元素，其余元素自动赋'\0'值；

例如：

```
char c[10]={ 'c', ' ', 'p', 'r', 'o', 'g', 'r', 'a','m'};
```

表示把 9 个字符分别赋给 c[0]～c[8]的 9 个元素，c[9]未赋值，系统自动赋'\0'值，数组中各元素在内存中的存储形式如下：

c[0]	c[1]	c[2]	c[3]	c[4]	c[5]	c[6]	c[7]	c[8]	c[9]
c		p	r	o	g	r	a	m	\0

(2) 对字符数组初始化时，如果提供的初值个数与数组长度相同，可以省去数组长度。

例如：

```
char c[ ]={ 'c', ' ', 'p', 'r', 'o', 'g', 'r', 'a','m'};
```

表示 c 数组的长度为 9，共有 9 个元素。

下面结合一个具体例子进一步说明字符数组的定义、引用和初始化方法。

【例 6-9】 初始化二维数组 a，并输出各元素值。

```
#include <stdio.h>
int main()
{
```

```
    int i,j;
    char a[][5]={{'B','A','S','I','C',},{'d','B','A','S','E'}};
    for(i=0;i<=1;i++)
    {
      for(j=0;j<=4;j++)
          printf("%c",a[i][j]);          /*输出字符数组元素 a[i][j]的值*/
      printf("\n");
    }
    return 0;
}
```

运行结果：

```
BASIC
dBASE
```

在以上程序中，对二维字符数组 a 各元素按行的形式赋了初值，故第一维的数组长度可以省略。

6.3.2 字符串与字符数组

在 C 语言中没有专门的字符串变量，通常是用一个一维字符数组来存放一个字符串。

由于在 C 语言中，字符串总是以'\0'作为它的结束符，因此，当用一个一维数组保存一个字符串时，也要把结束符'\0'存入该数组，并以此作为字符串结束的标志。有了'\0'结束标志后，在程序中就可以很方便地判断字符串的尾。

在 C 语言中，对字符数组初始化除了前面小节介绍的方法外，还可以用字符串的方式对字符数组初始化。

例如，用字符初始化数组：

```
char c[]={'c', ' ','p','r','o','g','r','a','m','\0'};
```

也可用字符串初始化数组：

```
char c[]={"c program"};
```

还可表示为：

```
char c[]="c program";
```

由于"c program"是字符串常量，C 编译系统会自动在尾部加上一个'\0'符，因此，用字符串方式赋初值时，比用字符赋初值要多占 1 字节，用于存放字符串结束标志'\0'。用字符串初始化 c 数组后，数组各元素在内存中的实际存储情况如下：

c[0]	c[1]	c[2]	c[3]	c[4]	c[5]	c[6]	c[7]	c[8]	c[9]
c		p	r	o	g	r	a	m	\0

一维字符数组可存放一个字符串,二维字符数组可以存放多个字符串。对于用二维数组存放多个字符串的情形,第一维的长度代表要存储的字符串的个数,可以省略;第二维的长度代表了字符串的长度,不能省略,且应按最长的字符串长度设置。

例如:

```
char  week[7][10]={ "Sunday", "Monday", "Tuesday", "Wednesday",
          "Thursday", "Friday", "Saturday"};
```

也可表示为:

```
char  week[ ][10]={ "Sunday", "Monday", "Tuesday", "Wednesday",
          "Thursday", "Friday", "Saturday"};
```

week 数组初始化后,各元素在内存中的实际存储情况如下:

S	u	n	d	a	y	\0	\0	\0	\0
M	o	n	d	a	y	\0	\0	\0	\0
T	u	e	s	d	a	y	\0	\0	\0
W	e	d	n	e	s	d	a	y	\0
T	h	u	r	s	d	a	y	\0	\0
F	r	i	d	a	y	\0	\0	\0	\0
S	a	t	u	r	d	a	y	\0	\0

week 数组的每一行都有 10 个元素,当初始化表中实际字符个数少于 10 时,C 编译系统自动地为其剩余的元素赋初值'\0'。

6.3.3 字符数组的输入与输出

字符数组的输入输出有三种方法:可以用格式符%c 逐个字符地输入或输出字符数组的值;也可用格式符%s 输入或输出一个字符串;另外,还可以用 C 语言函数库中的字符串输入输出函数。

1. 用格式符%c

用此方法可以一个字符一个字符地输入或输出字符数组的值。用于输入时,输入项为数组元素地址;用于输出时,输出项为数组元素。

【例 6-10】 输入并输出一个字符串。

```
#include <stdio.h>
int main()
{  char  a[10],i;
   for(i=0;i<10;i++)
```

```
        scanf("%c",&a[i]);              /* 输入 a 数组中各元素的值 */
    for(i=0;i<10;i++)
        printf("%c",a[i]);              /* 输出 a 数组中各元素的值 */
    return 0;
}
```

运行结果：

```
I am a boy
I am a boy
```

2. 用格式符%s

在用格式符%s进行输入或输出时，是将字符串作为一个整体来给数组赋值的。因为C语言中数组名代表数组的首地址，故scanf函数和printf函数中的输入输出项均为数组名。当输入字符串时，可用空格或回车作为字符串输入的结束，然后系统将自动地在字符串后加一个结束符'\0'。当输出字符串时，系统遇结束符'\0'输出结束。

【例6-11】 用格式符%s对数组进行输入输出操作。

```
#include <stdio.h>
int main()
{
  char str1[6],str2[6],str3[6];
  printf("input string:\n");
  scanf("%s%s%s",str1,str2,str3);          /* 数组的输入操作 */
  printf("%s %s %s\n",str1,str2,str3);     /* 数组的输出操作 */
  return 0;
}
```

运行结果：

```
input string:
How are you?
How are you?
```

以上结果中的第二行为输入的字符串，由于输入的每个字符串后都有一个空格，因此，系统将第一个字符串"How"赋给数组str1，并且在字符串后面自动加上字符串结束符'\0'；将第二个字符串"are"赋给数组str2，也在字符串后面自动加上字符串结束符'\0'；将第三个字符串"you?"赋给数组str3，同样在字符串后面自动加上字符串结束符'\0'。执行scanf函数后，三个数组在内存的存储情况如下：

H	o	w	\0		
a	r	e	\0		
y	o	u	?	\0	

第三行字符串为程序输出结果。可以看出，每个数组输出时，是从数组中的第一个字符位置开始(数组首地址)，直到遇到字符串结束符'\0'为止。

用%s格式符输入一个字符串时，要注意以下几点：

(1) 由于输入字符串时，可用空格或回车键作为字符串输入的结束。因此，如果在输入的字符串中包含空格符时，只截取空格前的那部分字符赋给字符数组。

【例 6-12】 观察以下程序运行结果。

```
#include <stdio.h>
int main()
{
    char str[15];
    printf("input string:\n");
    scanf("%s",str);
    printf("%s\n",str);
    return 0;
}
```

运行结果：

```
input string:
this is a book
this
```

以上结果中第二行字符串为输入的字符串，由于各字符串之间有空格，空格是字符串的一个输入结束符，故系统只将第一个空格前的字符串"this"赋值给str数组，在其后自动加'\0'符。str数组在内存中的存储情况如下所示：

t	h	i	s	\0										

(2) 输入时应确保输入的字符串长度不超过字符数组的长度，否则会产生错误。

3. 用 gets 函数和 puts 函数

gets函数和puts函数是C语言提供的库函数，因此，在使用这些函数时，要在程序的开始处加上预处理命令：

```
#include <stdio.h>
```

或

```
#include "stdio.h"
```

(1) 字符串输入函数 gets

调用形式：

```
gets(字符数组名)
```

功能：接收从键盘输入的一个字符串，当按回车时输入结束，然后将字符串赋值给数组。该函数的返回值为字符数组的首地址。

(2) 字符串输出函数 puts

调用形式：

puts(字符数组名)

功能：将一个字符串输出到终端，当遇到第一个'\0'时结束，并自动输出一个换行符。

【例 6-13】 观察以下程序的运行结果。

```
#include <stdio.h>
int main()
{
  char str[15];
  printf("input string:\n");
  gets(str);                                /* 输入字符串 */
  puts(str);                                /* 输出字符串 */
  return 0;
}
```

运行结果：

```
input string:
this is a book
this is a book
```

由于 gets 函数输入字符串时，是从终端读取一行，并遇到第一个换行符'\n'结束。因此系统是把以上第二行显示的整个字符串加上'\0'后赋给 str 数组。数组中各元素在内存中的存储情况如下所示：

t	h	i	s		i	s		a		b	o	o	k	\0

输出时，puts 函数是将数组中的字符串输出到终端，当遇到第一个'\0'时结束，并自动换行。

6.3.4 常用字符串处理函数

在 C 语言的函数库中提供了丰富的字符串处理函数，使用这些函数可大大减轻编程者的负担，使对字符串的操作更加简单方便。

下面介绍几个使用广泛的字符串处理函数。几乎所有版本的 C 编译系统都提供了这些函数。需要指出的是，在使用这些函数时，必须在程序的开始处加上以下预处理命令：

```
#include <string.h>
```

或

```
#include "string.h"
```

1. 字符串连接函数 strcat

调用格式：

strcat(字符数组名 1,字符数组名 2)

功能：把字符数组 2 中的字符串连接到字符数组 1 的后面。函数返回值是字符数组 1 的首地址。

【例 6-14】 观察以下程序运行结果。

```
#include "string.h"
#include "stdio.h"
int main()
{
  char str1[25]="My name is ";
  char str2[10];
  printf("input your name:\n");
  gets(str2);
  strcat(str1,str2);                          /* 字符串的连接操作 */
  puts(str1);
  return 0;
}
```

运行结果：

```
input your name:
Wang Ling
My name is Wang Ling
```

以上程序把 str1 数组与 str2 数组中的字符串首尾连接起来得到一个新的字符串。连接前后数组在内存中的状态如下所示。

连接前：

str1:	M	y		n	a	m	e		i	s		\0													
str2:	W	a	n	g		L	i	n	g	\0															

连接后：

str1:	M	y		n	a	m	e		i	s		W	a	n	g		L	i	n	g	\0				
str2:	W	a	n	g		L	i	n	g	\0															

需要注意的是，字符数组 1 应定义足够的长度能存储连接后的字符串，否则会报错。

2. 字符串复制函数 strcpy

调用形式：

strcpy(字符数组名 1,字符数组名 2)

功能：把字符数组 2 中的字符串复制到字符数组 1 中，字符串结束标志“\0”也一同复制。

【例 6-15】 观察以下程序运行结果。

```
#include "stdio.h"
```

```
#include "string.h"
int main()
{
  char  str1[15],str2[]="C Language";
  strcpy(str1,str2);                            /* 字符串赋值操作 */
  puts(str1);
  return 0;
}
```

运行结果：

```
C Language
```

以上程序中执行 strcpy 函数后，字符数组 str1 在内存中的状态如下所示：

str1:

C		L	a	n	g	u	a	g	e	\0				

注意：

(1) 在使用 strcpy 函数时，要注意字符数组 1 中要有足够的空间能存储复制的字符串，否则会报错；

(2) 若要把字符串赋值给一个字符数组时，不能使用赋值运算符，只能使用 strcpy 函数。

例如：

```
char  str1[15],str2[]="C Language";
str1=str2;
```

系统执行第二条语句时会报错。

3. 字符串比较函数 strcmp

调用形式：

```
strcmp(字符串 1,字符串 2)
```

功能：比较两个字符串的大小，并由函数值返回比较结果。结果为以下三种情况之一：

(1) 如果字符串 1=字符串 2，返回值为 0；

(2) 如果字符串 1>字符串 2，返回值为一个正整数；

(3) 如果字符串 1<字符串 2，返回值为一个负整数。

字符串大小的比较方法为：对两个字符串从左至右按字符的 ASCII 码值大小逐个字符相比较，直到出现不同的字符或遇到'\0'为止。也就是说，当出现第一对不相等的字符时，就由这两个字符的大小决定字符串的大小。

例如，比较两个字符串"computer"和"compare"的大小。

因为两个字符串中第 5 个字符'u'>'a'，所以字符串"computer"大于字符串"compare"，故 strcmp("computer","compare")的函数值为一个正整数。

若一个字符串是另一个字符串的子串，即与另一个字符串中前面的字符都相同，那么这个子串一定小于另一个字符串。

例如，比较两个字符串"Hello"和"Hello World"的大小。

因为"Hello"是"Hello World"的子串，故 strcmp("Hello","Hello World")的函数值为一个负整数。

【例 6-16】 观察以下程序运行结果。

```
#include "stdio.h"
#include "string.h"
int main()
{ int k;
  char str1[15],str2[]="C Language";
  printf("input a string:\n");
  gets(str1);
  k=strcmp(str1,str2);                  /* 比较两个字符串的大小 */
  if(k==0) printf("str1=str2\n");       /* 输出比较结果 */
  else if(k>0)  printf("str1>str2\n");
  else  printf("str1<str2\n");
  return 0;
}
```

运行结果：

```
input a string:
dbase
str1>str2
```

以上程序中把输入 str1 中的字符串和 str2 数组中的字串比较，并根据比较结果输出相应值。由于输入的字符串"dbase"大于"C Language"，故输出结果为：str1>str2。

4. 求字符串长度函数 strlen

调用形式：

strlen(字符串)

功能：求字符串的实际长度，即计算字符串中第一个结束标志'\0'之前的所有字符个数。

【例 6-17】 观察以下程序运行结果。

```
#include "stdio.h"
#include "string.h"
int main()
{ int k;
  char str[]="C Language";
  k=strlen(str);                        /* 求字符串 str 的实际长度 */
  printf("The length of the string is %d\n",k);
```

```
    return 0;
}
```

运行结果：

```
The length of the string is 10
```

6.3.5 字符数组应用举例

【例 6-18】 输入一行字符，统计其中有多少个单词。假设单词之间用空格分开。

编程点拨：对于以上问题，可设变量 num 用来统计单词个数(初值为 0)，变量 flag 作为判别是否出现单词的标志，若 flag＝0 表示未出现单词，若 flag＝1 表示有新的单词出现。

由于单词之间用空格分隔，因此单词的数目可以由空格出现的位置决定(连续的若干个空格视为出现一次空格；一行开头的空格不统计在内)。如果检查到当前字符不是空格，而它前面的字符是空格，表示出现一个新单词，则使 num 值加 1；如果当前字符不是空格，而其前面的字符也不是空格，则意味着仍然是原来那个单词，num 值不变。要表示前面一个字符是否为空格，可以根据 flag 的值判断，若 flag＝0，则表示前一个字符是空格；如果 flag＝1，则意味着前一个字符不是空格。

算法描述如下：

Step 1:输入一行字符并保存到 str 数组中；

Step 2:统计单词个数 num:

依次取出 str 数组中的每一个字符 c(直到结束标记'\0'为止)，并做以下判断：

① 如果 c=空格，则表示未出现新单词，使 flag=0，num 值不变。

② 如果 c≠空格，并判断 c 的前一个字符为空格(flag=0)，则表示新单词出现，使 flag=1，num 值加 1。

③ 如果 c≠空格，并判断 c 的前一个字符不是空格(flag=1)，则表示新单词未出现，num 值不变。

Step 3:输出单词个数 num。

相应的程序如下：

```
#include <stdio.h>
int main()
{   char str[80],c;
    int i,num=0,flag=0;
    printf(" Please input string:\n");
    gets(str);                      /* 输入字符串 */
    for(i=0;(c=str[i])!='\0'; i++)
        if(c==' ')  flag=0;         /* 字符 c 为空格 */
        else if(flag==0)            /* 字符 c 不为空格，且 c 前一个字符为空格 */
        {   flag=1;
            num++;                  /* 单词个数 num 累加 1 */
```

```
    }
  printf(" There are %d words in the string.\n",num);
  return 0;
}
```

运行结果：

```
 Please input string:
You are teachers.
 There are 3 words in the string.
```

【例 6-19】 输入一个无符号整数，将它转换成二进制字符串并输出。

编程点拨：将十进制整数转换成二进制数一般采用“除 2 取余”的方法，即将该十进制数不断除以 2，并保留每次所得的余数，直到商为 0 为止。然后再将所得余数按逆序（即倒排）排列，即为所求的二进制数。

求解本题的具体算法可描述如下：

```
Step 1:输入一个十进制整数 n;
Step 2:将 n 值转换成二进制字符串并保存在 str 数组中:
    for(i=0;n!=0;i++)
    { str[i]=n%2+'0';                    /* 对 n 模 2 运算,再加上'0'转换成字符 */
      n/=2;                              /* 对 n 除 2 取整给出下一个数 */
    }
    str[i]='\0';                         /* 加字符串结束符 */
Step 3:将 str 数组中的字符串逆序排列:
    for(k=0,j=i-1;k<j;k++,j--)           /* i 为字符串的长度 */
    { t=str[k];str[k]=str[j];str[j]=t; }
Step 4:输出 str 数组的值。
```

相应的程序如下：

```
#include <stdio.h>
int main()
{ unsigned n;
  char  str[10],t;
  int  k, i,j;
  printf("Please input: ");
  scanf("%u",&n);                        /* 输入无符号整数 n */
  for(i=0;n!=0;i++)                      /* 按除 2 求余产生字符串 str */
  {  str[i]=n%2+'0';
     n/=2;
  }
  str[i]='\0';                           /* 加字符串结束符 */
  printf("The result is: ");
  for(k=0,j=i-1;k<j;k++,j--)             /* 将字符串 str 逆序排列 */
  { t=str[k]; str[k]=str[j]; str[j]=t; }
  puts(str);                             /* 输出字符串 */
```

```
    return 0;
}
```

运行结果：

```
Please input: 8
The result is: 1000
```

【例 6-20】 输入 5 个国家的名称，按字典顺序排列输出。

编程点拨：可设一个 5×20 的二维数组 name 来存放 5 个国家名。由于 C 语言中是把一个二维数组当成一维数组来理解，因此二维数组 name 可以当成是由 5 个元素构成的一维数组。由此，本题可以用例 6-3 中介绍的冒泡排序算法对数组进行排序。

求解本题的具体算法可描述如下：

```
Step 1:输入 5 个国家名保存到二维数组 name 中；
Step 2:用冒泡法对数组 name 按由小到大顺序排序：
  for(i=0;i<4;i++)
    for(j=0;j<4-i;j++)
      if(strcmp(name[j],name[j+1])>0)
      {  strcpy(str,name[j]);          /* 交换 name[j]与 name[j+1]的值 */
         strcpy(name[j],name[j+1]);
         strcpy(name[j+1],str);
      }
Step 3:输出排序结果。
```

相应的程序如下：

```
#include <stdio.h>
#include <string.h>
int main()
{  char str[20],name[5][20];
   int i,j;
   printf("input country's name:\n");
   for(i=0;i<5;i++)                    /* 输入 5 个国家名 */
       gets(name[i]);
   printf("\n");
   for(i=0;i<4;i++)                    /* 对国家名称按字母顺序排列 */
       for(j=0;j<4-i;j++)
       if(strcmp(name[j],name[j+1])>0)
       {  strcpy(str,name[j]);
          strcpy(name[j],name[j+1]);
          strcpy(name[j+1],str);
       }
   printf("The results is:\n");
   for(i=0;i<5;i++)                    /* 输出排列结果 */
       puts(name[i]);
```

```
    return 0;
}
```

运行结果：

```
input country's name:
China
Japen
England
America
France

The results is:
America
China
England
France
Japen
```

思考：本程序中比较和交换 name[j]字符串与 name[j+1] 字符串，为何要用 strcmp 函数和 strcpy 函数？能否改为其他形式？

【举一反三】

(1) 将一个字符数组 str1 中的前 n 个字符复制到另一个字符数组 str2 中。要求不能使用 C 语言的库函数。

提示：可用一个循环来逐个将 n 个字符复制给 str2。

(2) 一个字符串如果正读和倒读的结果一样，就称为“回文”。试编写一个程序判断任意一个字符串是否为回文。

提示：根据回文的定义，可设两个表示下标的变量 i 和 j，分别代表串首和串尾位置，然后在循环中依次比较 i 和 j 对应的元素值是否相等。若相等，则使 i++ 和 j--，并继续比较直到 i>j 为止。

6.4 数组作为函数参数

在 C 语言中，数组可以作为函数的参数使用。数组作为函数参数有两种形式，一种是把数组元素作为实参使用；另一种是把数组名作为函数的形参和实参使用。

数组元素即下标变量，它与同类型的简单变量的使用没有区别，故它作为函数实参使用与简单变量是相同的，也是一种值传递方式。有关值传递方式的内容已在第 5 章作了详细的介绍。本节主要介绍数组名作为函数参数的情况，这是数组的重要应用之一。

6.4.1 用一维数组名作为函数参数

【例 6-21】 用选择法对 10 个整数由小到大(升序)排序。

编程点拨：可定义一个一维数组 a 存放这 10 个数。

选择法排序的基本思想是：先找出 10 个数中的最小数(降序是找最大数)后，与数组中的第一个数 a[0]交换;再从 a[1]～a[9]中找出最小数,与 a[1]交换;…;每比较一轮,找出一个未经排序的数中的最小数,共比较九轮。

下面以 5 个数为例说明选择法排序的步骤:

```
a[0] a[1] a[2] a[3] a[4]
4    3    8    7    1        未排序时的情况
1    3    8    7    4        将 5 个数中的最小数(a[4])与 a[0]交换
1    3    8    7    4        将余下的 4 个数中的最小数(a[1])与 a[1]交换
1    3    4    7    8        将余下的 3 个数中的最小数(a[4])与 a[2]交换
1    3    4    7    8        将余下的 2 个数中的最小数(a[3])与 a[3]交换
```

因为排序算法在程序设计中使用频率很高,同时,考虑到程序结构的模块化,所以,常常将排序算法单独编写一个函数封装起来,这样,以后再使用时,不必重新书写这段程序代码,只要给定必要的入口参数(例如,待排序的数组名和待排序的数据的个数),就可以得到排序后的结果了。

用 sort 函数实现用选择法对 10 个数排序后的程序如下:

```
#include <stdio.h>
void sort(int a[],int n)                 /* 用选择法对 n 个数进行排序 */
{ int i,j,k,t;
   for(i=0;i<n-1;i++)                    /* 做 n-1 轮比较 */
   { k=i;                                /* k 代表每轮要选择的最小数的下标 */
     for(j=i+1;j<n;j++)                  /* j 代表每轮要和 a[k]比较的数的下标 */
        if(a[j]<a[k]) k=j;
     if(k!=i)
      { t=a[k]; a[k]=a[i]; a[i]=t; }     /* 交换 a[i]与 a[k]的值 */
   }
}
int main()
{ int s[10],i;
  printf("input the array:\n");
  for(i=0;i<10;i++)                      /* 输入 10 个数 */
     scanf("%d",&s[i]);
  sort(s,10);                            /* 调用函数 sort 对数组 s 排序 */
    printf("\noutput the array:\n");
  for(i=0;i<10;i++)                      /* 输出排序结果 */
      printf("%4d",s[i]);
  printf("\n");
  return 0;
}
```

运行结果:

```
input the array:
4 6 8 10 14 12 18 20 16 2

output the array:
   2   4   6   8  10  12  14  16  18  20
```

以上程序包含两个函数，一个是实现选择法排序的 sort 函数，另一个是 main 函数。在 main 函数中，定义了一个一维数组并输入 10 个数，然后调用 sort 函数对这个数组中的数排序。sort 函数的第一个形参是数组名，同样，在 main 函数中调用 sort 函数时，第一个实参也是数组名。

用数组名作为函数参数与用简单变量或数组元素作为函数参数有哪些不同呢？主要有以下几点：

（1）用简单变量或数组元素作为函数参数，采用“值传递”方式，用数组名作为函数参数，采用“地址传递”方式；

当简单变量或数组元素作为函数参数时，C 编译系统给形参变量和实参变量分配不同的存储空间。在函数调用发生时，值传递方式是把实参变量的值传给形参变量。而当数组名作为函数参数时，不是把实参数组的每一个元素的值都传递给形参数组的各个元素，因为实际上形参数组并不存在，C 编译系统不给形参数组分配存储空间。那么，形参和实参之间数据传递是如何实现的呢？由于在 C 语言中数组名代表数组的首地址，因此，当数组名作为函数参数时，所传递的是数组的首地址，也就是说把实参数组的首地址传递给形参数组名，这就是地址传递方式。形参数组名得到该首地址之后，也就等于拥有了实参数组。实际上是形参数组和实参数组为同一数组，共同拥有内存中一段存储空间。

例如在例 6-21 中，s 为实参数组，假设 s 占有以 2000 为首地址的一块内存区。a 为形参数组名。当 sort 函数被调用时，是把实参数组 s 的首地址传送给形参数组 a，于是 a 也取得该地址 2000。这样 s、a 两数组共同占有以 2000 为首地址的一段连续存储空间。s 和 a 数组中下标相同的元素实际上也占相同的存储空间，即 s[0]和 a[0]共同占用相同的存储单元，当然 s[0]等于 a[0]，s[1]等于 a[1]，以此类推，则有 s[i]等于 a[i]。图 6-4 所示说明了这种情形。

	s[0]	s[1]	s[2]	s[3]	s[4]	s[5]	s[6]	s[7]	s[8]	s[9]
起始地址2000	2	4	6	8	10	12	14	16	18	20
	a[0]	a[1]	a[2]	a[3]	a[4]	a[5]	a[6]	a[7]	a[8]	a[9]

图 6-4　实参数组 s 和形参数组 a 的存储情况

（2）用简单变量或数组元素作为函数参数时，实参值不随形参值的改变而改变，用数组名作为函数参数，实参数组的值将由于形参数组值的变化而变化。

前面已经讨论过，当简单变量或数组元素作为函数参数时，所进行的值传递是单向的。即只能从实参传向形参，不能从形参传回实参。而当用数组名作为函数参数时，情况则不同。由于实际上形参和实参为同一数组，因此当形参数组中各元素的值发生变化时，实参数组元素的值也随之变化。当然这种情况不能理解为发生了“双向”的值传递。但从实际情况来看，调用函数之后实参数组的值将由于形参数组值的变化而变化。在程序设计中可以有意识地利用这一特点改变实参数组元素的值。

例如从例 6-21 的执行情况可以看到，在执行函数调用语句“sort(s,10);”之前和之后，s 数组中各元素的值是不同的。原来是无序的，执行“sort(s,10);”后，s 数组已经排好序了，这是由于对形参数组 a 已用选择法进行了排序，形参数组值改变也使实参数组值随之改变。

用数组名作为函数参数时还应注意以下几点：

(1) 形参数组和实参数组的数组名可以不同，但类型必须一致，否则将引起错误。

(2) 形参数组和实参数组的长度可以不相同，因为在调用时，只传送实参数组的首地址而不检查形参数组的长度。

【例 6-22】 观察以下程序运行情况。

```
#include <stdio.h>
void nzp(int a[5])
{
    int i;
    printf("\nvalues of array a are:\n");
    for(i=0;i<5;i++)
    {
      if(a[i]<0) a[i]=0;
      printf("%4d",a[i]);
    }
}
int main()
{
    int b[8],i;
    printf("\ninput 8 numbers:\n");
    for(i=0;i<8;i++)
        scanf("%d",&b[i]);
    printf("initial values of array b are:\n");
    for(i=0;i<8;i++)
        printf("%4d",b[i]);
    nzp(b);
    printf("\nlast values of array b are:\n");
    for(i=0;i<8;i++)
        printf("%4d",b[i]);
    printf("\n");
    return 0;
}
```

运行结果：

```
input 8 numbers:
2 5 6 0 -3 -7 12 9
initial values of array b are:
   2   5   6   0  -3  -7  12   9
values of array a are:
   2   5   6   0   0
last values of array b are:
   2   5   6   0   0  -7  12   9
```

以上程序中形参数组 a 和实参数组 b 的长度不一致。编译能够通过，但从结果看，实参数组 b 的元素 b[5]、b[6]、b[7]在函数 nzp 中并没有被处理。

(3) 在函数形参表中，数组名作为形参时也可不写出形参数组的长度，为了在被调函数中处理数组的需要，可以另设一个参数来传递实参数组元素的个数。

【例 6-23】 将例 6-22 程序改写如下：

```
#include <stdio.h>
void nzp(int a[],int n)
{
    int i;
    printf("\nvalues of array a are:\n");
    for(i=0;i<n;i++)
    {   if(a[i]<0) a[i]=0;
        printf("%4d",a[i]);
    }
}
int main()
{
    int b[8],i;
    printf("\ninput 8 numbers:\n");
    for(i=0;i<8;i++)
        scanf("%d",&b[i]);
    printf("initial values of array b are:\n");
    for(i=0;i<8;i++)
        printf("%4d",b[i]);
    nzp(b,8);
    printf("\nlast values of array b are:\n");
    for(i=0;i<8;i++)
        printf("%4d",b[i]);
    printf("\n");
    return 0;
}
```

运行结果：

```
input 8 numbers:
2 5 6 0 -3 -7 12 9
initial values of array b are:
   2   5   6   0  -3  -7  12   9
values of array a are:
   2   5   6   0   0   0  12   9
last values of array b are:
   2   5   6   0   0   0  12   9
```

以上程序中，nzp 函数的形参数组 a 没有给出长度，而是专门用第二个形参 n 表示数组长度。在 main 函数中，函数调用语句为“nzp(b,8);”，其中实参 8 将赋给形参 n 作为形参数组的长度，故对实参数组 b 中的 8 个元素做了处理。

【例 6-24】 把一个整数插入到一个已按由大到小顺序排好序的数组中。要求插入后数组仍按原来的排序规律排列。

编程点拨：要把一个数插入到已排好序的数组中，可以按以下几步操作：

(1) 先找到插入位置：把欲插入的数与数组中各元素的值逐个比较，当找到第一个比插入数小的元素(例如 a[i])时，该元素的位置即为要插入位置。

(2) 把数组中比该数小的所有数后移一位：把从数组最后一个元素开始到要插入位置的所有元素(例如 a[i])逐个后移。

(3) 把要插入的数插入。

可定义一个函数 insert(int a[ ],int n,int x)实现把数 x 插入到数组 a 中的合适位置。程序如下：

```
#include <stdio.h>
void insert(int a[],int n,int x)
{   int s,i;
    for(i=0;i<n;i++)                   /*对数组元素从前往后逐个与x比较*/
        if(x>a[i])                     /*找到第一个比x小的数a[i]*/
        {   for(s=n-1;s>=i;s--)        /*将a[n-1]~a[i]逐个后移一个单元*/
                a[s+1]=a[s];
            break;
        }
        a[i]=x;                        /*将x插入到a[i]的位置*/
}
int main()
{
    int i,x,a[11]={127,98,87,54,48,44,37,25,20,18};
    printf("\ninput number: ");
    scanf("%d",&x);                    /*输入要插入的数x*/
    insert(a,10,x);                    /*调用函数insert*/
    printf("\n output array: ");
    for(i=0;i<11;i++)                  /*输出插入后的数组*/
        printf("%4d",a[i]);
    printf("\n");
    return 0;
}
```

运行结果：

```
input number: 33

 output array:  127  98  87  54  48  44  37  33  25  20  18
```

思考：若要求把一个数插入到已按由小到大顺序排好序的数组中，程序该如何修改？

【举一反三】

(1) 若将例 6-2 中“求出最高分以及序号”编写成函数，程序如何改写？

提示：可定义一个函数：int find_max(float s[],int n)

其中形参数组 s 表示学生成绩，n 表示学生人数，相应的值在主函数中输入，函数返回值表示要求的最高分的序号(即下标)。

(2) 若将例 6-3 中"对某门课成绩按分数从低到高进行排序"编写成函数，程序如何改写？

提示：可参看例 6-21。

(3) 若将例 6-4 中"判断输入的数是否是数组 a 中的数"编写成函数，程序如何改写？

提示：可定义一个函数：int find(int a[],int x)

其中 a 表示已排好序的数组，x 表示要查找的数，相应的值在主函数中输入，函数返回值表示查找结果(若小于 0，表示"未找到"，否则，表示相应位置)。

(4) 若将例 6-9 中"将一个无符号整数转换成二进制字符串" 编写成函数，程序如何改写？

提示：可定义一个函数：void fun(unsigned n,char str[])

其中 n 表示输入的无符号整数，相应的值在主函数中输入，str 表示要求的二进制字符数组。

6.4.2 用二维数组名作为函数参数

二维数组名作为函数参数时，也是"地址传递"方式，这与一维数组名作为函数参数的传递方式类似。

注意：

(1) 用二维数组名作为函数参数时，在被调函数中定义的形参数组可以指定每一维的长度，也可省去第一维的长度；

例如，以下对于二维数组 a 的写法都是合法的：

```
int fun(int a[3][10])
```

或

```
int fun(int a[][10])
```

(2) 用二维数组名作为函数参数时，在被调函数中定义的形参数组不能省略第二维的大小。

例如，下面的写法是不合法的：

```
int fun(int a[3][ ])
```

【例 6-25】 在 a 矩阵中选出各行最大的元素组成一个一维数组 b。例如：

$$a=\begin{bmatrix} 3 & 16 & 87 & 65 \\ 4 & 32 & 11 & 108 \\ 10 & 25 & 12 & 37 \end{bmatrix} \qquad b=\begin{bmatrix} 87 & 108 & 37 \end{bmatrix}$$

编程点拨：本题的编程思路是先定义一个二维数组 a 存放矩阵值，然后在 a 数组的每一行中寻找值最大的元素,找到之后把该值赋给数组 b 相应的元素即可。如何找最大值呢?可仿照例 6-2 介绍的方法。

程序如下:

```
#include <stdio.h>
void fun(int a[][4],int b[])          /*求矩阵 a 中各行的最大元素并保存到 b 中*/
{  int i,j;
   for(i=0;i<=2;i++)
   {  b[i]=a[i][0];                   /*先取第 i 行的第一个数给 b[i]*/
      for(j=1;j<=3;j++)               /*b[i]依次与第 i 行的其他数比较*/
          if(a[i][j]>b[i]) b[i]=a[i][j];
   }
}
int main()
{  int a[][4]={3,16,87,65,4,32,11,108,10,25,12,37};
   int b[3],i,j;
   fun(a,b);                          /*调用函数求 a 中各行的最大值给 b*/
   printf("\narray a:\n");
   for(i=0;i<=2;i++)                  /*输出 a 数组*/
   {  for(j=0;j<=3;j++)
          printf("%5d",a[i][j]);
      printf("\n");
   }
   printf("array b:\n");
   for(i=0;i<=2;i++)                  /*输出 b 数组*/
       printf("%5d",b[i]);
   printf("\n");
   return 0;
}
```

运行结果:

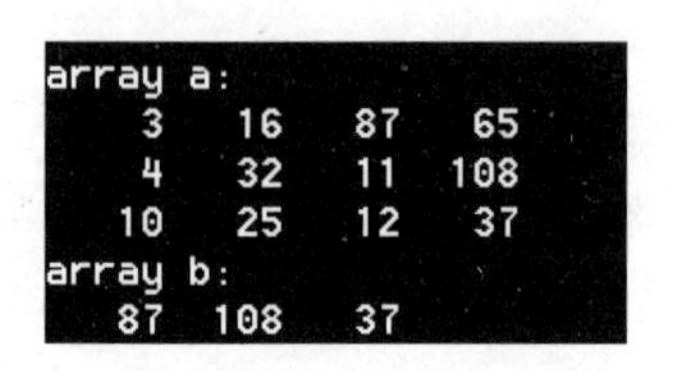
```
array a:
    3   16   87   65
    4   32   11  108
   10   25   12   37
array b:
   87  108   37
```

【举一反三】

(1) 若将例 6-6 中“将一个二维数组行和列互换,存到另一个二维数组中”编写成函数,程序如何改写?

提示:可定义一个函数:void fun1(int a[2][3],int b[3][2])

其中 a 表示已知的二维数组,相应的值在主函数中输入,b 表示将 a 行和列互换后的数组。

(2) 若将例 6-7 中“求杨辉三角形”编写成函数,程序如何改写?

提示：可定义一个函数：void fun2(int a[][N],int n)

其中 a 用来存放所求的 n×n 阶杨辉三角形。

(3) 若将例 6-8 中“求魔方阵”编写成函数，程序如何改写？

提示：可定义一个函数：void fun3(int a[][N],int n)

其中 a 用来存放所求的 n×n 阶魔方阵。

复习与思考

1. 数组如何定义？数组元素如何引用？如何初始化数组？数组在内存中如何存储？
2. 数组的输入与输出可采用哪些方法？
3. 对字符数组的操作有哪些常用函数？各自功能如何？
4. 数组名作为函数参数时如何传递数据？

习　题　6

一、选择题

1. 若有以下数组定义，则数值最小和最大的元素下标分别是________。

```
int a[12]={1,2,3,4,5,6,7,8,9,10,11,12};
```

A. 1,12　　B. 0,11　　C. 1,11　　D. 0,12

2. 以下合法的数组定义是________。

A. int a[3][ ]={0,1,2,3,4,5};　　B. int a[ ][3]={0,1,2,3,4};

C. int a[2][3]={0,1,2,3,4,5,6};　　D. int a[2][3]={0,1,2,3,4,5,};

3. 以下合法的数组定义是________。

A. char a[]= "string";　　B. int a[5]={0,1,2,3,4,5};

C. char a="string" ;　　D. char a[ ]={0,1,2,3,4,5}

4. 以下不合法的数组定义是________。

A. char a[3][10]={ "China","American","Asia"};

B. int x[2][2]={1,2,3,4};

C. float x[2][ ]={1,2,4,6,8,10};

D. int m[][3]={1,2,3,4,5,6};

5. 已知：

```
char a[][20]={"Beijing","shanghai","tianjin","chongqing"};
```

语句“printf("%c",a[3][1]);”的输出结果是________。

A.　　B. n　　C. h　　D. 数组定义有误

6. 以下选项给字符数组 str 赋初值，其中 str 不能作为字符串使用的是________。

A. char str[ ]= "shanghai";

B. char str[ ]={ "shanghai"};

C. char str[9]={'s','h','a','n','g','h','a','i'};

D. char str[8]={ 's','h','a','n','g','h','a','i'};

7. 以下语句的输出结果是________。

```
printf(("%d\n ", strlen("ats\no12\1\\"));
```

A. 11　　B. 10　　C. 9　　D. 8

8. 函数调用语句“strcat(strcpy(str1,str2),str3);”的功能是________。

A. 将字符串 str1 复制到字符串 str2 中后，再连接到字符串 str3 之后

B. 将字符串 str1 连接到字符串 str2 之后，再复制到字符串 str3 中

C. 将字符串 str2 复制到字符串 str1 中后，再将字符串 str3 连接到字符串 str1 之后

D. 将字符串 str2 连接到字符串 str1 之后，再将字符串 str1 复制到字符串 str3 中

9. 设有二维数组定义如下，以下不正确的数组元素引用是________。

```
int a[3][4]={1,2,3,4,5,6,7,8,9,10,11,12};
```

A. a[2][3]　　B. a[a[0][0]][1]　　C. a[7]　　D. a[2]['c'－'a']

10. 以下程序的输出结果是________。

```
#include <stdio.h>
int main()
{  char ch[3][5]={"AAAA","BBB","CC"};
   printf("\"%s\"\n",ch[1]);
   return 0;
}
```

A. "AAAA"　　B. "BBB"　　C. "BBBCC"　　D. "CC"

11. 已知：

```
char c[8]="Tianjin";
int j;
```

则下面选项中有错误的是________。

A. printf("%s",c);

B. for(j=0;j<8;j++) printf("%c",c[j]);

C. puts(c);

D. for(j=0;j<8;j++) puts(c[j]);

12. 已知：

```
char a[10];
int j;
```

则下面选项中有错误的是________。

A. scanf("%s",a);

B. for(j=0;j<9;j++) scanf("%c",a[j]);

C. gets(a);

D. for(j=0;j<9;j++) scanf("%c",&a[j]);

13. 若用数组名作为函数调用的实参,则实际上传递给形参的是________。

A. 数组首地址　　B. 数组的第一个元素值

C. 数组中全部元素的值　　D. 数组元素的个数

二、填空题

1. 以下程序的输出结果是________。

```
#include <stdio.h>
int main()
{  int i,a[10];
   for(i=9;i>=0;i--)
      a[i]=10-i;
   printf("%d%d%d",a[2],a[5],a[8]);
   return 0;
}
```

2. 以下程序的输出结果是________。

```
#include <stdio.h>
int main()
{  int a[4][4]={{1,3,5},{2,4,6},{3,5,7}};
   printf("%d%d%d%d\n",a[0][3],a[1][2],a[2][1],a[3][0]);
   return 0;
}
```

3. 以下程序的输出结果是________。

```
#include <stdio.h>
#include <string.h>
int main()
{  char st[20]="hello\0\t\\";
   printf("%d %d \n",strlen(st),sizeof(st));
   return 0;
}
```

4. 以下程序的输出结果是________。

```
#include <stdio.h>
int main()
{  int a[6]={12,4,17,25,27,16},b[6]={27,13,4,25,23,16},i,j;
```

```
    for(i=0;i<6;i++) {
        for(j=0;j<6;j++)
            if(a[i]==b[j])break;
          if(j<6) printf("%d ",a[i]);
    }
    printf("\n");
    return 0;
}
```

5. 以下程序的输出结果是________。

```
#include <stdio.h>
int main( )
{   int a[ ][3]={9,7,5,3,1,2,4,6,8};
    int i,j,s1=0,s2=0;
    for(i=0;i<3;i++)
      for(j=0;j<3;j++) {
        if(i==j) s1=s1+a[i][j];
        if(i+j==2) s2=s2+a[i][j];
    }
    printf("%d\n%d\n",s1,s2);
    return 0;
}
```

6. 以下程序的输出结果是________。

```
#include <stdio.h>
#include <string.h>
int main()
{   char str1[ ]="*******";
    int i;
    for(i=0;i<4;i++) {
        printf("%s\n",str1);
        str1[i]=' ';
        str1[strlen(str1)-1]='\0';
    }
    return 0;
}
```

7. 以下程序的输出结果是________。

```
#include <stdio.h>
int fun(int a[ ][4],int m)
{   int k,j,s=0;
    for(k=0;k<3;k++)
      for(j=0;j<4;j++)
        if(a[k][j]<m) s+=a[k][j];
```

```
    return s;
}
int main( )
{   int a[3][4]={1,3,2,5,7,12,11,9,8,10,0,4};
    int m=10;
    printf("%d\n",fun(a,m));
    return 0;
}
```

8. 以下程序的输出结果是________。

```
#include <stdio.h>
int f(int a[ ],int n)
{   if(n>1) return a[0]+f(&a[1],n-1);
    else return a[0];
}
int main()
{   int aa[3]={1,2,3},s;
    s=f(&aa[0],3);
    printf("%d\n",s);
    return 0;
}
```

9. 以下程序的功能是________。

```
#include <stdio.h>
#include <string.h>
int main( )
{   char  str[10][80],c[80];
    int  i;
    for(i=0;i<10;i++)
    gets(str[i]);
    strcpy(c,str[0]);
    for(i=1;i<10;i++)
        if(strlen(c)<strlen(str[i]))
            strcpy(c,str[i]);
    printf("%s\n",c);
    printf("%d\n",strlen(c));
    return 0;
}
```

10. 以下程序的功能是________。

```
#include <stdio.h>
int main( )
{   int  i,j;
    float a[3][3],b[3][3],x;
```

```
    for(i=0;i<3;i++)
      for(j=0;j<3;j++)
      {  scanf("%f",&x);
         a[i][j]=x;
    }
    for(i=0;i<3;i++)
      for(j=0;j<3;j++)
        b[j][i]=a[i][j];
    for(i=0;i<3;i++){
        printf("\n");
        for(j=0;j<3;j++)
            printf("%f",b[i][j]);
    }
    return 0;
}
```

11. 下面程序的功能是将字符串 s 中的每个字符按升序的规则插到数组 a 中,数组 a 中的字符串已排好序。请完善程序。

```
#include <stdio.h>
#include <string.h>
int main()
{   char a[20]="cehiknqtw";
    char s[ ]="fbla";
    int i,k,j;
    for(k=0;s[k]!='\0';k++)
    {  j=0;
       while(s[k]>=a[j]&&a[j]!='\0' ) j++;
       for(____(1)____)
           ____(2)____;
       a[j]=s[k];
    }
    puts(a);
    return 0;
}
```

12. 下面程序的功能是将字符串 s 中所有的字符'c'删除。请完善程序。

```
#include<stdio.h>
int main( )
{   char s[80];
    int i,j;
    gets(s);
    for(i=j=0;s[i]!='\0';i++)
        if(s[i]!='c')____(1)____;
    s[j]=____(2)____;
```

```
    puts(s);
    return 0;
}
```

13. 下面程序的功能是显示具有 n 个元素的数组 s 中的最大元素。请完善程序。

```
#define N 20
#include<stdio.h>
int fmax(int s[],int n);
int main()
{   int i,a[N];
    for(i=0;i<N;i++)
        scanf("%d",&a[i]);
    printf("%d\n",____(1)____);
    return 0;
}
int fmax(int s[],int n)
{   int k,p;
    for(p=0,k=p;p<n;p++)
        if(s[p]>s[k])____(2)____;
    return k;
}
```

三、编程题

1. 编写程序,输入 10 个实数存入一个一维数组中,然后计算并输出这 10 个数的平均值。

2. 编写程序,输入 10 个整数存入一个一维数组中,然后将数组值按逆序重新存放后输出。

例如,原数组值: 2 4 3 6 8 21 45 31 22

逆序存放后的数组值:22 31 45 21 8 6 3 4 2

3. 编写程序,输入 n,求一个 n×n(n<10)矩阵对角线元素之和。

4. 编写程序,输入一个字符串,求该字符串的实际长度。要求不能直接使用库函数。

5. 编写程序,输入两个字符串(<40 个字符),将两个字符串连接后输出。要求不能使用库函数。

6. 编写程序,找出一个二维数组中的鞍点,即该位置上的元素在该行上最大,在该列上最小。二维数组也可能没有鞍点。

7. 编写程序,输入一个字符串,将其中所有的大写英文字母+3,小写英文字母-3。然后输出处理后的字符串。

8. 编写程序,输入三行字符串。要求统计其中的英文大写字母、小写字母、数字、空格以及其他字符各有多少个。

9. 编写程序,设有两个按由小到大顺序排列好的一维数组,要求将这两个数组合并到其中一个数组中，并保证合并后的数组也是有序的。

10. 编写程序，输入10个整数，用插入法对输入的数据按照从小到大的顺序进行排序，将排序后的结果输出。

11. 编写程序，以字符串形式输入一个十六进制数，将其变换为一个十进制整数后输出。

12. 对数组A中的N(0<N<100)个整数从小到大进行连续编号，编写程序，输出每个元素的编号。要求不能改变数组A中元素的位置，且相同的整数要具有相同的编号。

例如，数组是：A=(5,3,4,7,3,5,6)

则输出为：(3,1,2,5,1,3,4)

第7章

指　针

冯·诺依曼式计算机的一个重要特征是存储程序的工作方法。也就是说，当需要运行一个程序时，计算机首先将这个程序装入内存。因此一个运行中的程序，其所有的元素都驻留在内存中的某个位置，常称为内存的地址。常见的计算机系统使用连续的地址，从零开始，直到该计算机的内存上限。

考察下面的例7-1程序，fun函数用来求复数的乘积。C语言不直接支持复数，所以根据复数的定义，将复数表达为实部和虚部两个实数，记复数 c=x+yi，需要使用两个实数来分别表达一个复数的实部和虚部。fun函数接受四个实数作为形参，其中x1、y1表示复数1，x2、y2表示复数2。由于函数通过return语句只能带回一个返回值，因此fun函数通过全局变量x、y，分别表示复数的乘积x+yi的实部和虚部。

【例7-1】 求复数的乘积。

```
#include <stdio.h>
float x,y;
void fun(float x1,float y1,float x2,float y2)
{
  x=x1 * x2-y1 * y2;
  y=x1 * y2+x2 * y1;
  printf("%-9s%9s%9s%9s%9s%9s%9s\n","name","x","y","x1","y1","x2","y2");
  printf("%-9s%9.1f%9.1f%9.1f%9.1f%9.1f%9.1f\n","value",x,y,x1,y1,x2,y2);
  printf("%-9s%9p%9p%9p%9p%9p%9p\n","addr",&x,&y,&x1,&y1,&x2,&y2);
}
int main()
{
  float x1,y1,x2,y2;
  scanf("%f%f,%f%f",&x1,&y1,&x2,&y2);
  fun(x1,y1,x2,y2);
  printf("result=%.1f+%.1fi\n",x,y);
  printf("%-9s%9s%9s%9s%9s%9s%9s\n","name","x","y","x1","y1","x2","y2");
  printf("%-9s%9.1f%9.1f%9.1f%9.1f%9.1f%9.1f\n","value",x,y,x1,y1,x2,y2);
  printf("%-9s%9p%9p%9p%9p%9p%9p\n","addr",&x,&y,&x1,&y1,&x2,&y2);
  return 0;
}
```

在 fun 函数和 main 函数中的 printf 函数中，通过格式符输出这些元素的地址和值。其中%p 格式符用来输出地址。在 Release 模式下按 Ctrl＋F5 键运行程序，并输入测试用例：1.0 1.0，2.0 －2.0，输出结果如图 7-1 所示。

```
1.0 1.0,2.0 -2.0
name          x        y       x1       y1       x2       y2
value       4.0      0.0      1.0      1.0      2.0     -2.0
addr   00429974 00429970 0012FF14 0012FF18 0012FF1C 0012FF20
result=4.0+0.0i
name          x        y       x1       y1       x2       y2
value       4.0      0.0      1.0      1.0      2.0     -2.0
addr   00429974 00429970 0012FF7C 0012FF78 0012FF74 0012FF70
```

图 7-1　例 7-1 的运行结果

注意：变量的地址可能与图示不同，变量的地址往往并非固定值。

7.1　指针的概念

变量在内存中会占用一定的连续字节空间，每字节具有的唯一编号称为**地址**。不同类型的变量，其大小不同，占据的字节数也各不相同。例如，在 VC++ 2010 编译环境下，字符类型占据 1 字节，short 类型占据 2 字节，而 int 类型占据 4 字节。从例 7-1 的运行结果可以看出这样一些特点，main 函数内，单精度浮点变量 x1、y1、x2、y2 占用 4 字节内存，并按照变量定义的次序依次分配内存；fun 函数中单精度浮点形参变量的地址也是连续分配的；最后，printf 函数的%p 格式符可以以十六进制的形式输出地址。

变量的地址称为**指针**。可以定义一种特殊的变量保存另一个变量的地址，这种保存指针的变量称为**指针变量**。例如，如果 p 是一个指针变量，保存了变量 v 的地址，则可以称为 p 指针指向 v，或者说 p 间接引用了 v。由于指针变量可以在程序执行过程中先后指向不同的变量，因此可以给程序设计带来极大的灵活性。在不影响理解的前提下，后面把指针变量简称为指针。

VC++ 2010 学习版只能编译 32 位应用程序。在 32 位应用程序环境下，其内存地址使用 32 位表示，即 4 字节，可以表达 $0 \sim 2^{32}-1$，共 2^{32} 个不同的地址，也就是说，在 32 位应用程序环境下，程序所能使用的内存最大为 4GB。一个指针变量占用内存为 4 字节。目前常见的操作系统有 32 位和 64 位两种，32 位操作系统上只能运行 32 位应用程序，而 64 位操作系统上可以运行 32 位应用程序或者 64 位应用程序。VC++ 2010 的专业版和企业版可以编译 64 位应用程序，其寻址范围达到 64 位，因此其在 64 位应用程序环境下，一个指针占用内存的大小为 8 字节。

定义指针变量的一般形式为：

基本类型　* 指针变量名;

例如：

```
int  *pi;
```

指针变量的命名需要满足标识符命名规则，由于指针变量是一种特殊的保存地址的变量，为了和普通类型的变量区分，很多代码中将指针类型的变量名前加上前缀 p，例如上例中的 pi，前缀 p 是 pointer 的缩写。C 语言并不强制指针变量名有前缀 p，在指针变量前加前缀 p 的目的是为了提高代码的可读性。

指针的基本类型表明了指针所指向的变量的类型。若定义指针的类型为整型，这个指针变量可以简称为整型指针，表示该指针保存了一个整型变量的起始地址。C 语言的语法规定，指针只能指向其定义时指定类型的变量，不能够指向其他类型的变量。

指针的基本类型可以有很多类型，但是无论基本类型是什么，指针变量总是保存指向对象所占据内存的起始地址。例如 int 类型变量需要占用 4 字节，而 double 类型变量占用 8 字节内存，无论指向 int 类型的指针还是指向 double 类型的指针，其指针变量仅仅保存指向变量的最低字节的地址。指针的类型意味着该指针所指向内存地址开始持续多少字节。例如在图 7-1 中，全局变量 x 的地址是 0X00429974，即意味着变量 x 占据了从 0X00429974 开始到 0X00429977 这 4 字节内存。

可以在同一行中定义多个指针变量，此时每个指针前面都必须有 *，如下例中的 pj 和 pk 变量：

```
int *pj, *pk;
```

在以下定义中，混合定义了指针和普通变量，其中 pa 变量前有 *，pa 被定义为浮点指针，而 pb 前没有 *，pb 被定义为简单的浮点变量：

```
float *pa,pb;
```

如前所述，指针是一种特殊的变量。当变量定义时，C 编译器将为变量分配内存，但在赋初值前，其变量的值通常是随机数。就指针而言，指针变量在初始化前的值也是一个随机值，意味着这是 4G 内存中的一个随机地址。该地址上的对象有可能并无任何有效值，对该地址的间接引用可能得到错误的数据；也有可能是系统重要数据的地址，对该地址进行任何操作将导致无法预料的后果；在某些特殊情况下，例如 32 位操作系统的寻址能力有 4G，但是系统本身只安装了 2G 内存，则随机指针有可能访问到并不存在的内存，这种情况下会立即引起系统出错。C 语言中，将指向无效地址的指针变量称为**无效指针**。由于软件系统的复杂性，并不是所有的无效指针的引用会立即发生错误，某些无效指针的引用引发的错误非常隐蔽，这种隐蔽的错误会给系统带来很大的危害。

空指针：为避免随机指针可能造成的混乱，C 语言将地址为 0 的单元作为一种特殊的地址单元，记为 **NULL**。当指针所保存的值为 NULL 时，表示不指向任何有效对象。这样当指针未使用时，可以将值设置为 NULL；当指针不再指向有效值时，也应该将之设置为 NULL，以避免指向随机内存位置。一种稳妥的方式是在指针定义时就将之初始化为 NULL。例如：

```
int *p=NULL,i=3,*pi=&i,*pj;
```

在例 7-1 中，int *p＝NULL 表示定义指针 p 并将其初值赋为 NULL。其后定义了整型变量 i 和指针 pi，并将 pi 的初值指向 i 变量。最后指针 pj 没有被初始化，其指向地址是一个随机地址，属于无效指针。以上各指针的指向关系如图 7-2 所示。

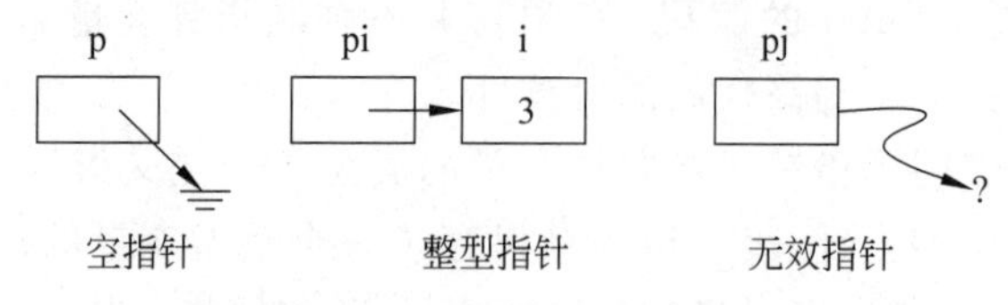

图 7-2 指向不同对象的指针

使用指针初始化需要注意，指针必须指向一个在此之前已经被定义的变量，未经定义的变量无法获得其地址。例如：

```
int *pj=&j,j=5;
```

这条定义将导致语法错误。因为在定义 pj 指针时 j 变量尚未被定义，因而无法给 pj 有效地址。

7.2 指针的操作

7.2.1 取地址运算符 & 与指针运算符 *

1. 取地址运算符 &

可以通过取地址运算符获得程序中各元素的地址。例如，在使用 scanf 函数时，需要使用 & 运算符指明变量的地址，并将该参数传递给 scanf 函数。显而易见，取地址运算符的运算对象必须是保存在内存中，具有内存地址单元的对象，如变量，函数等，表达式不具有内存地址单元，不能对表达式做取地址运算。

例如，在一个简化的系统中，在定义“int i, * pi;”后，若系统给 i 分配的地址是 2000，则执行 pi=&i 后，pi 变量所存储的实际值为 2000。

2. 指针运算符 *

指针运算符是取地址运算符的逆运算。例如，若有定义“int i, * pi;”，代码 p=&i 表示将 i 变量的地址赋值给 p，在此以后，p 指针即指向了 i 变量，* p 表示 p 指针指向的变量 i，* pi=1 表示将 1 赋值给 pi 变量所指向的变量 i，所以 * pi=1 等价于 i=1。这种通过保存在指针变量 pi 中的值间接地指示存取变量 i 的方式，称为**间接引用**，或者**间接寻址**。

观察例 7-2 的运行情况，指针和所指向对象的关系如图 7-3 所示。

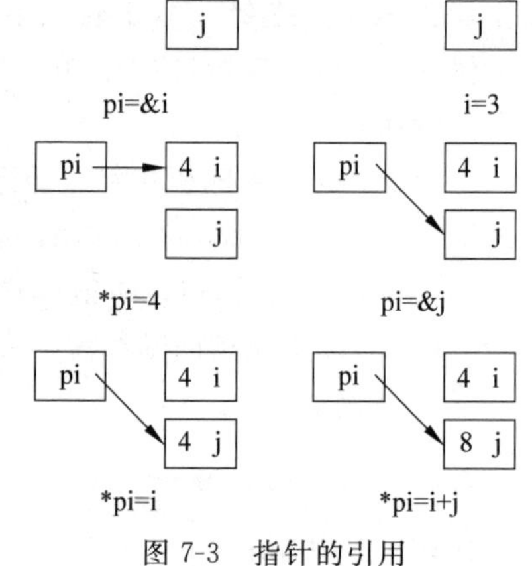

图 7-3 指针的引用

【例 7-2】 观察指针和所指向对象的关系。

```
#include<stdio.h>
int main()
{
  int  i,j,*pi;
  pi=&i;
  i=3;
  *pi=4;
  pi=&j;
  *pi=i;
  *pi=(i+j);
  return 0;
}
```

关于指针运算符 * 的几个注意要点：

(1) 区分指针和乘法。

指针运算符 * 出现在很多地方。在乘法运算 * 和复合赋值运算符 *= 中，* 表示乘法；在指针相关运算中，* 表示指针运算符。一个简易区分的方法是乘法运算符是双目运算符，而指针运算符为单目运算符。

例如，若有下面程序段：

```
int  *pi,*pj,i=2*2,j=4;
pi=&i,pj=&j;
*pi=i*j;
j=*pi*5;
i=*pi**pj;
```

第一行中 pi 和 pj 前面的 * 两边只有一个操作数，因此为单目运算符，即表示指针；而给 i 变量赋初值用的 2*2 中，* 两边有两个操作数，因此作为乘法运算符。

第三行中，第一个 * 为单目运算符，第 2 个 * 为双目运算符。因此分别表示指针和乘法。

在第四行中，同样第一个 * 表示指针，而第二个 * 表示乘法。由于指针运算的优先级高于乘法运算，因此这行可以解释为“j=(*pi)*5;”。

在第五行中有多个 *。第一个 * 显然是指针运算符，而第二个 * 为乘法，第三个 * 为指针。这行可以解释为“i=(*pi)*(*pj);”。

(2) 区分定义中的 * 和运算中的 *。

例如，观察下面两行代码：

```
int  i,*pi=&i;
pi=&i;
```

以上例子中，为什么第一行是“*pi=&i;”，第二行是“pi=&i;”，两者形式为何不一致？初学者容易在这里被迷惑。这要从定义的具体内容来理解。第一行是定义同时赋初值的语句，其定义的对象是 pi 而不是 * pi，因此可以理解为等价于下面的程序段：

```
int  i, * pi;   pi=&i;
```

既然定义的变量(或者说对象)是 pi，那么赋初值的对象当然也是 pi。

(3) 通常当指针变量指向某确切变量的时候，可以将变量和指针从形式上进行替换。

例如在上例中，pi=&i 以后，凡是出现 i 的地方通常可以用 * pi 来替换，而出现 pi 的地方也可以使用 &i 来替换。

7.2.2 使用指针实现地址传递

C 语言中函数的参数传递采用了值传递的方式。在函数调用过程中，将主调函数中实参的值复制到被调用函数的形参中。这种传递是单向传递，函数若修改形参变量，不会影响到主调函数中实参的值。

被调用函数向主调函数传递值可以通过 return 语句。但是 return 语句受到限制，只能传递回最多一个返回值，在某些场合，需要函数传递回两个或者更多的值，除了使用类似例 7-1 的全局变量外，还可以采用类似地址传递的方式，将主调函数的变量地址传递给被调函数，被调函数通过这些地址间接地修改变量的值，从而影响到主调函数中对应变量的值。

以下设计函数 swap 来交换两个变量的值。例 7-3 和例 7-4 比较了值传递和地址传递的区别。

【例 7-3】 fail_swap 函数。

```
#include<stdio.h>
void fail_swap(int a,int b)
{
    int c;
    c=a;a=b;b=c;
}
int main()
{
    int x=4,y=3;
    fail_swap(x,y);
    printf("%d\t%d\n",x,y);
    return 0;
}
```

运行结果：

```
4       3
```

在例 7-3 中，主调函数 main 向被调用函数 fail_swap 传递参数 x，y。在被调用函数 fail_swap 中通过形参 a，b 接收 main 传入的参数，相当于存在赋值语句 a=x，b=y。当 fail_swap 函数完成交换时，因为形参的改变不影响实参，所以尽管 a，b 是交换了，但是 x， y 的值却没有变化。程序的输出值仍然是 4,3。参数传递如图 7-4 所示。

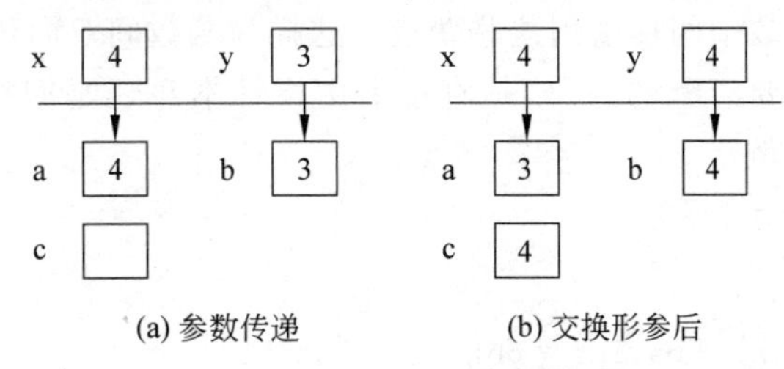

(a) 参数传递　　　(b) 交换形参后

图 7-4　修改形参不能影响实参

【例 7-4】　well_swap 函数。

```
#include<stdio.h>
void well_swap(int *pa,int *pb)
{
    int c;
    c= *pa; *pa= *pb; *pb=c;
}
int main( )
{
    int x=4,y=3;
    well_swap(&x,&y);
    printf("%d\t%d\n",x,y);
    return 0;
}
```

运行结果：

```
3       4
```

例 7-4 中，well_swap 函数参数是两个整型指针，在主调函数 main 调用 well_swap 函数时，传递的实参是 x,y 的地址 &x,&y；因此传递完成后，pa 和 pb 分别指向主调函数中的 x,y；在发生交换时，采用了间接引用的方式，c= *pa 是将 pa 所指向的变量(x)的值赋值给 c，*pa= *pb 是将 pb 所指向的变量(y)赋值给 pa 所指向的变量(x)，最后 *pb=c 完成交换。参数传递如图 7-5 所示。

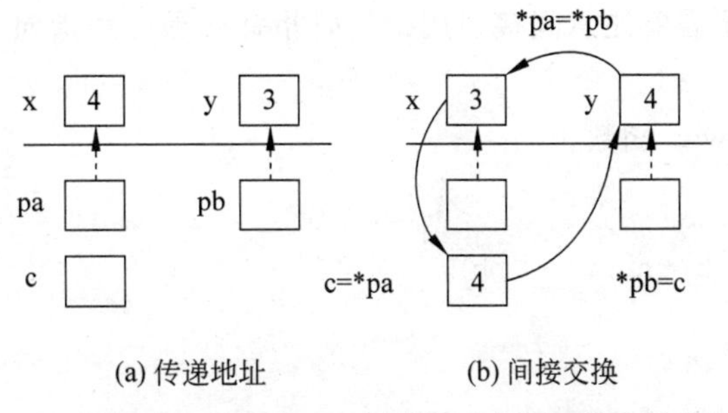

(a) 传递地址　　　(b) 间接交换

图 7-5　通过地址传递可以间接修改主调函数中的变量

以上例子可以看出，C 语言的函数参数传递都是值传递，但是可以以指针形式传递变量的地址，在被调用函数中间接引用这些变量。这样为函数间双向传递数据增加了途径。

使用指针编程，需要清醒的区分，是直接引用指针本身还是间接引用指向对象。例 7-5 是一个错误引用的例子。

【例 7-5】 fail_swap2 函数。

```
#include<stdio.h>
void fail_swap2(int *pa,int *pb)
{
    int *pc;
    pc=pa;pa=pb;pb=pc;
}
int main( )
{
    int x=4,y=3;
    fail_swap2(&x,&y);
    printf("%d\t%d\n",x,y);
    return 0;
}
```

运行结果：

```
4       3
```

以上程序在 fail_swap2 函数内仅仅交换了 pa 和 pb 指针，使之指向不同的变量，并未交换原始变量的值，因此输出结果仍然是 4，3。参数传递如图 7-6 所示。

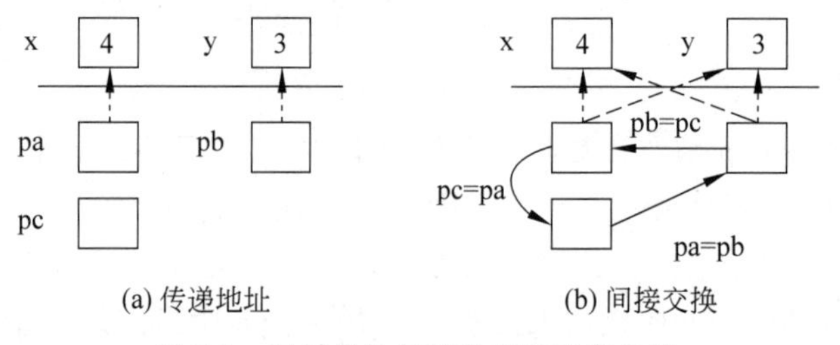

图 7-6　混淆指针与对象导致程序出错

使用指针编程，还需要注意间接引用指针时指针必须已经指向有效的变量，否则将可能导致系统出错。

【例 7-6】 bad_swap 函数。

```
#include<stdio.h>
void bad_swap(int *pa,int *pb)
{
    int *pc;
    *pc=*pa;*pa=*pb;*pb=*pc;
}
```

```
int main( )
{
    int x=4,y=3;
    bad_swap(&x,&y);
    printf("%d\t%d\n",x,y);
    return 0;
}
```

当运行程序时,系统可能会提示以下错误:

```
Run-Time Check Failure #3 -The variable 'pc' is being used
without being initialized.
```

原因是此例在执行 * pc= * pa 时,pc 尚未指向有效变量,因此 pc 指针可能指向重要的内存变量,向该内存变量保存值可能会导致系统产生严重错误。

7.2.3 使用简单指针的例子

【例 7-7】 在小学曾经学习过带分数的化简。例如 $2\frac{19}{8}$可以化简为 $4\frac{3}{8}$。现在要求设计一个函数来完成这个任务。

编程点拨:分数的原型是 $a\frac{b}{c}$,化简以后得到新的 a,b,c。假定 a,b 均为大于 0 的正整数,c 为大于 1 的正整数。显然函数将修改 a,b,c 三个变量的值,所以需要通过指针来向函数传递 a,b,c 的地址。程序如下:

```
#include<stdio.h>
void  fun(int *pa,int *pb,int *pc);
int main()
{
    int a,b,c;
    printf("input a,b,c>");
    scanf("%d,%d,%d",&a,&b,&c);
    fun(&a,&b,&c);
    printf("The result : %d,%d,%d\n",a,b,c);
    return 0;
}
void fun( int *pa,int *pb,int *pc)
{
    int i=2;
    *pa+= *pb/(*pc);
    *pb= *pb% *pc;
    while(i<= *pb)
    {
        if(*pb%i==0&& *pc%i==0)
```

```
        {
            * pb/=i;
            * pc/=i;
        }
        else
            i++;
    }
}
```

运行结果：

```
input a,b,c>2,19,8
The result : 4,3,8
```

在例 7-7 中，主调函数 main 调用了被调函数 fun，传递给 fun 函数的是主调函数中某个变量的地址。在 fun 函数中通过修改形参所指向的地址来修改主调函数中变量的值。

作为形参传递到 fun 函数的变量 pa，pb，pc 保存了主调函数 main 函数的变量的地址，因此可以通过修改这三个指针变量所指向的变量来间接修改主调函数中变量的值。

这个示例中，为了简单起见，没有考虑到带分数退化为整数的形式，例如，若是求 $3\frac{12}{4}$ 化简，显然不应该得到 $6\frac{a}{a}$，而是应该直接得到 6。将例 7-7 扩展，可设计从函数的返回值获得这个带分数是否退化的信息。若是函数退化，则返回 0，否则返回 1。这样在函数中也需要加上类似的判断。可在 while 前加入判断 pb 化简后是否为 0 来判断是否退化。

```
if(* pb==0) return 0;
```

在函数最后返回位置添加：

```
return 1;
```

7.3 数组和指针

7.3.1 指向数组元素的指针

数组由多个同名同类型元素按序排列，可以使用指针指向其数组元素。在下面例 7-8 的程序中，通过指针 pi 按顺序间接引用 a 数组中的每个元素，并给这些数组元素赋值。引用关系如图 7-7 所示。

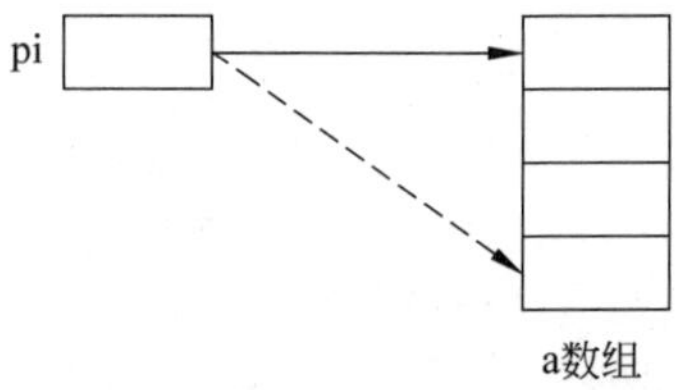

pi
a数组

图 7-7 使用指针遍历数组元素

【例 7-8】 使用指针引用数组元素。

```
#include<stdio.h>
int main()
{
```

```
    int a[4],i,*pi;
    pi=&a[0];
    for(i=0;i<4;i++)
    {
        pi=&a[i];
        *pi=i+1;
    }
    for(i=0;i<4;i++)
        printf("%3d",a[i]);
    return 0;
}
```

运行结果：

```
  1  2  3  4
```

在C语言中，数组名表示数组第一个元素的地址，也就是说，在例7-8中，数组名a表示&a[0]，则pi=&a[0]可以写成pi=a。

例7-8中，指针pi在循环中依次指向数组的每个元素，并且通过该指针对数组元素赋值。

7.3.2 指针与整数的加减法

C语言指针和整数的加减法，可以用算术运算符+、-、自增运算符(++)、自减运算符(--)，或者复合赋值运算符+=和-=来实现，其含义是表示指针向后或者向前移动整数个元素。

若定义数组“int a[4];”，并有“int *p=&a[0];”让指针p指向a数组的第一个元素，则p+1指向a[1]，p+n指向a[n]，p++表示p向后指一个元素。因此例7-8又可以改写为例7-9的指针形式。

【例7-9】 使用指针自增引用数组元素。

```
#include<stdio.h>
int main()
{
    int a[4],i,*pi=&a[0];
    for(i=0;i<4;i++)
    {
        *pi=i+1;
        pi++;
    }
    for(i=0;i<4;i++)
        printf("%3d",a[i]);
    return 0;
}
```

在例 7-9 中执行 for 循环前后，指针位置的改变情况如图 7-8 所示。

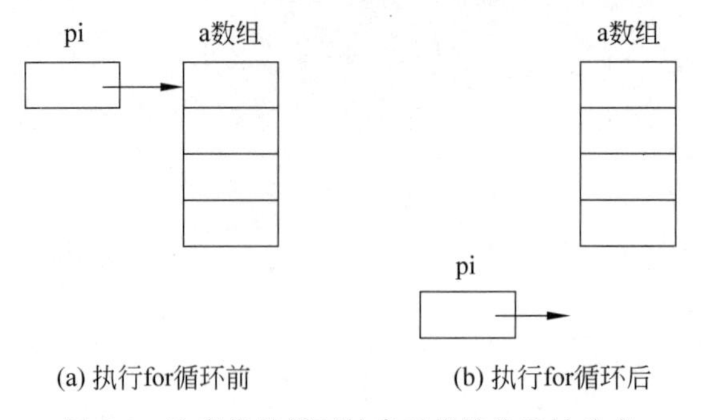

图 7-8　注意指针循环结束时指针位置被改变

由于后缀＋＋运算符是表达式结束时再进行加 1 运算，例 7-9 中，第一个 for 循环的循环体“＊pi＝i＋1；pi＋＋；”可以简写为“＊(pi＋＋)＝i＋1；”，由于＋＋运算符的运算次序是从右向左，因此还可以进一步简化为“＊pi＋＋＝i＋1；”。

注意到，在这个循环中，pi 自增了四次，最后一次执行 pi＋＋的时候，pi 指针越过了数组的边界。因为有可能在数组 a 后面的内存是其他变量的内存空间，所以此处对 pi 的引用操作将变得非常危险，有可能导致其他变量的值未经任何操作而改变，使程序产生奇怪的结果。这种因为非法指针导致的错误非常难以查找，在书写程序时应该随时保持警惕，使用指针前一定要确信其指向有效内存。

类似指针的加法，指针减整数 n 表示指针前的第 n 个元素。例如，若有以下定义：

```
int a[4], * pi, * pj, * pk;
pi=&a[0];
pj=pi+3;
pk=pj-1;
```

将使 pj 指向 a[3]，而 pk 指向 a[2]，如图 7-9 所示。

由于数组名表示数组首元素地址，因此 pi＝&a[0] 又可以写成 pi＝a，而 pj＝pi＋3 也可以直接写成 pj＝a＋3。

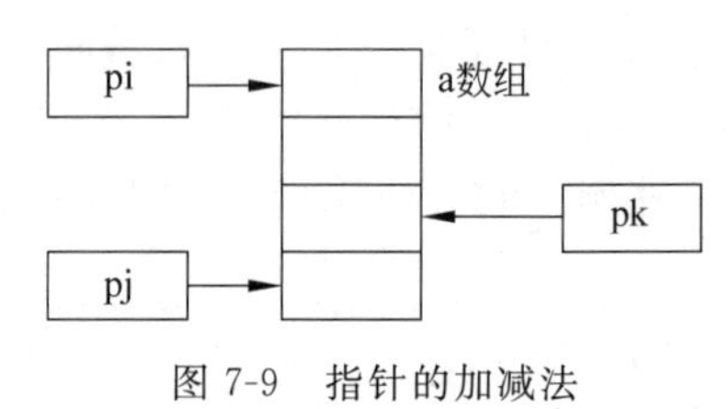

图 7-9　指针的加减法

7.3.3　指针的类型与指针间的减法

现代 C 语言规定，定义指针时需要声明指针所指向对象的类型，指针只能指向与其基本类型一致的变量。例如，定义为指向 int 变量的指针不可以保存 float 类型的地址，即使 int 和 float 变量的占用内存的大小都是 4 字节。同样，若存在定义“int i；float ＊p；”，则 p＝&i 将导致编译时语法错误。

某些场合下，可以通过强制类型转换将一种类型的地址转换为另外一种类型的地址。例如，上述“int i；float ＊p；”，语句 p＝(float ＊)&i 在语法上成立，表示将整型变量的地址强制转换为浮点类型,赋值给 p 指针。

void 作为函数的返回值类型,表示函数不返回任何元素;void 通常不作为变量的类型而定义,但是可以定义指向 void 的指针。C 语言允许使用这种指针保存任何类型的地址,表示这种指针所保存的是纯粹的地址。当将其他类型的指针赋值给 void 指针时,表示仅仅保留原先指针中的地址信息,而忽略其类型信息,因此不需要进行强制类型转换。但是反之,将 void 指针赋给其他类型的指针时,需要额外提供新指针的指向类型信息,因此需要进行强制类型转换。例如,若有定义:

```
int i, * pi;
float f, * pf;
char ch, * pch;
void * pv;
```

则表达式"pv=&i; pv=&f; pch=&ch;"在语法上都是正确的。反之,"pi=pv; pf=pv; pch=pv;"都将产生语法错误,必须经由强制类型转换:"pi=(int *)pv; pf=(float *)pv; pch=(char *)pv;"。

相同类型的指针可以做减法运算,表示两个指针间相差的元素个数。举例而言,在同一个数组中,允许有多个不同的指针指向数组中不同的元素,则可以使用指针间的减法来判断这些指针的指向元素的先后关系。在图 7-9 中 pk－pi 得到整型值 2,而 pk－pj 得到－1,表示 pk 指向 pi 后两个元素,且 pk 指向 pj 前一个元素。

通常,指针的加减法运算被限制在同一个数组内。由于 C 编译程序不保证不同数组之间内存分配是连续的,因此指向不同数组元素的指针之间的减法不能代表两者之间的元素个数,是没有意义的。

不同类型的指针不允许做减法运算。void 指针也不允许进行指针减法,因为并不存在 void 类型的变量,编译器无法确定指针实际应该变化的数值。

7.3.4 指向字符串的指针

前面已经学习过使用数组表示字符串,利用字符数组的存储空间来保存字符串。对于字符串的操作,可以通过数组和指针两种形式来进行。相比较数组,使用指针进行操作往往具有效率上的优势,在算法上也比较直观,但是在程序设计上要注意指针的特色。

下面例 7-10 是求字符串的长度。在第 6 章"数组"中学习过求串长可以使用系统提供的 strlen 函数,这里通过字符指针来设计自定义的 my_strlen 函数。

【例 7-10】 求字符串的串长。

```
#include<stdio.h>
int my_strlen(char* pstr)
{
    int l=0;
    char * p;
    for(p=pstr; * p!='\0';p++)
```

```
        l++;
    return l;
}
int main()
{
    char s[256],*ps=s;
    gets(ps);
    printf("%d\n",my_strlen(ps));
    return 0;
}
```

运行结果：

```
Hello
5
```

在这个例子中，在 my_strlen 函数中定义了局部变量 p，用于遍历整个字符串，直到检索到字符串结束标识'\0'为止。p 指针作为形参 pstr 的一个临时拷贝，在循环执行完毕后，已经指向了字符串结束的位置。程序中使用临时变量 p 的用意是为了保护传入的 pstr 的初值不被修改，以便于在之后可以再次访问字符串。由于 pstr 指针本身作为形参是通过值传递传入的，在 my_strlen 函数中修改 pstr 指针的值不会影响主调函数中 ps 的值，因此在 my_strlen 函数中也可以直接使用 pstr 作为遍历变量，这样可以节省临时指针 p 的开销。以下为修改后的部分程序段：

```
int my_strlen(char *pstr)
{
    int l=0;
    while(*pstr!='\0')
        pstr++,l++;
    return l;
}
```

C 语言规定，字符指针不仅可以指向字符数组中的字符串，还可以指向字符串常量。例如，有如下定义：

```
char s[10]="Hello";
char *p1,*p2;
p1=s,p2="Hello";
puts(p1);
puts(p2);
```

第一行以数组形式保存了字符串，而第三行以指针形式保存了字符串。

与使用数组处理字符串相比，使用指针处理字符串需要注意指针所指向内存是否可读写。使用数组保存字符串和使用指针指向常量字符串有重要的区别：两种字符串的实际存储的位置有所不同，数组保存的字符串处于变量区域，其内存是可读写的，而常量字符串处于常量区域，其内存是只读的；使用字符数组保存字符串可以对数组范围内所有的元素进行读写操作，而使用字符指针指向常量字符串时，仅能读取数据而不能写入。

如图 7-10 所示，以上程序段执行时，系统为 s 数组在变量区分配了 10 字节的内存单元，在变量区域保存了全部字符串；然后让 p1 指向数组 s，p2 指向常量字符串。这里 p1 所指向的内存单元是可修改的，p2 所指向的内存单元是不能修改的；若执行代码 *(p1+4)='\0'将截断 s 数组中原有的串，之后使用 puts(s)将得到'Hell'；而若执行代码 *(p2+4)='\0'时将导致一个系统保护错误，提示程序企图对被保护的内存区域进行写操作。

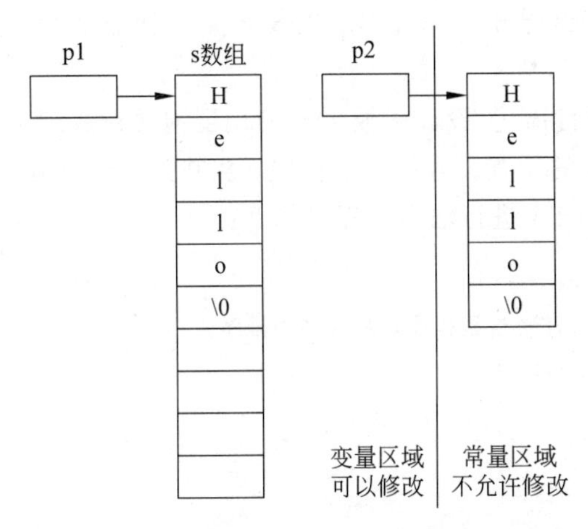

图 7-10　使用数组存储串与使用指针指向串

使用指针处理字符串的另一个需要注意的地方是：辨析给字符指针赋值和给数组赋值的区别。在第 6 章"数组"中已经学习过，使用字符数组表达字符串时，若想要修改数组保存的串，不能使用 s="12345"这样的语句，必须使用 strcpy 函数处理，如"strcpy(s, "12345");"。使用字符指针表达字符串时，给字符指针赋值却是可行的，这意味着指针指向新的字符串。例如，"P2="12345";"。如图 7-11 所示，该语句并未修改 p2 指针原先所指向的串，而是使 p2 指向新的常量字符串。当指针指向一个可以写入数据的数组时，也

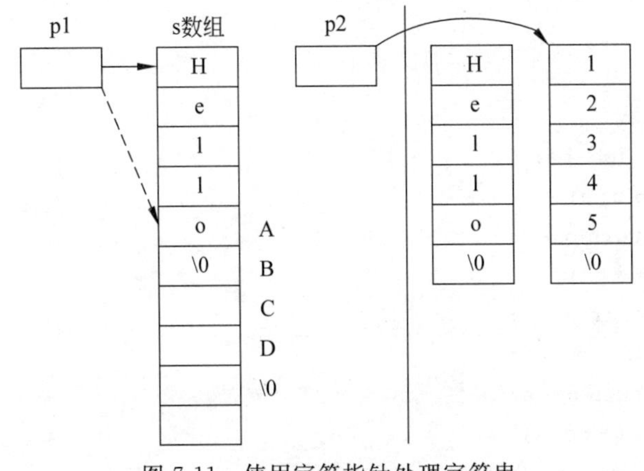

图 7-11　使用字符指针处理字符串

可以使用 strcpy 函数，这样将覆盖原有所指向的串的内容。例如代码："p1=s+4;strcpy(p1,"ABCD");"将原有 s 数组中的串修改为新的串值"HellABCD"，如图 7-11 所示。这里 p1=s+4 这行代码保证了 p1 指针指向有效存储空间。若 p1 未经初始化或者未指向有效的空间，则执行 strcpy 函数将导致严重的系统错误。

7.3.5 使用指针处理一维数组的应用举例

【例 7-11】 输入某班级的总人数 n(n<30)以及这 n 位同学的成绩，再输入一个成绩 x，使用二分法查找该成绩是班上第几名。若 x 不是已知成绩，则输出"no found"。要求使用指针进行查找。

编程点拨：按照题目描述，设计函数 sort 使用冒泡法对成绩进行排序，再设计 search 函数使用二分法查找 x 的位置。查找到的位置 r 从 0 到 n−1，由于习惯上没有第 0 名的说法，因此在输出时将 r+1 进行输出。程序如下：

```
#include <stdio.h>
/* sort:冒泡法排序,注意这里排序是从大到小排序 */
void sort(int *a,int n)
{
    int *p,i,j,t;
    for(i=0;i<n-1;i++)
        for(p=a,j=0;j<n-i-1;j++,p++)
            if(*p<*(p+1))
                t=*p,*p=*(p+1),*(p+1)=t;
}
/* search:二分法查找,返回 0~n-1 的值,若找不到,则返回-1 */
int search(int *a,int n,int x)
{
    int *pa,*pb,*pc;
    pa=a,pb=a+n-1;
    if(x>*pa||x<*pb)
        return -1;
    while(pa<pb)
    {
        pc=pa+(pb-pa)/2;
        if(x==*pa)
            return pa-a;
        if(x==*pb)
            return pb-a;
        if(*pc==x)
            return pc-a;
        else if(*pc<x)
            pb=pc-1;
```

```
        else
            pa=pc+1;
    }
    return -1;
}
int main()
{
    int a[30],n,i,x,r;
    printf("Input total students:");
    scanf("%d",&n);
    printf("Input each score:");
    for(i=0;i<n;i++)
        scanf("%d",&a[i]);
    sort(a,n);
    printf("sorted:\n");
    for(i=0;i<n;i++)
        printf("%4d",a[i]);
    printf("\nInput the score:\n");
    scanf("%d",&x);
    r=search(a,n,x);
    if(r<0)
        printf("no found\n");
    else
        printf("result=%d\n",r+1);
    return 0;
}
```

运行结果：

```
Input total students:10
Input each score:54 78 89 90 99 65 43 32 77 98
sorted:
  99  98  90  89  78  77  65  54  43  32
Input the score:
90
result=3
```

【例 7-12】 编写函数 rtrim，使之删除字符串最右边的星号（ * ）。

编程点拨：rtrim 作为一个自定义的字符串处理函数，将接收一个字符串作为输入。通常这个字符串以指针形式传入函数。在处理过程中，将有可能截短这个字符串，因此一个最直观的算法是首先寻找到字符串的结束位置，然后从后向前倒退删除星号。题目并未要求设计 main 函数，本例为调用和调试 rtrim 函数而补充了 main 函数的代码。程序如下：

```
#include<stdio.h>
void rtrim(char *ps)
{
    char *pe;
```

```
    for(pe=ps; * pe!='\0';pe++);
    pe--;
    while(pe>=ps)
        if(* pe=='*')
            pe--;
        else
            break;
    * (pe+1)='\0';
}
int main()
{   char s[256];
    printf("Input a string:");
    gets(s);
    rtrim(s);
    printf("result is:%s.\n",s);
    return 0;
}
```

运行结果：

```
Input a string:asdfd123*****
result is:asdfd123.
```

【例 7-13】 设 n=4,生成以下 Fibonacci 数列并依次填充二维数组：

```
1     1     2     3
5     8     13    21
34    55    89    144
233   377   610   987
```

编程点拨：Fibonacci 数列本身是一维的，在二维数组里填入一维的数列，最直观的方法是使用二重循环，在数组每一行开头处使用上一行行末的数。但是这样逻辑较为复杂。由于二维数组在内存中是按行顺序存储的，从内存地址上看，存放数 3 和存放数 5 的数组单元其实是靠在一起的，因此可以借助指针，以线性模式填充二维数组的每个元素，然后再用二维数组形式输出。程序如下：

```
#include <stdio.h>
#define n   4
int main()
{
    int  i,j,a[n][n]={1,1}, * pi;
    for(pi=&a[0][2],i=2;i<n * n;i++,pi++)
        * pi= * (pi-1)+ * (pi-2);
    for(i=0;i<n;i++)
    {
        for(j=0;j<n;j++)
            printf("%d\t",a[i][j]);
```

```
        printf("\n");
    }
    return 0;
}
```

运行结果：

```
1       1       2       3
5       8       13      21
34      55      89      144
233     377     610     987
```

7.4 指针数组与多级指针

7.4.1 指针数组

因为指针型变量也是一种变量，可以把多个指针变量组织起来构成指针数组。指针数组的定义形式为：

类型标识符 * 数组名[数组长度]；

例如，如图 7-12(a)所示，int *p[3];定义了一个指针数组，其每一个元素(p[0]～p[2])均为一个指向整型值的指针。注意到指针数组未经初始化，其每个元素均为无效指针。

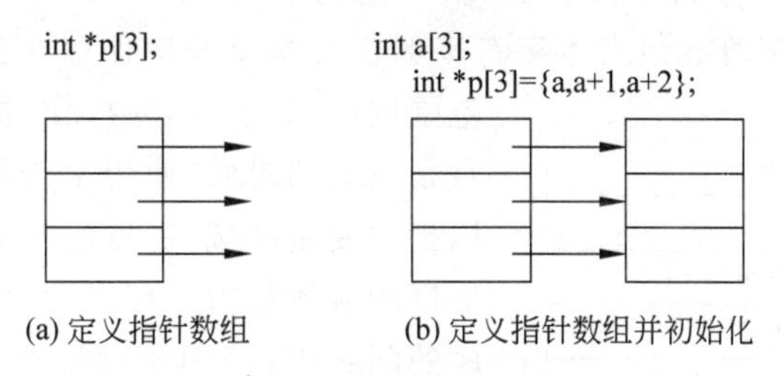

图 7-12 指针数组

可以用列表法在定义指针数组的同时对其元素进行初始化，如图 7-12(b)所示。也可以用如下方式，在程序执行过程中通过循环方式将指针数组 p 中的元素与整型数组 a 中的元素一一配对：

```
int a[3],i,*p[3];
for(i=0;i<3;i++)
    p[i]=&a[i];
```

【例 7-14】 不改变数组各个元素的顺序，按照从小到大的次序输出数组值。

编程点拨：由于不能修改数组元素的值，因此需要借助指针数组来对数组进行排序。如图 7-13 所示，显然在排序过程中交换的是指针元素，而不是实际存储数据的元素。程序如下：

```
#include<stdio.h>
#define n 10
int main()
{
    int a[n], * p[n],i,j, * pt=a;
    for(i=0;i<n-1;i++)
    {
        scanf("%d",pt);
        p[i]=pt++;
    }
    for(i=0;i<n;i++)
        for(j=0;j<n-i-1;j++)
            if( * p[j]> * p[j+1])
                pt=p[j],p[j]=p[j+1],p[j+1]=pt;
    for(i=0;i<n;i++)
                printf("%d\t", * p[i]);
    return 0;
}
```

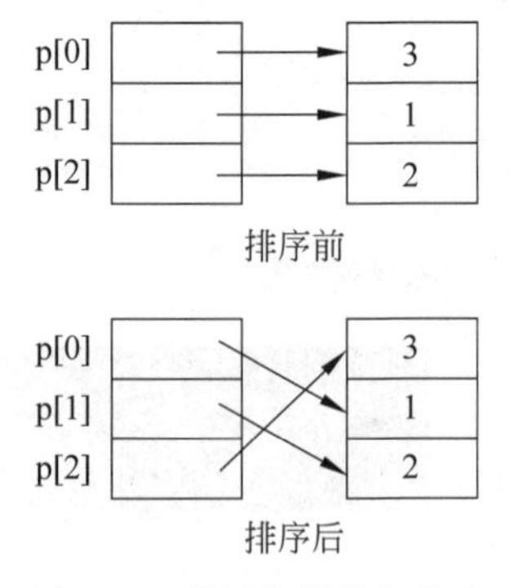

图 7-13 使用指针数组排序

运行结果：

```
2 7 9 8 10 32 12 1 3 0
0       1       2       3       7       8       9       10      12      32
```

【例 7-15】 将多个字符串按照字典顺序排序。

编程点拨：使用字符数组表达字符串的优点是字符串保存在变量区域，在数组大小范围内可以进行读写操作；如前所述，当字符串本身是只读的时候，使用字符指针表达字符串，既可以指向变量区域，也可以指向常量区域，因此具有更好的表达能力。在多个字符串进行字典顺序排序的问题中，使用指针数组来表达这多个字符串同样具有非常灵活的特点，由排序而带来变化的是指针而不是指针所指向的字符串，因此指针数组里每个指针既可以指向数组内字符串也可以指向常量字符串，这样使排序程序具有更好的通用性。如图 7-14 所示，例子中使用选择排序法排序。程序如下：

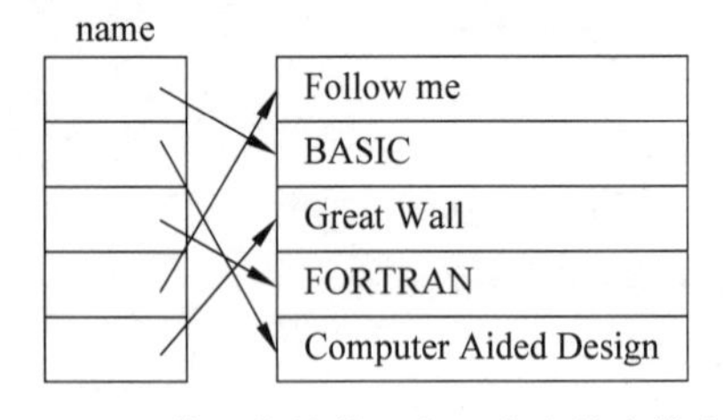

图 7-14 使用指针数组实现多字符串排序

```
#include<stdio.h>
#include<string.h>
#define n 5
int main()
{
    char * name[5]={ "Follow me","BASIC","Great Wall","FORTRAN",
                    "Computer Aided Design"};
```

```
    char *ps;
    int i,j,m;
    for(i=0;i<n-1;i++)
    {
        m=i;
        for(j=i+1;j<n;j++)
            if(strcmp(name[m],name[j])>0)
                m=j;
        ps=name[i];
        name[i]=name[m];
        name[m]=ps;
    }
    for(i=0;i<n;i++)
        puts(name[i]);
    return 0;
}
```

运行结果：

```
BASIC
Computer Aided Design
FORTRAN
Follow me
Great Wall
```

以上程序中有两个地方需要注意：一处是在 j 循环中，比较字符串的字典顺序不能使用 name[m]>name[j]。这种直接比较串的语句在语法上并没有错误，实际上它判别了两个字符串在内存中存放的先后位置，而非程序所要求的比较字符串内容的字典顺序；第二处是在交换两个串时，没有采用 strcpy 来交换串的实体。一方面，对于本例而言字符串的实际存储位置在常量区域，执行 strcpy 会导致系统报错；另一方面，待排序的字符串指针数组处于变量区域，是可读写的，显然仅仅交换指针比交换整个字符串效率高很多。

7.4.2　二级指针及多级指针

由于指针变量本身也是一种变量，因此可以另外定义一个指针来保存这个变量的地址。

在图 7-15 所示的定义中，ppi 表示可以存储一个整型指针（图 7-15 中是 pi）的地址；对变量 i 的存取可以通过对 i 的直接访问进行，如“i＝4;”也可以通过 pi 间接访问，如 ＊pi＝4。而通过二级指针 ppi 的间接访问 ＊ppi 可以获得 pi 的存取，再次对此进行间接访问，即 ＊(＊ppi)也可以存取 i 变量。

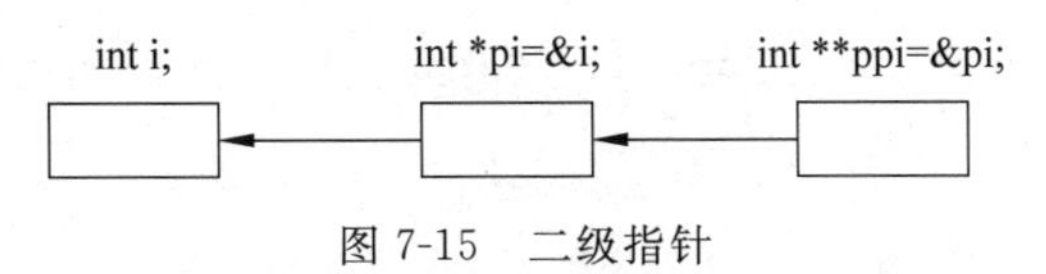

图 7-15　二级指针

二级指针用于操作指针数组非常方便，7.4.1 节的例 7-15 可以提取排序部分的代码，构成自定义函数 sort，该函数可以通过二级指针来接收指向多字符串的指针数。下面介绍的例 7-16 为改写后的程序。指针指向关系如图 7-16 所示。

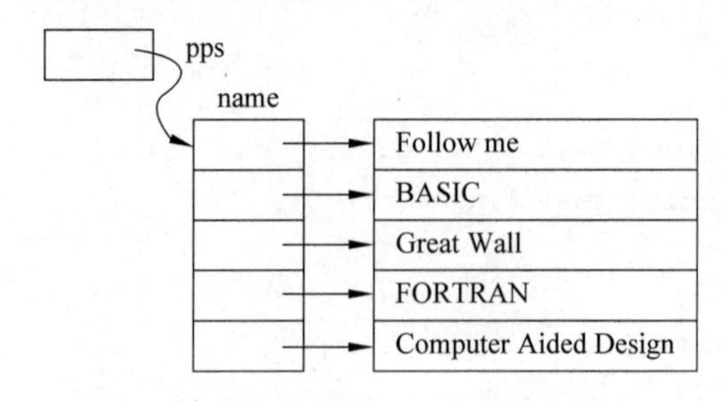

图 7-16　传递给函数 sort 的二级指针 pps

【例 7-16】　通过二级指针接收指向多字符串的指针数组。

```
#include<stdio.h>
#include<string.h>
void sort(char * *,int );
int main()
{
    char * name[5]={ "Follow me","BASIC","Great Wall","FORTRAN",
                     "Computer Aided Design"};
    int i;
    sort(name,5);
    for(i=0;i<5;i++)
        puts(name[i]);
    return 0;
}
void sort(char * *pps,int n)
{
    int i,j,m;
    char *pt;
    for(i=0;i<n-1;i++)
    {
        m=i;
        for(j=m+1;j<n;j++)
            if(strcmp(* (pps+m), * (pps+j))>0)
                m=j;
        if(m!=i)
            pt= * (pps+i), * (pps+i)= * (pps+m), * (pps+m)=pt;
    }
}
```

C 语言允许多重间接访问，在定义指针时，两个以上的 * 称为**多级指针**。例如以下定义是合法的：

```
int i, * p1, * * p2=&p1, * * * p3=&p2;
```

在这个定义中，p2 是二级指针，而 p3 是多级指针，p3 保存了 p2 的地址，可以通过二次间接访问来存取 p1 指针。另外要注意的是，在这个定义中，p2 和 p3 指针均为有效指针，但是 p1 指针未经初始化，凡是对 * p1 的访问，包括通过 p2 和 p3 的各种形式，都是危险的。

例如，以下访问是无效的：

```
* * p2=3  或者  * * * p3=3;
```

而以下访问是有效的：

```
* p2=&i;  或者  * * p3=&i;
```

一般 C 程序设计中使用多级指针的算法由于比较复杂，应尽量使用更加直观的普通指针来实现相同的功能。

7.4.3 使用指针数组作为 main 函数的参数

VC++ 2010 在程序编译成功后，会生成与项目名称相同的可执行文件，通常这个文件保存在项目目录下的 Debug 或 Release 目录下。如果项目属于某个解决方案，则生成的可执行文件保存在解决方案的 Debug 或 Release 目录下。在命令行模式下，进入可执行文件所在目录，可以通过输入文件名的方式直接执行程序。在命令行模式下，可以向程序传递参数，这些参数将以文本形式传递给 main 函数。

通常情况下，main 函数的原型为：

```
int main();
```

实际上，能处理命令行参数的 main 函数的原型的一般形式是：

```
int main(int argc,char * argv[]);
```

其中，形参 argc 表示 main 函数的参数个数，而 argv 依序指向传递给 main 函数的每个参数，这些参数以字符串形式给出。特别地，argv[0]指向可执行文件自己的路径名称。

例 7-17 演示了 main 函数参数的用法。main 函数的参数数组如图 7-17 所示。

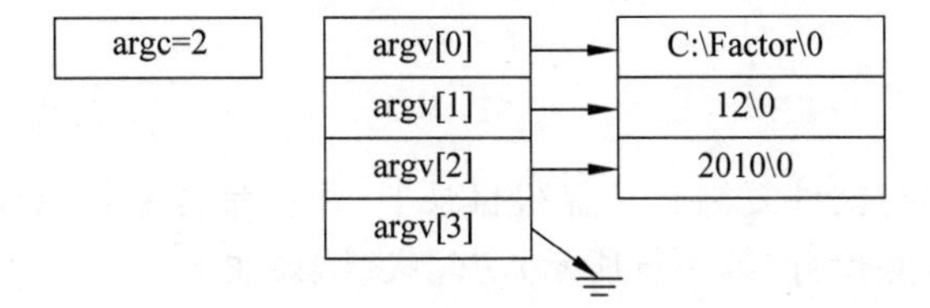

图 7-17 向 main 函数传递参数

【例 7-17】 分解质因数。

```
#include <stdio.h>
```

```
#include <stdlib.h>
int Usage()
{
    printf("Usage   : Factor data1 data2 ...\n");
    printf("Ex :\n");
    printf("        Factor 12\n");
    printf("        Factor 12 2010\n");
    printf("-------Usage End ------\n");
    return -1;
}
int main(int argc,char * argv[])
{
    int n,i,d;
    if(argc<2)
        return Usage();
    for(n=1;n<argc;n++)
    {
        d=atoi(argv[n]);
        printf("%d=",d);
        i=2;
        while(i<=d)
        {
            if(d%i==0)
            {
                if(d==i)
                    printf("%d\n",i);
                else
                    printf("%d* ",i);
                d/=i;
            }
            else
                i++;
        }
    }
    return n;
}
```

将编译后的可执行文件复制到C盘根目录下，并重命名为Factor.exe，在命令提示符(C:\>)中输入参数并运行(第一行所示)，其测试结果如下：

```
C:\>factor 12 2010
12=2*2*3
2010=2*3*5*67

C:\>_
```

7.5 数组的指针与函数的指针

7.5.1 指向数组的指针

在前面的叙述中，把指针定义为变量的地址。指针变量只是保存了一片内存区域的首地址，而通过指针运算符 * 来引用指针时，其相关的内存单元的个数依据指针的基类型不同而不同。例如指向 int 类型的指针，在使用指针运算符 * 的时候，相关内存单元的个数是 4 字节；而指向 double 类型的指针，在使用指针运算符 * 的时候，相关的内存单元是 8 字节。

C 语言允许定义指向整个数组的指针，当指针指向数组对象时，引用该指针将获得整个数组。例如：

```
int a[5];
int *pi=&a[0];
int (*pa)[5];                  /*定义指向数组的指针*/
pa=&a;
```

在这个例子中，首先定义了一个具有 5 个元素的整型数组和指向 int 型数据的指针 pi，然后定义一个指向 5 元素整型数组的指针 pa，如图 7-18 所示。注意数组指针 pa 存取的范围是整个数组范围，因此给数组指针 pa 赋值时应该取整个数组对象的地址而不是数组首元素地址，例如，若写成“pa=&a[0];”是错误的。在这里标识符 a 表示整个数组对象。而 a[0]仅表示数组中一个元素，因此，不能将一个元素的地址赋值给一个数组的指针。同时，在对数组指针使用指针运算符 * 的时候，由于该指针不是指向一个简单类型的变量，而是指向数组变量，因此取出的对象也是整个数组，使用时需要依据数组的形式进行操作。

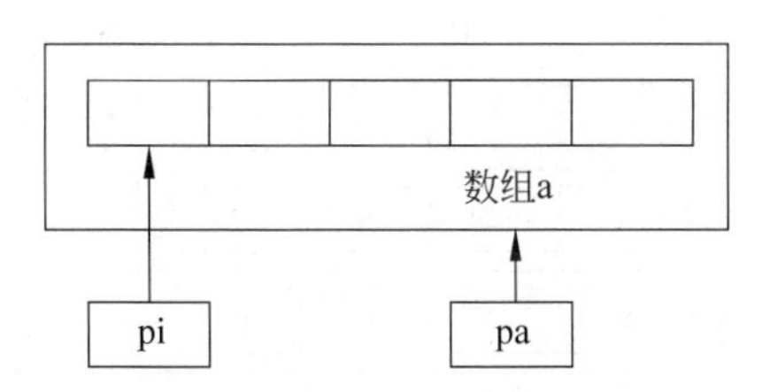

图 7-18　指向元素的指针和指向数组的指针

在例 7-17 中，若需要使 a 数组中的第 4 个元素设置为 10，则以下的几种形式都是允许并等价的：

```
a[3]=10;     *(pi+3)=10;     pi[3]=10;     (*pa)[3]=10;
```

这里的(*pa)[3]表示先使用 *pa 取出整个数组，然后使用下标运算符取出数组元素。

7.5.2 行指针与列指针

使用指针分别指向二维数组中的一个元素和二维数组中一个子数组(一行)的时候,可以形象地称指向单个元素的指针为**列指针**,而指向子数组的指针为**行指针**。

例如,在下面的程序段中分别定义二维数组 a、列指针 pa 和行指针 pb:

```
int  a[3][4], *pa;
int  (*pb)[4],i;
pa=&a[0][0];
pb=&a[0];
for(i=0;i<12;i++)            /*使用列指针 pa 访问数组 a 中的每个元素*/
    *pa++=i;
for(i=0;i<3;i++)             /*使用行指针 pb 访问数组 a 中的部分元素*/
    (*pb++)[i]=(i+1)*(i+1);
```

在以上程序段中,第一行和第二行定义了 3 个量,a[3][4]为整型数组,pa 为指向整型变量的指针,而 pb 为指向具有 4 个元素的整型数组的指针。第三行将数组元素 a[0][0]的地址赋给了 pa 指针。从图 7-19 中可以看出 a[0]本身是由 4 个元素组成的数组,其数组首元素为 a[0][0],因此程序的第三行也可以等价表达为 pa=a[0]。类似地,第四行将 a[0]的首地址赋给了 pb 变量,注意到 a[0]是 a 数组的首元素,因此第四行也可以等价表达为"pb=a;"。

在后边的运算中,列指针 pa 每次加 1 均会指向下一个数组元素,在 pa 指向 a[0][3]以后,继续进行加 1 操作,将指向 a[1][0]元素,如此继续直到指完 12 个元素。而行指针 pb 指向包含 4 元素的整型数组,因此若执行 pb++以后,pb 将指向 a[1]数组。在图 7-19 中每个元素的值是最后赋值的结果。其中 a[0][0],a[1][1],a[2][2]通过 pb 指针重新赋值,分别为 1、4、9。

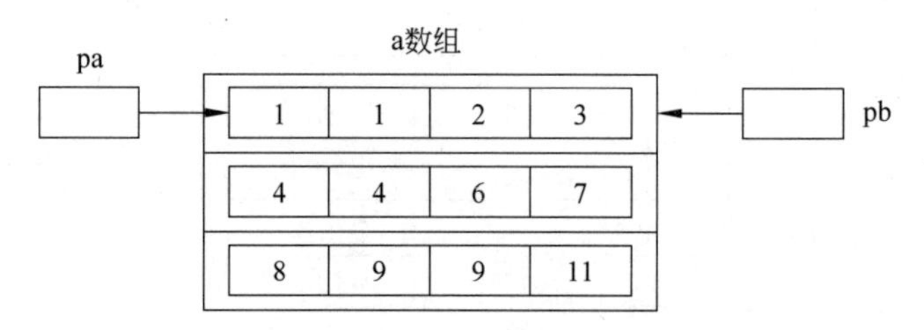

图 7-19 列指针 pa 与行指针 pb

【例 7-18】 应用行指针输出二维数组中的元素。

```
#include <stdio.h>
int main()
{
    int a[3][4]={0,1,2,3,4,5,6,7,8,9,10,11};
    int(*p)[4];
```

```
    int i,j;
    p=a;
    for(i=0;i<3;i++)
    {
        for(j=0;j<4;j++)
            printf("%2d  ",*(*(p+i)+j));
        printf("\n");
    }
    return 0;
}
```

运行结果：

```
0   1   2   3
4   5   6   7
8   9   10  11
```

以上程序的功能是应用行指针 p 依次访问并输出二维数组 a 中的每个元素值。注意程序中第 11 行的表示形式 *(*(p+i)+j)与以下几种表示形式等价，均表示数组元素 a[i][j]：

```
a[i][j]     *(*(a+i)+j)     *(a[i]+j)     *(p[i]+j)     p[i][j]
```

7.5.3 函数指针与指针函数

1. 函数指针

函数指针是一个指针，该指针**指向一类特定的函数的入口地址**，可以通过函数指针间接地调用某个函数。可以先后将同一类型不同函数的地址赋值给函数指针，从而实现一些灵活的算法。

由于函数代码是加载在内存后再执行的，因此可以定义函数指针指向函数的入口。函数指针定义的一般形式是：

函数类型　(*函数指针名)(函数参数列表);

类似于数组名表示数组的首地址，函数名也表示函数的首地址。有些编译系统要求使用求地址运算符 & 明确表示求函数的入口地址。VC++ 2010 可同时支持这两种表达方式。下面是几组函数的声明和对应的函数指针定义的对比。

第一组：

```
int  max(int a,int b);
int  (*pf1)(int a,int b);
pf1=max;
pf1=&max;                                    /*两种表达方式均成立*/
```

第二组：

```
void Sort(int *,int );
```

```
void (*pf2)(int *,int);                          /*省略形参名称*/
pf2=Sort;
```

第三组：

```
int main(int argc,char * argv[]);
int  (*pf3)(int ,char* [])=main;                 /*定义函数指针的同时初始化*/
```

第四组：

```
float ave(float *pdata,int n);
float min(float *pdata,int n);
float (*pf4[2])(float *, int n)={ave,min};  /*这里是函数指针数组*/
```

上面的几组例子中，第一组首先声明一个普通函数 max，定义一个指向函数的指针。然后采用了两种形式通过赋值将该函数的入口地址赋给 pf1；第二组示意了在声明函数时可以省去形参的名称，同样在定义函数指针时，对于形参的名称可以不给出；第三组的指针 pf3 可以直接指向 main 函数。这里在定义指针的同时给指针初始化；第四组则定义了一个有 2 元素的指针数组。该数组中每个元素都是一个指向函数的指针。注意到第四组中首先声明了两个非常类似的函数，这两个函数的形参和返回值均是同样类型。由于 pf4 的定义已经规定了指针所指向函数的类型，因此 pf2 中两个元素不能指向其他类型的函数。例如，pf4[0]＝max 是错误的，因为根据上面第一组的定义 max 函数的类型和 pf4 所要求的类型不一致。

可以通过函数指针间接调用函数。只需要用（*指针名）替换原有的函数名就可以了。

【例 7-19】 编写一个通用函数利用矩形法求多个函数定积分的近似值。

编程点拨：矩形法求定积分需要几个条件：积分起点、积分终点、积分步长，当然还需要积分函数。因此设计该通用函数的原型为：

```
float fun(float Start,float End,float Step, float (*pf)(float));
```

注意第四个形参表示接收一个函数指针作为形参。程序如下：

```
#include <stdio.h>
#include <math.h>
/*part1.通用求定积分函数*/
float fun(float Start,float End,float Step,float (*pf)(float))
{
    float f;
    float sum=0;
    for(f=Start;f<End;f+=Step)          /*矩形法求定积分*/
        sum+=(*pf)(f)*Step;
    return sum;
}
/*part2.几个待积分的函数*/
```

```
float f1(float x)
{
    return x * x+sin(x);                  /* 普通函数 */
}
float f2(float x)
{
    return (int)x;                        /* 取自变量的整数部分作为函数的返回值 */
    /* 注意在返回前还有一个隐含的类型转换 */
}
float f3(float x)
{
    return fabs(x)+exp(x);
}
/* part3. 主调函数,演示函数指针的用法 */
int main()
{
    float Start,End,Step,Result;
    float (*pf)(float x);
    Start=1.0;                            /* 积分起点 */
    End=4.0;                              /* 积分终点 */
    Step=0.0005;                          /* 积分精度 */
    pf=f1;
    Result=fun(Start,End,Step,pf);
    printf("fun1 result =%f\n",Result);
    Result=fun(Start,End,Step,f2);        /* 直接使用函数指针 */
    printf("fun2 result =%f\n",Result);
    Result=fun(Start,End,Step,f3);
    printf("fun3 result =%f\n",Result);
    return 0;
}
```

运行结果：

```
fun1 result = 22.196527
fun2 result = 6.000593
fun3 result = 59.386936
```

2. 指针函数

所谓**指针函数**就是**函数的返回类型为指针**,常见于各类字符串处理函数。其定义形式为：

函数类型 *函数名(形参表)

【例 7-20】 不使用系统提供的任何字符串函数,设计 myStrstr 函数,求一个长字符串中某子串第一次出现的位置。若不存在该子串,则返回空。

编程点拨：根据题目要求，该函数接收两个参数，分别是长字符串和待查子串，然后应该返回该子串在长串中的位置(指针)。程序如下：

```
#include <stdio.h>
char * MyStrstr(char* pSrc, char* pSubs)
{
    char *p1,*p2,*p3;
    for(p1=pSrc;*p1;p1++)
    {
        for(p2=p1,p3=pSubs;*p3;p2++,p3++)
            if(*p2!=*p3)
                break;
        if(*p3=='\0')
            return p1;
    }
    return NULL;
}
int main()
{
    char s[]="1232323412341235221";
    char d[]="23234";
    char *pr;
    pr=MyStrstr(s,d);
    if(pr!=NULL)
        printf("Finded at %d,rest is %s\n",pr-s,pr);
    else
        printf("No find\n");
    return 0;
}
```

运行结果：

```
Finded at 3,rest is 2323412341235221
```

复习与思考

1. 什么是指针？什么是指针变量？
2. 如何通过使用指针运算符对指针所指向的对象进行引用？
3. 什么是指针数组？如何引用？
4. 什么是数组指针？如何引用？
5. 什么是多级指针？如何用多级指针来存取最终的变量？
6. 什么是函数指针？如何引用？
7. 什么是指针函数？如何引用？

习　题　7

一、选择题

1. 以下对指针变量进行操作的语句，最合理的选项是________。

A. int *p,*q;　q=p;

B. int a,*p,*q;　q=&a; p=*q;

C. int a=b=0,*p;　p=&a;　b=*p;

D. int a=20,*p,*q=&a;　p=q;

2. 若有语句“int *p1,*p2,m=5,n=9;”，以下均是正确赋值语句的选项是________。

A. p1=&m; p2=&p1;

B. p1=&m; p2=&n; p1=*p2;

C. p1=&m; p2=p1;

D. p1=&m; *p2=*p1;

3. 若有语句“int　k=2, *ptr1,*ptr2;”，且 ptr1 和 ptr2 均已指向变量 k，以下能正确执行的赋值语句是________。

A. k=*ptr1+*ptr2;

B. ptr2=k

C. *ptr1=ptr2;

D. ptr1=*ptr2;

4. 若有语句“int *p, a=4;”和“p=&a;”，以下均代表变量值的一组选项是________。

A. a, p, *&a

B. &*a, &a, *p

C. *&p, *p, &a

D. *&a, *p, a

5. 若有语句“int a[10]={1,2,3,4,5,6,7,8,9,10},*p=a;”，则数值为 9 的表达式是________。

A. *p+9　　B. *(p+8)　　C. *p+=9　　D. p+8

6. 若有函数首部：int fun(double x[10],int *n)，则以下针对此函数的函数声明语句中正确的是________。

A. int fun(double x,int *n);

B. int fun(double,int);

C. int fun(double *x,int n);

D. int fun(double *,int *);

7. 以下程序段的输出结果是________。

```
char  *s="abcde";
s+=2;
printf("%c",*s);
```

A. cde

B. c

C. 字符 c 的地址

D. 无确定的输出结果

8. 若有语句“char *st="how are you";”，则下列程序段中正确的是________。

A. char a[11],*p; strcpy(p=a+1,&st[4]);

B. char a[11]; strcpy(++a, st);

C. char a[11]; strcpy(a, st);

D. char a[ ], * p; strcpy(p=&a[1],st+2);

9. 以下程序段的输出结果是________。

```
char  s[6];
s="abcd";
printf("%s\n", s);
```

A. abcd　　B. "abcd"　　C. abc　　D. 编译出错

10. 以下判断正确的是________。

A. char * a="china"; 等价于 char * a; * a="china";

B. char str[10]={"china"}; 等价于 char str[10]; str[]={"china"};

C. char * s="china"; 等价于 char * s; s="china";

D. char c[4]="abc", d[4]="abc"; 等价于 char c[4]=d[4]="abc";

11. 若有以下语句:

```
int  s[4][5],(* ps)[5];
ps=s;
```

则对 s 数组元素的正确引用形式是________。

A. ps+1　　B. *(ps+3)　　C. ps[0][2]　　D. *(ps+1)+3

12. 若有以下语句:

```
int fun(int * c) { … }
int main()
{  int (* a)(int * ), * b(int * ),w[10],c;
   …
   return 0;
}
```

对 fun 函数的正确调用语句是________。

A. a=fun;(* a)(w);　　B. a=fun;(* a)(c);

C. b=fun; * b(w);　　D. b=fun;fun(b);

13. 若有以下语句:

```
int a[3][2]={1,2,3,4,5,6,}, * p[3];
p[0]=a[1];
```

则 *(p[0]+1) 所代表的数组元素是________。

A. a[0][1]　　B. a[1][0]　　C. a[1][1]　　D. a[1][2]

14. 若有语句"int a[3][4];",则对 a 数组的第 i 行第 j 列(假设 i,j 已正确说明并赋值)元素值的不正确引用为________。

A. *(*(a+i)+j)　　B. *(a+i)[j]

C. ＊(a+i+j)　　　　D. ＊(a[i]+j)

15. 若有语句“int ＊＊p;”，则变量 p 是________。

A. 指向 int 型变量的指针　　　　B. 指向指针的指针

C. int 型变量　　　　D. 以上三种说法均不正确

二、填空题

1. 以下程序的运行结果是________。

```
#include<stdio.h>
void fun(char *c,int d)
{   *c=*c+1; d=d+1;
    printf("%c,%c,",*c,d);
}
int main()
{   char a='A',b='a';
    fun(&b,a);
    printf("%c,%c\n",a,b);
    return 0;
}
```

2. 以下程序的运行结果是________。

```
#include<stdio.h>
int main ( )
{   int arr[ ]={30,25,20,15,10,5}, *p=arr;
    p++;
    printf("%d\n",*(p+3));
    return 0;
}
```

3. 以下程序的运行结果是________。

```
#include<stdio.h>
void sub(int x, int y, int *z)
{   *z=y-x; }
int  main ( )
{   int  a, b, c;
    sub(10,5,&a);
    sub(7,a,&b);
    sub(a,b,&c);
    printf("%4d,%4d,%4d\n",a,b,c);
    return 0;
}
```

4. 以下程序的运行结果是________。

```
#include <stdio.h>
int a[10]={1,2,3,4,5,6,7};
rev(int *m, int n)
{   int t;
    if (n>1)
    {   t=*m; *m=*(m+n-1); *(m+n-1)=t;
        rev(m+1,n-2);
    }
}
int main( )
{   int i;
    rev(a,6);
    for(i=0;i<10;i++)
        printf("%d",a[i]);
    printf("\n");
    return 0;
}
```

5. 以下程序的运行结果是________。

```
#include<stdio.h>
void ss(char *s,char t)
{   while(*s)
    {   if(*s==t)
            *s=t-'a'+'A';
        s++;
    }
}
int main()
{   char str1[100]="abcddfefdbd",c='d';
    ss(str1,c);
    printf("%s\n",str1);
    return 0;
}
```

6. 以下程序编译连接后生成的可执行文件是 ex1.exe,若运行时输入带参数的命令行是：ex1 abcd efg 10＜回车＞,则运行的结果是________。

```
#include <string.h>
#include<stdio.h>
int main(int argc, char *argv[])
{   int i,len=0;
    for(i=1;i<argc;i++)
        len+=strlen(argv[i]);
    printf("%d\n",len);
    return 0;
```

```
}
```

7. 若有输入：2,2<回车>,则以下程序的运行结果是________。

```
#include<stdio.h>
int main()
{   int  a[3][3]={1,3,5,7,9,11,13,15,17};
    int  (*p)[3],i,j;
    p=a;
    scanf("%d,%d",&i,&j);
    printf ("%d\n",*(*(p+i)+j));
    return 0;
}
```

8. 以下 sstrcmp 函数的功能是对两个字符串进行比较。当 s 所指字符串和 t 所指字符相等时,返回值为 0;当 s 所指字符串大于 t 所指字符串时,返回值大于 0;当 s 所指字符串小于 t 所指字符串时,返回值小于 0(功能等同于库函数 strcmp())。请完善程序。

```
#include  <stdio.h>
int sstrcmp(char *s,char *t)
{   while(*s&&*t&&*s==___(1)___)
    { s++;t++; }
    return ___(2)___;
}
```

9. 以下 Strcen 函数把 b 字符串连接到 a 字符串的后面,并返回 a 中新字符串的长度。请完善程序。

```
int Strcen(char a[ ], char b[ ])
{   int num=0, n=0;
    while(*(a+num)!=___(1)___)
        num++;
    while(b[n])
    {   *(a+num)=b[n];
        num++;
        ___(2)___;
    }
    return(num);
}
```

10. 以下程序的功能是用递归法将一个整数存放到一个字符数组中。存放时按逆序存放。例如 483 存放成"384"。请完善程序。

```
#include <stdio.h>
void convert (char *a, int n)
{   int  i;
    if((i=n/10)!=0)
```

```
        convert (a+1, __(1)__ );
    * a= __(2)__ ;
}
int main ()
{   int number;
    char str[10]="  ";
    scanf("%d",&number);
    convert(str, number);
    puts(str);
    return 0;
}
```

11. 以下程序的功能是将无符号八进制数构成的字符串转换为十进制整数。例如，输入的字符串为：556，则输出十进制整数366。请完善程序。

```
#include<stdio.h>
int main()
{   char * p,s[6];
    int n;
    __(1)__ ;
    gets(p);
    n= * p-'0';
    while(* (p+1)!='\0')
        n= __(2)__ ;
    printf("%d\n",n);
    return 0;
}
```

12. 以下程序的功能是利用插入排序法将10个字符从小到大进行排序。所谓插入排序法是将无序序列中的各元素依次插入到已经有序的序列中。请完善程序。

```
#include <stdio.h>
__(1)__
{
    int a,b;
    char t;
    for(a=1;a<=9;a++)
    {
        t=aa[a];
        b=a-1;
        while((b>=0)&&(t<aa[b]))
        { __(2)__ ;
         b--;}
          __(3)__ ;
        }
    }
```

```
}
int main()
{
    char a[11];
    int i;
    printf("\nEnter 10 char:");
    for(i=0;i<=9;i++)
        a[i]=getchar();
    a[i]='\0';
    insert(a);
    printf("\nThe is 10 char:");
    printf("%s",a);
    return 0;
}
```

三、编程题

1. 编写一个函数 fun,该函数的功能是：求出能整除 x 且不是偶数的各整数,并按从小到大的顺序放在 pp 数组中。要求利用指针编写程序。

2. 编写一个函数 fun,该函数的功能是：求出数组的最大元素在数组中的下标并存放在 k 所指的存储单元中。要求利用指针编写程序。

3. 编写一个函数 fun,该函数的功能是：判断字符串是否是回文。若是,则函数返回 1,否则返回 0。要求利用指针编写程序。

4. 假定输入的字符串中只包含字母和 * 号。请编写一个函数 fun,该函数的功能是：将字符串中的前导 * 号全部移到字符串的尾部。要求利用指针编写程序。

5. 编写一个函数 fun,该函数的功能是：移动字符串中的内容,移动的规则为：把第 1 到第 m 个字符,平移到字符串的最后,把第 m+1 到最后的字符,平移到字符串的前部。要求利用指针编写程序。

6. 编写一个函数 fun,该函数的功能是：将 M 行 N 列的二维数组中的字符数据按列的顺序依次放到一个字符串中。要求利用指针编写程序。

7. 编写一个函数 fun,该函数的功能是：将两个两位数的正整数 a、b 合并形成一个整数放在 c 中。合并的方式是：将 a 数的十位和个位依次放在 c 数的百位和个位上,b 数的十位和个位依次放在 c 数的千位和十位上。要求利用指针编写程序。

8. 编写程序,将字符串 computer 赋给一个字符数组,然后从第一个字母开始间隔地输出该串。要求利用指针编写程序。

9. 输入一行字符,将其中的每个字符从小到大排列后输出。要求利用指针编写程序。

10. 设有一数列,包含 10 个数,已按升序排好。现要求编写程序,它能够把从指定位置开始的 n 个数按逆序重新排列并输出新的完整数列。进行逆序处理时要求使用指针方法。

例如,原数列为：2、4、6、8、10、12、14、16、18、20,若要求把从第 4 个数开始的 5 个数按逆序排列，则得到新数列为：2、4、6、16、14、12、10、8、18、20。

11. 有一篇文章，共有5行文字，每行有60个字符。要求分别统计出其中英文大写字母、小写字母、数字、空格以及其他字符的个数。要求利用指针编写程序。

12. 输入一个英文句子，将句子中每个单词的首字母大写后输出。要求利用指针编写程序。

例如输入："this is a test program"，输出："This Is A Test Program"。

13. 从键盘输入10名学生的成绩，显示其中的最低分、最高分及平均成绩。要求利用指针编写程序。

14. 在main函数中输入一个字符串，在mystrcopy函数中将此字符中从第n个字符开始到第m个字符为止的所有字符全部显示出来。要求利用指针编写程序。

15. 编写函数insert(s1,s2,pos)，实现在字符串s1中的指定位置pos处插入字符串s2。要求利用指针编写程序。

16. 编写程序，通过指针数组p和一维数组a构成一个3×2的二维数组；并为a数组赋初值2、4、6、8、…。要求先按行的顺序输出此"二维数组"，然后再按列的顺序输出它。

17. 使用指针数组，编写一个通用的英文月份名显示函数void display(int month)。

第8章

结构体与共用体

在一些实际问题中，有时一组数据是由不同的数据类型构成的。例如表8-1所示的学生基本信息登记表。

表 8-1　学生基本信息登记表

学号	姓名	年龄	性别	成绩
20101	王芳	19	W	89
20102	任盈盈	19	W	92
20103	吴宇	18	M	76
⋮	⋮	⋮	⋮	⋮

在定义表中的各字段类型时，一般情况下，学号字段可为整型或字符型，姓名字段可为字符型，年龄应为整型，性别可为字符型，成绩可为整型或实型。如何实现对上述表格数据的统一管理呢？显然不能用一个数组来存放表中所有的数据，因为在C语言中，数组中各元素的类型和长度都必须一致。而如果用多个数组来处理这批数据，又会增加程序的复杂度。为了解决这个问题，C语言中给出了另一种构造数据类型——结构体(structure)，它相当于其他高级语言中的记录。使用结构体可以把表8-1中的所有数据定义为一个整体来进行处理，从而可降低程序的复杂度，提高编程效率。

8.1　结构体类型与结构体变量

8.1.1　结构体类型的声明

结构体是一种构造类型，它是由若干成员组成的。每一个成员可以是一个基本数据类型或一个构造类型。结构体既然是一种“构造”而成的数据类型，那么在定义和使用与之相关的变量时，必须先构造(声明)这个类型，就如同在说明和调用函数之前要先定义函数一样。声明一个结构体类型的一般形式为：

```
struct 结构体名
{ 成员表列 };
```

其中，结构体名作为结构体类型的标志，用于区分此结构体而非其他结构体。成员表列由若干个成员组成，每个成员都是该结构体的一个组成部分。对每个成员也必须作类型说明，其形式为：

```
类型说明符 成员名;
```

成员的数据类型可以是一个基本数据类型或者是一个构造类型。结构体名和成员名的命名应符合标识符的命名规定。

例如，表 8-1 中的学生信息可以声明为如下形式的结构体：

```
struct stu
{
    int num;            /*学生学号，以整型表示*/
    char name[20];      /*学生姓名，以字符型表示*/
    int age;            /*学生年龄，以整型表示*/
    char sex;           /*学生性别，以字符型表示*/
    float score;        /*学生成绩，以实型表示*/
};
```

在这个结构体声明中，结构体名为 stu，该结构体由五个成员组成。第一个成员为 num，整型变量；第二个成员为 name，字符数组；第三个成员为 age，整型变量；第四个成员为 sex，字符变量；第五个成员为 score，实型变量。应注意在大括号}后的分号是不可少的。

当声明了一个结构体后，就告知编译系统，用户已设计了一个自定义的数据类型，编译系统将会把 struct stu 作为一个新的数据类型理解，但并不为 struct stu 分配内存空间，就像编译系统并不为 int 数据类型分配内存空间一样。如与应用基本数据类型编程必须定义该数据类型的变量一样，要使用已声明的结构体类型，也必须要定义此结构体类型的变量。

8.1.2 结构体类型变量的定义

定义结构体类型变量有以下三种方法。

1. 先声明结构体类型，再定义结构体变量

例如，在 8.1.1 节已声明了结构体类型 struct stu，可以用它定义结构体变量：

```
struct stu  boy1,boy2;
```

表示定义了两个变量 boy1 和 boy2 均为 struct stu 结构体类型的变量。

2. 在声明结构体类型的同时定义结构体变量

例如，对表 8-1 的学生信息可按以下形式定义结构体类型和变量：

```
struct stu
{
    int num;                /* 学生学号,以整型表示 */
    char name[20];          /* 学生姓名,以字符型表示 */
    int age;                /* 学生年龄,以整型表示 */
    char sex;               /* 学生性别,以字符型表示 */
    float score;            /* 学生成绩,以实型表示 */
}boy1,boy2;
```

这种形式的作用与第一种形式相同。定义的一般形式为：

```
struct 结构名
{
    成员表列
} 变量名表列;
```

3. 直接定义结构体变量

例如,对表 8-1 的学生信息可按以下形式定义结构体类型变量：

```
struct
{
    int num;                /* 学生学号,以整型表示 */
    char name[20];          /* 学生姓名,以字符型表示 */
    int age;                /* 学生年龄,以整型表示 */
    char sex;               /* 学生性别,以字符型表示 */
    float score;            /* 学生成绩,以实型表示 */
}boy1,boy2;
```

这种形式定义的一般形式为：

```
struct
{
    成员表列
}变量名表列;
```

对于以上介绍的定义结构体类型变量的三种方法,第三种方法与第二种方法的区别在于第三种方法中省去了结构体名。

一旦定义了结构体类型的变量 boy1、boy2,这两个变量就有了 struct stu 类型的结构。系统会为每个变量分配相应的存储空间,存储空间的大小不仅与结构体类型有关,还与系统有关。对多数系统而言,为提高运算速度,所有的运算类型均要求从偶数地址开始存放,且结构体实际所占存储空间一般是按机器字长对齐的。例如,在 VC++ 2010 学习版环境中,boy1 和 boy2 在内存中所需存储空间的大小计算方法为：4＋20＋4＋4＋4＝36 字节。

用以上三种方法定义的结构体变量 boy1 和 boy2 都具有图 8-1 所示的存储结构。

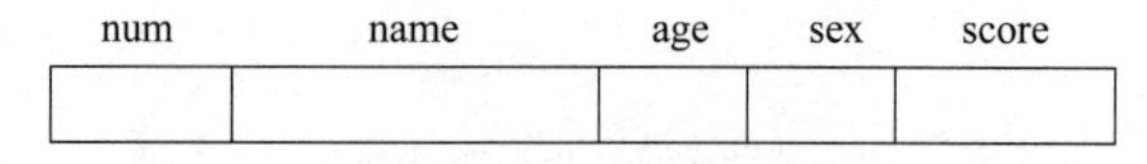

图 8-1　结构体变量 boy1 和 boy2 的存储结构

需要特别说明的是，结构体中的成员可以是任意类型，因此，成员也可以又是一个结构体，此种结构称为**嵌套的结构体**。例如，若在学生信息的结构中还要包含学生的入学时间，而学生的入学时间包括年、月、日三个成员，故要在 struct stu 结构体中再增加一个表示日期的结构体成员，代表学生的入学时间。存储结构如图 8-2 所示。

num	name	timeofenter			age	sex	score
		date					
		year	month	day			

图 8-2　嵌套的结构体的存储结构

按图 8-2 所示的结构体及变量定义如下：

```
struct date {
    int year;                       /* 表示年 */
    int month;                      /* 表示月 */
    int day;                        /* 表示日 */
};
struct stu {
    int num;
    char name[20];
    struct date timeofenter;        /* 每个学生的入学时间 */
    int age;
    char sex;
    float score;
}boy1,boy2;
```

以上程序段首先声明了一个结构体类型 date，由 year(年)、month(月)、day(日)三个成员组成。然后声明结构体类型 stu 和定义结构体变量 boy1 和 boy2，其中的 timeofenter 成员为 date 结构体类型。

说明：结构体类型中的成员名可与程序中的其他变量同名，互不干扰。

8.1.3　结构体类型变量的引用

定义了一个结构体变量之后，就可以引用该结构体变量。

C 语言规定，与数组一样，在程序中使用结构体变量时，不能把它作为一个整体来操作，只允许对结构体变量中的各个成员进行操作。引用结构体变量成员的一般形式是：

结构体变量名.成员名

其中,“.”为结构体成员运算符,它在所有运算符中优先级最高。

例如:

```
boy1.num          表示引用 boy1 中的 num 成员
boy2.sex          表示引用 boy2 中的 sex 成员
```

如果成员本身又是一个结构体,则必须逐级找到最低级的成员才能使用。

又如:

```
boy1.timeofenter.month    表示引用 boy1 中的 timeofenter 成员的 month 成员
```

在C语言中,允许同类型的结构体变量相互赋值。例如,在 8.1.2 节定义了两个结构体变量 boy1 和 boy2,如果 boy1 已经被赋值,则下面操作完全正确。执行时是按成员逐一赋值,结果是两变量的内容相同:

```
boy2=boy1;    表示把 boy1 的值整体赋给 boy2
```

结构体变量中的每个成员与同类型的变量一样,可以执行相应的操作。

【例 8-1】 给结构体变量赋值并输出。

```
#include <stdio.h>
int main()
{
    struct {
        int num;
        char name[20];
        int age;
        char sex;
        float score;
    }boy1,boy2;                              /* 定义结构体变量 boy1 和 boy2 */
    boy1.num=20101;                          /* 给 boy1 中的成员 num 赋值 */
    scanf("%s %d %c %f",boy1.name,&boy1.age,&boy1.sex,&boy1.score);
    boy2=boy1;                               /* 把 boy1 的值整体赋给 boy2 */
    printf("Number=%d\tName=%s\t",boy2.num,boy2.name);/* 输出 boy2 */
    printf("Age=%d\tSex=%c\tScore=%.2f\n",boy2.age,boy2.sex,boy2.score);
    return 0;
}
```

运行结果:

```
王芳 19 W 89
Number=20101    Name=王芳       Age=19  Sex=W   Score=89.00
```

boy1 和 boy2 在内存中的状态如下所示:

20101	王芳	19	W	89

8.1.4 结构体类型变量的初始化

和其他类型变量一样,结构体变量也可以在定义时初始化。由于结构体变量的成员类型可以不同,故初始化时要注意数据类型要和成员类型匹配。

【例 8-2】 对结构体变量初始化。

```
#include <stdio.h>
int main()
{
    struct stu{                                 /* 定义结构体 */
      int num;
      char name[20];
      int age;
      char sex;
      float score;
    }boy2,boy1={20101,"王芳",19,'W',89};   /* 对结构体变量 boy1 初始化 */
    boy2=boy1;                                  /* 把 boy1 的值整体赋给 boy2 */
    printf("Number=%d\tName=%s\t",boy2.num,boy2.name);
    printf("Age=%d\tSex=%c\tScore=%.2f\n",boy2.age,
           boy2.sex,boy2.score);
    return 0;
}
```

运行结果:

```
Number=20101    Name=王芳         Age=19  Sex=W   Score=89.00
```

由上面程序可以看出,由于一个结构体变量往往包含多个成员,因此,在对结构体变量初始化时,只需要用大括号{}将所有成员数据括起来。

在 C 语言中,结构体声明可以放在函数体的内部,也可以放在所有函数体的外部。在函数体外部声明的结构体称为**全局声明**,作用域和全局变量一样;在函数体内部声明的结构体称为**局部声明**,这类结构体只能在本函数体内使用,离开该函数,声明失效。

【例 8-3】 将例 8-2 程序改写如下:

```
#include <stdio.h>
struct stu {                                    /* 全局声明 */
  int num;
  char name[20];
  int age;
  char sex;
  float score;
};
```

```
int  main()
{ struct stu boy2,boy1={20101,"王芳",19,'M',89};          /*对变量boy1初始化*/
  boy2=boy1;                                    /*把boy1的值整体赋给boy2*/
  printf("Number=%d\tName=%s\t",boy2.num,boy2.name);  /*输出boy2的值*/
  printf("Age=%d\tSex=%c\tScore=%.2f\n",boy2.age,boy2.sex,boy2.score);
  return 0;
}
```

8.2 结构体数组

对于前面介绍的结构体变量，只能表示一个结构体数据，若要表示批量结构体数据，就需要定义一个结构体数组。结构体数组中的每个元素都是具有相同结构类型的变量。在实际应用中，经常用结构体数组来表示具有相同数据结构的一个集合，例如一个学校的学生情况登记表，一个单位职工的工资情况表等。

8.2.1 结构体数组的定义与引用

结构体数组的定义与引用方法和结构体变量相同，也有三种方法。下面以本章开始部分的表8-1为例，介绍结构体数组的定义和初始化。

1. 声明结构体

例如，声明以下表示学生信息的结构体：

```
struct stu{
    int num;
    char name[20];
    int age;
    char sex;
    float score;
};
```

2. 定义结构体数组

与前面介绍的结构体变量的定义方法相同。
例如：

```
struct stu boy[3];
```

以上定义了一个结构体数组boy，共有3个元素，boy[0]～boy[2]。每个数组元素都具有struct stu的结构形式。实际上，定义了该数组后，相当于建立了一个如表8-2所示的表格。

表 8-2　struct stu 型数组表格

学号 num	姓名 name	年龄 age	性别 sex	成绩 score

数组一旦定义,数组元素在内存中是连续存放的。由于结构体数组 boy 中的每一个元素是结构体,因此该数组在内存中的状态如图 8-3 所示。

3. 初始化结构体数组

与其他类型的数组一样,也可对结构体数组作初始化。

例如:

```
struct stu boy[3] ={{20101, "王芳", 19,'W',89},{20102, "任盈盈", 19,'W',92},
                    {20103, "吴宇", 18,'M',76}};
```

当对全部元素作初始化赋值时,也可以不给出数组长度。按照以上方法对结构体数组 boy 初始化后,该数组在内存中的状态如图 8-4 所示。

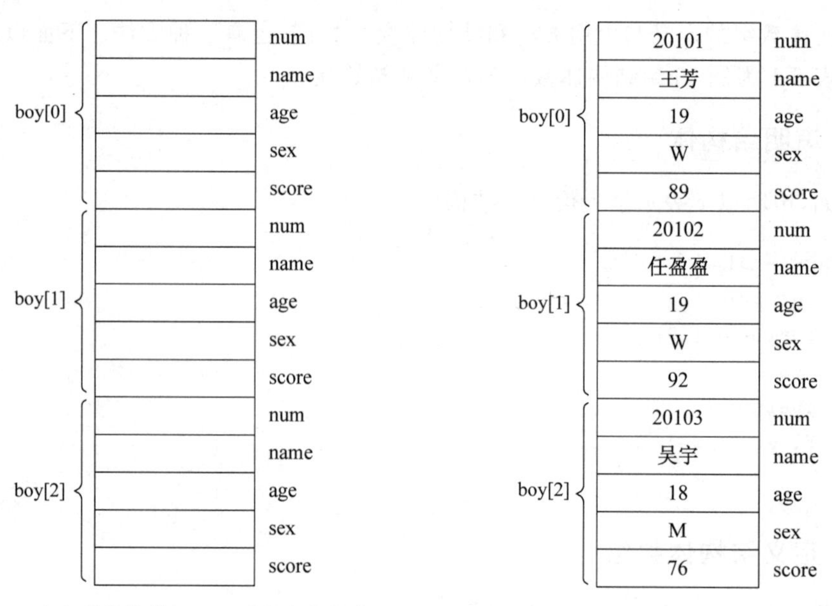

图 8-3　定义结构体数组 boy 时的内存状态　　图 8-4　初始化结构体数组 boy 时的内存状态

8.2.2　结构体数组应用举例

【例 8-4】 编写程序,计算表 8-1 所示的学生基本信息登记表中学生的平均成绩和不及格的人数。

编程点拨：先定义一个结构体和结构体数组 boy，然后求各元素的 score 成员值的和，同时统计不及格人数，最后计算学生的平均分 ave，并输出平均分 ave 和不及格人数 c。

相应的程序如下：

```
#include <stdio.h>
struct stu {                                                /*定义结构体数组并初始化*/
    int num;
    char name[20];
    int age;
    char sex;
    float score;
}boy[5]={{20101, "王芳",19,'W',89},{20102, "任盈盈",19, 'W',92},
         {20103, "吴宇",18, 'M',76}, {20104,"李平",19, 'M',87},
         {20105,"王明",19, 'M',58}};
int main()
{
    int i,c=0;
    float ave=0;
    for(i=0;i<5;i++)
    {
      ave+=boy[i].score;                                    /*求总分*/
      if(boy[i].score<60) c+=1;                             /*统计不及格人数*/
    }
    ave=ave/5;                                              /*求平均分*/
    printf("average=%.1f\ncount=%d\n",ave,c);
    return 0;
}
```

运行结果：

```
average=80.4
count=1
```

【例 8-5】 编写程序，输出如表 8-3 所示的通讯录。

表 8-3 通讯录表

姓　名	电　话	住　址
Ling yun	6330323	4-302
Wu ping	6330324	4-303
Sun ling	6330344	5-201

编程点拨：先定义一个结构体 mem，包含三个成员：name、phone 和 address，分别表示姓名、电话号码和住址。然后定义一个此种类型的结构体数组 man。应用循环分别输

入和输出各个元素的值。

相应的程序如下：

```
#include"stdio.h"
#define NUM 3
struct mem {                                          /* 定义结构体类型 */
  char  name[20];
  char  phone[10];
  char  address[30];
};
int main()
{
  struct mem man[NUM];                                /* 定义结构体数组 */
  int i;
  for(i=0;i<NUM;i++)                                  /* 输入数组中元素的成员值 */
  {
    printf("input name:");
    gets(man[i].name);
    printf("input phone:");
    gets(man[i].phone);
    printf("input address:");
    gets(man[i].address);
  }
  printf("%15s%15s%15s\n\n","name","tphone","address");
  for(i=0;i<NUM;i++)                                  /* 输出数组中元素的成员值 */
    printf("%15s%15s%15s\n",man[i].name,man[i].phone,man[i].address);
  return 0;
}
```

运行结果：

```
input name:Ling yun
input phone:6330323
input address:4—302
input name:Wu ping
input phone:6330324
input address:4—303
input name:Sun ling
input phone:6330344
input address:5—201
           name         tphone        address

       Ling yun        6330323          4—302
        Wu ping        6330324          4—303
       Sun ling        6330344          5—201
```

8.3　结构体指针

8.3.1　指向结构体变量的指针

当一个指针变量用来指向一个结构体变量时，就称为结构体指针变量(简称结构体指针)。结构体指针的值是它所指的结构体变量的首地址，通过结构体指针可访问所指的结构体变量的各个成员。

定义结构体指针变量的方法与定义结构体变量的方法相同。例如，在前面的例 8-4 中定义了 stu 结构体，若要定义一个指向 stu 的指针变量 ps，可写为：

```
struct stu *ps;
```

与前一章讨论的其他类别指针变量一样，当定义好一个结构体指针变量后，C 语言编译器便为该指针变量分配一块存储空间，但该指针变量在初始化前所保存的值是一个随机值，可能是内存中的任何一个地址，也有可能是系统重要数据的地址，对该地址进行任何操作将导致无法预料的后果。所以，以上定义的指针 ps 还不能直接使用，还需要做以下操作：

```
struct stu boy1;
ps=&boy1;
```

以上赋值语句 ps=&boy1;的作用是把结构体变量 boy1 的首地址赋给指针变量 ps，即使 ps 指向 boy1 变量的首地址，如图 8-5 所示。

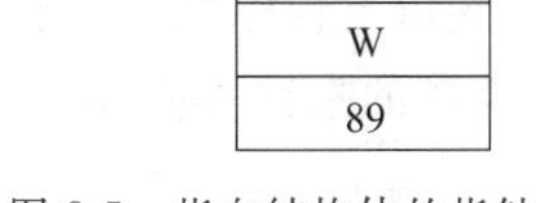

图 8-5　指向结构体的指针

有了上述的定义和赋值，就可以用指针 ps 方便地访问结构体变量 boy1 的各个成员。C 语言规定，当结构体指针变量指向一个同类型的结构体变量后，访问结构体成员可以有以下三种方法：

① 结构体变量名.成员名

② (*结构体指针变量名).成员名

③ 结构体指针变量名->成员名

其中，"->"为指向运算符，优先级为第 1 级，左结合，用于结构体指针访问结构体成员的方式。

例如，要访问结构体变量 boy1 中的成员 num，以下三种表示方法是完全等价的：

```
boy1.num
(*ps).num
ps->num
```

应该注意(*ps)两侧的括号不可少，因为成员符"."的优先级高于"*"。如去掉括号写成 *ps.num，则等效于 *(ps.num)，显然，这样对成员 num 的引用是错误的。

【例 8-6】 结构体指针变量的应用。

```
#include <stdio.h>
struct stu{                                    /*定义结构体变量和指针*/
    int num;
    char name[20];
    int age;
    char sex;
    float score;
}*ps,boy1={20101,"王芳",19,'W',89};
int main()
{
    ps=&boy1;                                  /*使 ps 指向 boy1*/
    printf("Number=%d\tName=%s\t",boy1.num,boy1.name);
    printf("Age=%d\tSex=%c\tScore=%.2f\n\n",boy1.age,
        boy1.sex,boy1.score);
    printf("Number=%d\tName=%s\t",(*ps).num,(*ps).name);
    printf("Age=%d\tSex=%c\tScore=%.2f\n\n",(*ps).age,
        (*ps).sex,(*ps).score);
    printf("Number=%d\tName=%s\t",ps->num,ps->name);
    printf("Age=%d\tSex=%c\tScore=%.2f\n\n",ps->age
        ,ps->sex,ps->score);
    return 0;
}
```

运行结果：

```
Number=20101    Name=王芳        Age=19  Sex=W   Score=89.00

Number=20101    Name=王芳        Age=19  Sex=W   Score=89.00

Number=20101    Name=王芳        Age=19  Sex=W   Score=89.00
```

在以上程序中定义了一个 stu 类型结构体变量 boy1 并初始化，还定义了一个指向 stu 类型的指针变量 ps。在程序中，把 boy1 的地址赋值给 ps，因此 ps 指向 boy1。

8.3.2 指向结构体数组的指针

第 7 章已介绍过指向数组或数组元素的指针，同样，也可以定义同类型的指针指向结构体数组或数组元素。

当把一个结构体数组名赋值给一个结构体指针时，就表示这个结构体指针指向该数组，结构体指针变量的值是该数组的首地址。当把结构体数组的一个元素地址赋值给一个结构体指针时，表示结构体指针指向该数组元素。

【例 8-7】 指向结构体数组的指针。

```
#include <stdio.h>
struct stu { /*定义结构体指针和数组,并初始化*/
    int num;
```

```
        char name[20];
        int age;
        char sex;
        float score;
    } * p,boy[5]={{20101,"王芳",19,'W',89},{20102,"任盈盈",19, 'W',92},
               {20103,"吴宇",18, 'M',76},{20104,"李平",19, 'M',87},
               {20105,"王明",19, 'M',58}};
    int main()
    {   p=boy;                                    /*指针变量p指向数组boy的首地址*/
        printf("No\tName\tAge\tSex\tScore\n");
        for(;p<boy+5;p++)                         /*用p访问boy中的每个元素*/
            printf("%d\t%s\t%d\t%c\t%.2f\n",p->num,p->name,
                p->age,p->sex,p->score);
        return 0;
    }
```

运行结果：

```
No      Name    Age     Sex     Score
20101   王芳    19      W       89.00
20102   任盈盈  19      W       92.00
20103   吴宇    18      M       76.00
20104   李平    19      M       87.00
20105   王明    19      M       58.00
```

在以上程序中，由于一开始将数组boy的首地址赋给了指针p，故循环中共执行5次p++操作，实际上每次都使指针p指向下一个数组元素的地址，即可以通过p输出boy数组各元素中的成员值。数组的内存状态如图8-6所示。

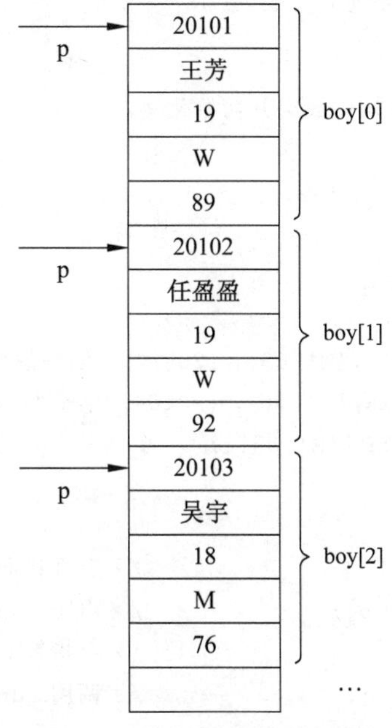

图8-6　指向结构体数组的指针

应该注意的是，虽然允许结构体指针变量可以指向结构体变量或结构体数组元素，但是不能指向结构体的一个成员。也就是说不允许把一个成员的地址赋给一个结构体指针。

例如，下面的赋值语句是错误的：

```
p=&boy[1].sex;      把数组元素 boy[1]的成员 sex 的地址赋给 p
```

以下赋值语句是正确的：

```
p=boy;              把数组首地址赋给 p
p=&boy[0];          把数组元素 boy[0]的地址赋给 p
```

8.3.3 将结构体指针作为函数参数

当函数调用时，若要把一个函数中某结构体变量的值传递给另一个函数，可以有三种方式：传递单个成员、传递结构体变量、传递指向该结构体的指针。

若把结构体的单个成员作为函数参数，则传递方法和把简单变量作为函数参数是一样的，属于值传递方式。

若把结构体变量作为函数参数，传递方法也是值传递方式。由于需要将结构体的全部成员值逐个传送，特别是成员为数组时将会使传送的时间和空间开销很大，会降低程序的效率。

一种较好的方式是把指向该结构体的指针作为函数参数，这是一种地址传递方式，即只把实参地址传递给形参，从而降低时间和空间的开销。

【例 8-8】 用函数形式改写例 8-4 程序。

```
#include <stdio.h>
struct stu {        /*定义结构体数组并初始化*/
    int num;
    char name[20];
    int age;
    char sex;
    float score;
}boy[5]={{20101, "王芳",19,'W',89}, {20102, "任盈盈",19,'W',92},
         {20103, "吴宇",18,'M',76}, {20104,"李平", 19, 'M',87},
         {20105,"王明", 19, 'M',58}};
int main()
{
    struct stu *p;                          /*定义指向结构体的指针变量*/
    void fun(struct stu *p);                /*声明 fun 函数*/
    p=boy;                                  /*令指针 p 指向数组 boy 首地址*/
    fun(p);                                 /*调用 fun 函数*/
    return 0;
}
```

```
void fun(struct stu *p)
{
    int c=0,i;
    float ave=0;
    for(i=0;i<5;i++,p++) {
        ave+=p->score;                  /*求总分*/
        if(p->score<60) c+=1;           /*统计不及格人数*/
    }
    ave=ave/5;                          /*求平均分*/
    printf("average=%.1f\ncount=%d\n",ave,c);
}
```

运行结果：

```
average=80.4
count=1
```

在以上程序中定义了一个 fun 函数，功能是统计所有学生的平均成绩和不及格的人数，形参为结构体指针变量 p。数组 boy 被定义为外部结构体数组，因此在整个程序中有效。在 main 函数中定义了结构体指针变量 p，并把 boy 的首地址赋予它，使 p 指向 boy 数组。然后将 p 作实参调用 fun 函数。

【例 8-9】 输入一个班所有学生的学号、姓名、3 门课的成绩，编程实现下列功能：

(1) 统计每个学生的总分和平均分；

(2) 输出平均分在全班平均分以上的学生名单；

(3) 按总分由高到低输出。

编程点拨：

① 声明一个结构体，主要成员有：学号、姓名、3 门功课的成绩、每个学生的总分和平均分。然后定义一个结构体数组。

② 设计 fun1 函数，计算每个学生的总分和平均分。

③ 设计 fun2 函数，计算班级平均分，输出平均分在全班平均分以上的学生名单。

④ 设计 fun3 函数，实现按总分由高到低排序输出的功能。排序方法可按以前介绍的冒泡法或选择法。本例采用选择法。

⑤ 设计 main 函数，先输入一个班的学生信息，然后依次调用以上 3 个函数完成设计要求。

相应的程序如下：

```
#include <stdio.h>
#define N 50
struct student{                         /*定义学生成绩管理的结构体*/
    char  num[10];
    char  name[20];
    float  score[3];
    float  sum;
```

```
    float  average;
};
void fun1(struct student *ps,int n)        /*计算每个学生的总分和平均分*/
{  int i,j;
   printf("输出学生总分和平均分\n");
   for(i=0;i<n;i++){
       (ps+i)->sum=0;                       /*给表示每个学生总分的数据成员赋0*/
       for(j=0;j<3;j++)
           (ps+i)->sum+=(ps+i)->score[j];  /*统计每个学生总分*/
       (ps+i)->average=(ps+i)->sum/3;       /*统计每个学生平均分*/
       printf("%s: ",(ps+i)->num);
       printf("sum=%.1f  average=%.1f\n",(ps+i)->sum,(ps+i)->average);
   }
}
void fun2(struct student *ps,int n)     /*输出平均分在全班平均分以上的学生名单*/
{  int i;
   float ave=0;                             /*变量ave表示全班平均分*/
   for(i=0;i<n;i++)
       ave+=(ps+i)->average;
   ave/=n;                                  /*计算全班平均分*/
   printf("输出高于平均分的学生名单\n");
   for(i=0;i<n;i++)
       if((ps+i)->average>ave)              /*输出高于平均分的学生名单*/
           printf("%s\t%s\n",(ps+i)->num,(ps+i)->name);
}
void fun3(struct student *ps,int n)        /*按总分由高到低排序并输出*/
{  int i,j,k;
   struct student temp;
   for(i=0;i<n-1;i++){                      /*用选择法按总分由高到低排序*/
       k=i;
       for(j=i+1;j<n;j++)
           if((ps+k)->sum<(ps+j)->sum) k=j;
       if(i!=k)
       { temp=*(ps+i); *(ps+i)=*(ps+k); *(ps+k)=temp; }
   }
   printf("输出排序结果:\n");
   for(i=0;i<n;i++)                         /*输出排序结果*/
       printf("%6s%8s%6.1f%6.1f%6.1f%6.1f%6.1f\n",(ps+i)->num,
           (ps+i)->name,(ps+i)->score[0],(ps+i)->score[1],
           (ps+i)->score[2],(ps+i)->sum, (ps+i)->average);
}
int main()
{  int i,n;
   struct student stu[N],*ps=stu;
```

```
    printf("输入学生人数\n");
    scanf("%d",&n);
    printf("输入学生信息\n");
    for(i=0;i<n;i++)                              /* 输入学生信息 */
        scanf("%s%s%f%f%f",(ps+i)->num,(ps+i)->name,&(ps+i)->score[0],
            &(ps+i)->score[1],&(ps+i)->score[2]);
    fun1(ps,n);                                   /* 调用 fun1 函数 */
    fun2(ps,n);                                   /* 调用 fun2 函数 */
    fun3(ps,n);                                   /* 调用 fun3 函数 */
    return 0;
}
```

运行结果：

```
输入学生人数
3
输入学生信息
001 王辉 56 43 66
002 朱丹 78 77 90
003 朱洪文 89 87 88
输出学生总分和平均分
001: sum=165.0  average=55.0
002: sum=245.0  average=81.7
003: sum=264.0  average=88.0
输出高于平均分的学生名单
002      朱丹
003      朱洪文
输出排序结果:
   003  朱洪文  89.0  87.0  88.0 264.0  88.0
   002    朱丹  78.0  77.0  90.0 245.0  81.7
   001    王辉  56.0  43.0  66.0 165.0  55.0
```

【举一反三】

(1) 重新编写例8-5程序，要求分别用两个函数input和output实现结构体数据的输入和输出。

提示： 在main函数中先定义一个表示学生通讯录信息的结构体数组和指针，并使指针指向该结构体数组，然后将该指针作input函数和output函数的参数。

(2) 假设学生的信息由学号和成绩构成。要求编写一个程序，由main函数输入N名学生的数据，然后调用fun函数把分数最高的学生记录存放到另一数组中(注意：分数最高的学生可能不止一个)，函数返回分数最高的学生的人数。最后在main函数中输出分数最高的学生信息。

提示： ① 定义表示学生记录的结构体数组，例如：

```
#define N 40
struct data{
    char num[10];
    float score;
}stu[N],t[N];
```

其中结构体数组stu存放N名学生的记录，结构体数组t存放分数最高的学生记录；

② 定义 fun 函数，函数形式可为：int fun(struct data *ps,struct data *pt)

其中 ps 指向结构体数组 stu，pt 指向结构体数组 t，函数返回值表示分数最高的学生的人数；

③ 在 main 函数中先输入学生的记录并保存到数组 stu 中，然后调用 fun 函数找出分数最高的学生记录并存放到数组 t 中，最后回到 main 函数输出数组 t 的值。

8.4 共 用 体

在编程时，有时会将一些不同类型的数据存放在相同的存储空间，即这些数据共同占用一段内存。可用共用体解决此类问题。

所谓**共用体**(又称联合体)是将不同类型的数据组合在一起，共同存放于同一存储空间的一种构造数据类型。

与使用结构体类似，使用共用体也必须先声明共用体类型，说明该共用体类型中包含哪些成员以及成员的类型，然后再定义和引用共用体类型的变量。

1. 共用体类型声明和变量定义

声明共用体类型的一般形式为：

```
union  共用体名
{成员表};
```

例如：

```
union data
{  char c;
   float a;
};
```

以上声明了一个共用体类型 data，包括两个成员，分别是字符型量 c 和单精度型量 a。这两个成员在内存中存放在同一存储空间中。

声明了共用体类型后，就可以定义共用体变量。共用体类型变量的定义方法与结构体变量的定义类似，也可采用三种方式：

(1) 先声明共用体类型，再定义该类型的变量；

(2) 在声明共用体类型的同时定义该类型的变量；

(3) 直接定义共用体类型变量。

例如，根据前例声明的共用体类型，定义以下共用体变量：

```
union data x,y,z;
```

以上定义了三个共用体类型变量 x、y、z，这三个变量既可以存放字符数据，也可以存放单精度数据，具体存放何种数据，视编程的需要而定。

虽然共用体类型变量和结构体类型变量定义形式相似，但在存储空间的分配上是有本质区别的。C编译系统在处理结构体类型变量时，是根据各成员所需要的存储空间的总和来分配一块内存，各个成员分别占有自己的存储空间，存储地址是不同的；而在处理共用体类型变量时，由于各个成员占用相同的存储空间，故系统是依据声明中需要存储空间最大的成员来分配一块内存，所有成员共用这块存储空间，所有成员的地址是相同的。

例如，前例定义了共用体变量 x，因为成员 a 为 float，需要 4 字节，成员 c 为 char，需要 1 字节，故系统是依据成员 a 所需存储空间大小来给变量 x 分配存储空间，以保证所分配的存储空间既能存放单精度数据，也能存放字符型数据。共用体变量 x 的内存状态如图 8-7 所示。

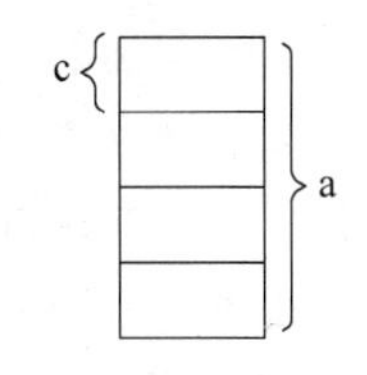

图 8-7　共用体变量 x 的内存状态

2. 共用体变量引用

与结构体变量一样，在程序中不能直接引用共用体变量本身，而只能引用共用体变量的成员。引用共用体变量的成员形式为：

共用体变量名.成员名

例如，在前面的定义下，赋值语句：

```
x.a=23.5;    表示将 23.5 赋给共用体变量 x 的成员 a
printf("%f",x.a);    表示输出共用体变量 x 的成员 a 的值
```

3. 使用共用体类型数据的注意事项

使用共用体类型时应注意以下几点：

(1) 由于共用体变量中的各个成员共用同一块存储空间，因此，在任一时刻，只能存放一个成员的值；

(2) 共用体变量中起作用的成员值是最后一次被赋值的成员值；

例如，在上面的定义下，有下列赋值语句：

```
x.a=1.5; x.c='H';
```

内存中存放的是最后存入的字符'H'，原来的 1.5 被覆盖了。

(3) 共用体变量的地址和它的成员的地址都是同一地址；

例如，以下表示的地址相同。

```
&x.a=&x.c=&x
```

(4) 不能对共用体变量赋值，也不能企图引用共用体变量来得到成员的值；

例如：

```
x=2.5;              无法确定赋值给哪个成员，故对共用体变量 x 赋值是错误的
float b;  b=x;  把 x 赋值给 b 也是错误的
```

(5) 可对共用体变量初始化，但初值表中只能有一个常量；

例如：

```
union data
{  char c;
   float a;
}x={'G'};
```

(6) 共用体和结构体可以相互嵌套。即共用体类型可以作为结构体类型的成员，结构体也可以作为共用体类型的成员。数组也可以作为共用体的成员。

注：C99 允许同类型的共用体变量相互赋值，也允许共用体变量作为函数参数。

一般在什么情况下会用到共用体类型呢？在数据处理中，有时需要对同一存储空间安排不同的用途，这时用共用体类型比较方便，能增加程序处理的灵活性。

【例 8-10】 师生基本信息的管理。

假设某校教师和学生的基本信息如下：

教师基本信息：编号、姓名、性别、工作性质、职称。

学生基本信息：编号、姓名、性别、工作性质、班号。

要求编写一个程序，输入教师和学生的基本信息，然后输出。

编程点拨：为了处理方便，可以把以上两种数据放在同一个表格中（如表 8-4 所示）处理，只有最后一栏不同。对于教师要登记教师的“职称”，对于学生则登记学生的“班号”。

表 8-4 学校人员数据信息表

编号 num	姓名 name	性别 sex	工作 job	职称 title/班号 cla
2010	Wang	W	s	710
1072	Li	M	t	prof
…	…	…	…	…

要对以上表格进行处理，可以定义一个包含 5 个成员的结构体数组。从表的结构可以看出，前 4 个成员 num、name、sex、job 对学生和教师都是相同的，只有最后一项成员因学生和教师不同而不同。而 title 和 cla 不需要同时存储，故可以共用同一个存储空间，所以最后一项成员可以用一个包含两项成员（title 和 cal）的共用体表示。

相应的程序为：

```
#include <stdio.h>
#define N 5
struct {        /*定义表示人员数据的结构体数组 per*/
    int num;
    char name[20];
    char sex;
    char job;
    union{        /*定义能表示教师职称和学生班号的共用体*/
        int cla;                                /*成员 cla 表示学生班号*/
```

```
        char title[20];                         /* 成员 title 表示教师职称 */
    }rank;
}per[N];
int main()
{   int i;
    for(i=0;i<N;i++){
        scanf("%d %s %c %c",&per[i].num,per[i].name,
            &per[i].sex,&per[i].job);
        if(per[i].job=='t')
            scanf("%s",per[i].rank.title); /* 输入教师的职称 */
        else if(per[i].job=='s')
            scanf("%d",&per[i].rank.cla);  /* 输入学生的班号 */
    }
    printf("\nNo\tName\t\tSex\tJob\tTitle/Cla\n");
    for(i=0;i<N;i++){
        if(per[i].job=='t')                /* 输出教师数据 */
            printf("%d\t%s\t\t%c\t%c\t%s\n",per[i].num,per[i].name,
                per[i].sex,per[i].job,per[i].rank.title);
        else if(per[i].job=='s')           /* 输出学生数据 */
            printf("%d\t%s\t\t%c\t%c\t%d\n",per[i].num,per[i].name,
                per[i].sex,per[i].job,per[i].rank.cla);
    }
    return 0;
}
```

运行结果：

```
0034 刘洋 m t 教授
0076 王林 m t 讲师
10003 白田田 w s 43
10054 武威 m s 65
0032 蒲旺 m t 讲师

No      Name            Sex     Job     Title/Class
34      刘洋            m       t       教授
76      王林            m       t       讲师
10003   白田田          w       s       43
10054   武威            m       s       65
32      蒲旺            m       t       讲师
```

8.5 枚举类型

在编程时，有时某些变量的取值范围是有限的。例如，一个星期只有七天，一年只有十二个月，一个班每周有六门课程等。这些变量类型如果定义为整型、字符型等都不太合适。为此，C语言提供了一种称为“枚举”的类型。所谓“**枚举**”是指将变量的值一一列举出来，变量的取值只限于列举出来的值的范围内。

应该注意的是，枚举类型是一种基本数据类型，而不是一种构造类型，因为它不能再分解为任何基本类型。

声明枚举类型的一般形式为：

enum 枚举名{ 枚举值表 };

其中，枚举名是用户为该枚举类型所取的名字，而在枚举值表中应罗列出所有可用值，这些可用值也称为**枚举元素**。枚举名和枚举值都必须是合法标识符。

例如：

```
enum weekday{sun,mon,tue,wed,thu,fri,sat};
```

以上语句声明了一个名为 weekday 的枚举类型，枚举值表中共有 7 个枚举元素，即一周中的七天。

声明了一个枚举类型后，就可以定义枚举类型变量。和定义结构体与共用体变量一样，枚举变量也可用三种方式定义。例如：

方式一：先声明枚举类型，后定义枚举类型变量

```
enum weekday{sun,mon,tue,wed,thu,fri,sat};
enum weekday a,b,c;
```

方式二：在声明枚举类型的同时定义枚举类型变量

```
enum weekday{sun,mon,tue,wed,thu,fri,sat}a,b,c;
```

方式三：直接定义枚举类型变量

```
enum{sun,mon,tue,wed,thu,fri,sat}a,b,c;
```

以上三种方式均定义了三个枚举类型变量 a、b、c。

由于枚举类型变量的取值只限于枚举值表中列举的枚举元素，因此在对枚举类型变量赋值时，是直接把这些枚举元素赋给枚举类型变量的。

例如，以上定义了三个枚举类型变量 a、b、c，下列赋值语句是合法的：

```
a=sun; b=tue; c=sat;
```

使用枚举类型数据时，要注意以下几点：

(1) 枚举元素是常量，不是变量。不能在程序中用赋值语句再对它赋值；

例如，对枚举类型 weekday 的枚举元素作以下赋值都是错误的：

```
sun=5; mon=2; sun=mon;
```

(2) 每个枚举元素都代表一个整数，这个整数值为定义时的序号。C 编译系统按定义时的顺序默认它们的值为 0,1,2…；

例如，在前面定义的枚举类型 weekday 中，枚举元素 sun 值为 0，mon 值为 1，…，sat 值为 6。

C 语言还允许在对枚举类型定义时显式给出各枚举元素的值。

例如：

```
enum weekday{sun=7,mon=1,tue,wed,thu,fri,sat}a,b,c;
```

以上枚举元素 sun 值为 7，mon 值为 1，tue 值为 2，…，sat 值为 6。

【例 8-11】 阅读下列程序。

```
#include <stdio.h>
int main()
{
  enum weekday{sun,mon,tue,wed,thu,fri,sat}a,b,c;
  a=sun;
  b=mon;
  c=tue;
  printf("%d,%d,%d",a,b,c);
  return 0;
}
```

运行结果：

```
0,1,2
```

注：由于枚举类型变量的值是整数，故 C99 把枚举类型也作为整型数据中的一种。

下面举例说明枚举类型数据的使用。

【例 8-12】 编写程序，由键盘输入一个整数值（代表星期几），输出其对应的英文名称。

编程点拨：要表示星期几这样的数据，可定义一个枚举类型。然后输入一个整数（取值范围为 0～6），找出对应的枚举元素。相应的程序为：

```
#include <stdio.h>
int main()
{   int day;
    enum weekday{sun,mon,tue,wed,thu,fri,sat}week;
    printf("input day: ");
    scanf("%d",&day);
    if(day>=0&&day<=6)
    {   week=(enum weekday)day;          /*将整数强制转换为枚举元素赋给枚举变量*/
        switch(week)                     /*输出星期几对应的英文名称*/
        {
          case sun: printf(" Sunday\n"); break;
          case mon: printf(" Monday\n"); break;
          case tue: printf(" Tuesday\n"); break;
          case wed: printf(" Wednesday\n"); break;
          case thu: printf(" Thursday\n"); break;
          case fri: printf(" Friday\n"); break;
          case sat: printf(" Saturday\n"); break;
```

```
        }
    }
    else printf("ERROR\n");
    return 0;
}
```

运行结果：

```
input day:3
 Wednesday
```

8.6 用 typedef 自定义类型名

在C程序中，可以使用C语言提供的基本数据类型名（如 int、char、double 等），也可以使用自定义的数据类型名（如结构体类型、共用体类型等）。除此之外，C语言还允许用户用 typedef 自己定义新类型名，并允许用户用新的类型名代替原类型名。

用 typedef 自定义类型名的一般形式为：

typedef 原类型名 新类型名；

表示可用新类型名代替原类型名。其中新类型名必须是合法的标识符名。

一般来说，用户用 typedef 自定义类型名，主要是为了提高程序的可读性。

例如，有以下定义：

```
int a,b;
```

int 是整型变量的类型说明符。int 的完整写法为 integer，为了增加程序的可读性，可把整型说明符用 typedef 定义为：

```
typedef int INTEGER
```

以后就可用 INTEGER 来代替 int 作整型变量的类型说明了。

例如：

```
INTEGER a,b;
```

它等效于：

```
int a,b;
```

用 typedef 定义数组、指针、结构体等类型将带来很大的方便，不仅使程序书写简单，而且使意思更为明确，从而增强了可读性。

例如：

```
typedef struct stu{
    int num;
    char name[20];
```

```
    int  age;
    char sex;
    float score;
}STU;
```

定义 STU 表示 stu 的结构体类型，以后就可用 STU 来定义这种结构体变量，例如：

```
STU boy1,boy2;
```

【例 8-13】 将例 8-8 的程序改写如下：

```
#include <stdio.h>
typedef struct stu {
    int num;
    char name[20];
    int age;
    char sex;
    float score;
}STU;
STU boy[5]={{20101, "王芳",19,'W',89}, {20102, "任盈盈",19,'W',92},
            {20103, "吴宇",18,'M',76}, {20104,"李平", 19, 'M',87},
            {20105,"王明", 19, 'M',58}};
int main()
{
    STU *p;                              /*定义指向结构体的指针变量*/
    void fun(STU *p);                    /*声明 fun 函数*/
    p=boy;                               /*令指针 p 指向数组 boy 首地址*/
    fun(p);                              /*调用 fun 函数*/
    return 0;
}
void fun(STU *p)
{
    int c=0,i;
    float ave=0;
    for(i=0;i<5;i++,p++) {
        ave+=p->score;                   /*求总分*/
        if(p->score<60) c+=1;            /*统计不及格人数*/
    }
    ave=ave/5;                           /*求平均分*/
    printf("average=%.1f\ncount=%d\n",ave,c);
}
```

特别要注意，利用 typedef 声明只是对已经存在的类型增加了一个类型名，而没有定义新的类型，它仅仅是给原类型名取一个“别名”。

复习与思考

1. 结构体类型变量、数组和指针有哪些定义方法？结构体变量的内存状态如何分配和计算？

2. 结构体变量和数组如何引用？如何初始化结构体变量和数组？

3. 结构体指针如何引用？

4. 共用体变量有哪些定义方法？如何引用共用体变量？

5. 枚举类型变量有哪些定义方法？如何使用枚举变量？

6. 如何用 typedef 自定义类型名？

习 题 8

一、选择题

1. 当定义一个结构体变量时，系统分配给它的存储空间大小是________。

   A. 结构体中最后一个成员所需的存储空间大小

   B. 结构体中第一个成员所需的存储空间大小

   C. 成员中占存储空间最大者所需的存储空间大小

   D. 所有成员所需存储空间大小的总和

2. 设有定义如下：

```
struct student
{  int age;
   char num[8];
}stu[3]={{20,"200401"},{21,"200402"},{10,"200403"}};
struct student *p=stu;
```

以下引用结构体变量的选项中错误的是________。

   A. (p++)->num　　　　B. p->num

   C. (*p).num　　　　D. stu[3].age

3. 设有定义如下：

```
struct sk
{  int a;
   float b;
}data ,*p=&data;
```

以下对结构体变量 data 中成员 a 的正确引用是________。

   A. (*p).data.a　　B. (*p).a　　C. p->data.a　　D. p.data.a

4. 设有定义如下：

```
struct student
{   int age;
    int num;
}stu1, * p;
p=&stu1;
```

以下对结构体变量 stu1 中成员 age 的非法引用是________。

A. stu1. age　　B. student. age　　C. p->age　　D. (* p). age

5. 当定义一个共用体变量时，系统分配给它的存储空间大小是________。

A. 共用体中最后一个成员所需的存储空间大小

B. 共用体中第一个成员所需的存储空间大小

C. 成员中占存储量最大者所需的存储空间大小

D. 所有成员所需存储空间大小的总和

6. 设有定义如下：

```
union data
{   int i;
    char c;
    float f;
}a;
int n;
```

以下正确的语句是________。

A. a. i=5;　　B. a={2,'a',1. 2};

C. printf("%d\n",a);　　D. n=a;

7. 设有定义如下：

```
union u_type
{   int i;
    char ch;
    float a;
}temp;
```

执行以下语句后的输出结果是________。

```
temp.i=266;
printf("%d",temp.ch);
```

A. 266　　B. 256　　C. 10　　D. 1

8. 设有定义如下：

```
enum week{sun,mon,tue,wed,thu,fri,sat}day;
```

以下正确的赋值语句是________。

A. sun=0;　　B. sun=day;　　C. sun=mon;　　D. day=sun;

9. 设有定义如下:

```
enum color {red,yellow=2,blue,white,black}ren;
```

执行以下语句后的输出结果是________。

```
printf("%d",ren=white);
```

A. 0　　B. 1　　C. 3　　D. 4

10. 设有定义如下:

```
typedef  struct
{  int n;
   char ch[8];
}PER;
```

则下面叙述中正确的是________。

A. PER 是结构体变量名　　B. PER 是结构体类型名

C. typedef　struct 是结构体类型　　D. struct 是结构体类型名

二、填空题

1. 下面程序的运行结果是 ________。

```
#include "stdio.h"
struct  STU
{  char num[10];
   float score[3];
};
int main( )
{  struct STU s[3]={{"20021",90,95,85},{"20022",95,80,75},
                    {"20023",100,95,90}}, * p=s;
   int i;
   float sum=0;
   for(i=0;i<3;i++)
      sum=sum+p->score[i];
   printf("%6.2f\n",sum);
   return 0;
}
```

2. 下面程序的运行结果是 ________。

```
#include "stdio.h"
struct abc
{ int a,b,c;};
int main()
{  struct abc s[2]={{1,2,3},{4,5,6}};
```

```
    int t;
    t=s[0].a+s[1].b;
    printf("%d \n",t);
    return 0;
}
```

3. 下面程序的运行结果是 ________。

```
#include "stdio.h"
struct str1
{ char c[5], * s;};
int main()
{   struct str1 s1[2]={ "ABCD", "DEGH", "IJK", "LMN"};
    struct str2
    {   struct str1 sr;
        int d;
    }s2={"OPQ", "RST",32767};
    printf("%s %s %d\n",s1[0].s,s2.sr.c,s2.d);
    return 0;
}
```

4. 下面程序的运行结果是________。

```
#include <stdio.h>
struct stu
{   int num;
    char name[10];
    int age;
};
void fun(struct stu * p)
{
  printf("%s\n",(* p).name);
}
int main()
{   struct stu s[3]={{9801, "zhang",20},{9802, "wang",19},
                    {9803, "zhao",18}};
    fun(s+2);
    return 0;
}
```

5. 下面程序的运行结果是 ________。

```
#include "stdio.h"
int main()
{   union
    {   int a[2];
        long k;
```

```
        char c[4];
    }t, * s=&t;
    s->a[0]=0x39;
    s->a[1]=0x38;
    printf("%lx", s->k);
    return 0;
}
```

6. 下面程序的运行结果是________。

```
#include <stdio.h>
int main()
{   union EXAMPLE
    {   struct{ int x,y;}in;
        int a,b;
    }e;
    e.a=1;  e.b=2;
    e.in.x=e.a * e.b;
    e.in.y=e.a+e.b;
    printf("%d,%d\n",e.in.x,e.in.y);
    return 0;
}
```

7. 下面程序的功能是输入学生的姓名和成绩,然后输出。请完善程序。

```
#include <stdio.h>
struct stuinf
{   char name[20];
    int score;
}stu, * p;
int main()
{   p=&stu;
    printf("Enter name:");
    gets(___(1)___);
    printf("Enter score: ");
    scanf("%d",___(2)___);
    printf("Output: %s, %d\n",___(3)___ ,___(4)___ );
    return 0;
}
```

8. 下面程序的功能是按学生的姓名查询其成绩和成绩排名。查询时可连续进行,直到输入0时才结束。请完善程序。

```
#include <stdio.h>
#include <string.h>
#define NUM 4
struct student
```

```
{   int rank;
    char * name;
    float score;
};
    ___(1)___ stu[ ]={3,"liming",89.3,4,"zhanghua",78.2,1,"anli",95.1,
                    2,"wangqi",90.6};
int main()
{   char str[10];
    int i;
    do{
        printf("Enter a name");
        scanf("%s",str);
        for(i=0;i<NUM;i++)
            if(___(2)___)
            {   printf("Name :%8s\n",stu[i].name);
                printf("Rank :%3d\n",stu[i].rank);
                printf("Average :%5.1f\n",stu[i].score);
                ___(3)___;
            }
        if(i>=NUM) printf("Not found\n");
    }while( strcmp(str,"0")!=0);
    return 0;
}
```

9. 以下程序按“选择法”对结构体数组 a 按成员 num 进行降序排列。请完善程序。

```
#include <string.h>
#include <stdio.h>
#define N 8
struct c
{   int num;
    char name[20];
}a[N];
int main()
{   int i,j,k;
    struct c t;
    for(i=0;i<N;i++)
      scanf("%d%s",&a[i].num,a[i].name);
    for(i=0;i<N-1;i++) {
        ___(1)___ ;
      for(j=i+1;j<N;j++)
        if(a[j].num>a[k].num) ___(2)___ ;
      if(i!=k)
      { t=a[i];a[i]=a[k]; ___(3)___ ;}
    }
```

```
    for(i=0;i<N;i++)
        printf("%d,%s\n",a[i].num,a[i].name);
    return 0;
}
```

10. 输入 N 个整数,存储输入的数及对应的序号,并将输入的数按从小到大的顺序进行排列。要求:当两个整数相等时,整数的排列顺序由输入的先后次序决定。例如:输入的第 3 个整数为 5,第 7 个整数也为 5,则将先输入的整数 5 排在后输入的整数 5 的前面。请完善程序。

```
#include "stdio.h"
#define N 10
struct
{   int no;
    int num;
}array[N];
int main()
{   int i,j,num;
    for(i=0;i<N;i++){
        printf("enter No. %d:",i);
        scanf("%d",&num);
        for(__(1);__ j>=0&&array[j].num __(2)__ num; __(3)__ )
            array[j+1]=array[j];
        array[__(4)__].num=num;
        array[__(5)__].no=i;;
    }
    for(i=0;i<N;i++)
        printf("%d=%d,%d\n",i,array[i].num,array[i].no);
    return 0;
}
```

三、编程题

1. 编写程序,定义一个表示周的枚举类型,根据输入的星期几(整数值),输出其英文名称。

2. 编写程序,定义一个表示日期的结构体类型(由年、月、日 3 个整型数据组成),输入一个日期,计算该日期是本年度的第几日。

3. 某学习小组有 5 个人,每个人的信息包括:学号、姓名和成绩。编写程序要求输入他们的信息,求出平均成绩以及最高成绩者的信息。

4. 某班学生的记录由学号和成绩组成。编写程序输入一个成绩,然后将该成绩范围内的所有学生数据放在另一个数组中。

5. 编写程序,建立一个学生情况登记表,包括:学号、姓名、5 门课成绩与总分。在主函数中调用以下函数实现指定的功能：

(1) 输入 n(n≤40)个学生的数据(不包括总分)；

(2) 计算每个学生的总分；

(3) 按总分由高到低排序；

(4) 由键盘输入一个学号，输出给定学号的学生的所有信息。

第9章

动态数组与链表

在C语言中，数组具有静态性，也就是说数组的大小必须在编译时是确定的，不能在程序的运行过程中改变数组的大小。而在实际应用中，有时数组需要在程序运行时才能确定大小，例如，编程求某班某门课的最高分和平均分。对于本问题，由于不同班级的人数是不相同的，因此，实际的班级人数在编写程序时是未知的。对于这样的情况，程序中该如何定义用来存储学生成绩的数组的大小呢?

一般方法是将该数组定义得足够大，但这样会占用过多的内存空间，造成内存空间的浪费。更好的方法是，如果数组的大小可以在程序运行过程中根据实际需要来分配内存空间和释放内存空间，就可以合理使用有限的内存空间，提高程序的空间效率。这也是本章要介绍的主要内容。

9.1 内存动态分配与动态数组

9.1.1 常用的内存动态分配函数

如上所说，在某些情况下，当程序中需要动态定义数据结构(例如动态数组、链表等)大小时，就需要动态分配和释放内存，可用内存动态分配函数来实现这些操作。

C语言提供了以下几个库函数实现内存的动态分配，使用这些动态分配函数时要用 #include 命令将 stdlib.h 或 malloc.h 文件包含进来。

1. malloc 函数

函数原型：**void * malloc(unsigned int size);**

函数功能：malloc 函数用于在内存的动态区分配 size 字节的内存空间。函数返回值是一个指向该存储区起始地址的指针。若函数调用不成功，则返回 NULL (0 值)。

2. calloc 函数

函数原型：**void * calloc(unsigned int num, unsigned int size);**

函数功能：calloc 函数用于在内存的动态区分配 num 个大小为 size 字节的内存空

间。函数返回值是一个指向该存储区起始地址的指针。若函数调用不成功，则返回NULL(0值)。

3. free 函数

函数原型：**void free(void ＊p);**

函数功能：free 函数用于释放 p 指向的动态分配的内存空间。该函数没有返回值，p 指向的地址只能是由 malloc 函数和 calloc 函数申请分配空间时返回的地址，执行该函数后，将以前分配的内存空间交还给系统，可由系统再重新分配。

4. realloc 函数

函数原型：**void ＊realloc(void ＊p, unsigned int size);**

函数功能：realloc 函数用于改变原来通过 malloc 函数或 calloc 函数分配的存储空间大小，即将 p 指向的内存空间大小改为 size 字节。函数返回值是重新分配的内存空间的首地址，如果重新分配不成功，则返回 NULL。

以下通过一个实例来介绍这些函数的应用情况。

【例 9-1】 分析以下程序：

```
#include <stdio.h>
#include <stdlib.h>
int main()
{   struct stu {
    int num;
    char * name;
    char sex;
    float score;
    } * ps;
    ps=(struct stu * )malloc(sizeof(struct stu));       /* 动态申请一块区域 */
    ps->num=102;
    ps->name="Zhang ping";
    ps->sex='M';
    ps->score=62.5;
    printf("Number=%d\nName=%s\n",ps->num,ps->name);
    printf("Sex=%c\nScore=%f\n",ps->sex,ps->score);
    free(ps);                                            /* 释放动态分配的区域 */
    return 0;
}
```

运行结果：

```
Number=102
Name=Zhang ping
Sex=M
Score=62.500000
```

以上程序的功能是先调用 malloc 函数申请动态分配一块内存空间，用来存放一个学生的信息,然后给相应的成员赋值并输出,最后调用 free 函数释放该区域。由于调用 malloc 函数返回的是一个指向 void 类型的指针,所以语句"ps=(struct stu *)malloc(sizeof(struct stu));"的作用是,用强制类型转换(struct stu *)把 malloc 函数返回值转换成指向结构体类型的指针并赋给变量 ps。

9.1.2 动态数组

在本章一开始提到的求某班学生某门课的最高分和平均分的问题,由于不同班级的人数是不相同的,实际的班级人数在编写程序时是未知的。因此,一种好的解决办法是在程序运行时,动态分配一块内存空间给数组,这样的数组就称为**动态数组**。

【例 9-2】 编程求某班学生某门课的最高分和平均分。

编程点拨:由于不同班级的人数是不相同的,因此可在运行时根据实际情况输入班级人数,然后建立一个动态数组来保存学生成绩。

程序如下:

```
#include <stdio.h>
#include <stdlib.h>
float average(float *p,int n)                 /*求班级平均分*/
{ float ave=0;
  int i;
  for(i=0;i<n;i++)                            /*求总分*/
    ave+=*(p+i);
  ave=ave/n;                                  /*求平均分*/
  return ave;
}
float max_score(float *p,int n)               /*求最高分*/
{ float max=*p;
  int i;
  for(i=1;i<n;i++)                            /*找出最高分*/
    if(*(p+i)>max) max=*(p+i);
  return max;
}
int main()
{ float *p,max,ave;
  int i,n;
  printf("Please input array size: ");
  scanf("%d",&n);
  p=(float *)malloc(n*sizeof(float));         /*动态申请 n 个 sizeof(float)字节的
                                                连续内存空间*/
  printf("Please input score: ");
  for(i=0;i<n;i++)
    scanf("%f",p+i);                          /*输入每个学生的成绩*/
```

```
  ave=average(p,n);                              /* 调用函数求平均分 */
  max=max_score(p,n);                            /* 调用函数求最高分 */
  printf("ave=%.2f, max=%.2f\n",ave,max);
  free(p);                                       /* 释放动态申请的空间 */
  return 0;
}
```

运行结果：

```
Please input array size: 5
Please input score:80  70  95  85  90
ave=84.00, max=95.00
```

【例 9-3】 输入 m(1≤m≤10)和 n(1≤n≤5)的值，求 1～m 每个数的 1～n 次幂。

编程点拨：先输入 m 和 n 的值，然后创建一个动态数组用来保存 1～m 的 1～n 次幂，最后输出结果。

程序如下：

```
#include <stdio.h>
#include <stdlib.h>
int mypow(int,int);                              /* 声明求幂函数 mypow */
int main()
{ int *p,i,j,m,n;
  printf("Please input m,n:");
  scanf("%d%d",&m,&n);                           /* 输入 m 和 n 值 */
  p=(int *)calloc(m,n*sizeof(int));              /* 动态申请 m 个 n*sizeof(int)字节
                                                    的内存空间 */
  for(i=0;i<m;i++)
  {
      for(j=0;j<n;j++)
      {
          p[i*n+j]=mypow(i+1,j+1);               /* 计算 i+1 的 j+1 次幂,并保存在动态
                                                    数组中 */
          printf("%6d",p[i*n+j]);
      }
      printf("\n");
  }
  free(p);                                       /* 释放动态申请的空间 */
  return 0;
}
int mypow(int x,int n)                           /* 计算 x 的 n 次幂 */
{ int t=1,i;
  for(i=1;i<=n;i++)
    t=t*x;
  return t;
}
```

运行结果：

```
Please input m,n:6 3
    1      1      1
    2      4      8
    3      9     27
    4     16     64
    5     25    125
    6     36    216
```

9.2 链　　表

9.2.1 链表的基本概念

链表是一种常见的数据结构，和动态数组一样，链表所需的存储空间大小也是在程序运行时动态分配的。例如，在 9.1 节介绍的例 9-2 程序，除了可用动态数组来处理外，也可以使用链表来处理。

链表可分为单向链表、双向链表和循环链表等多种形式，本章只讨论最简单的一种链表——单向链表，单向链表的逻辑结构如图 9-1 所示。

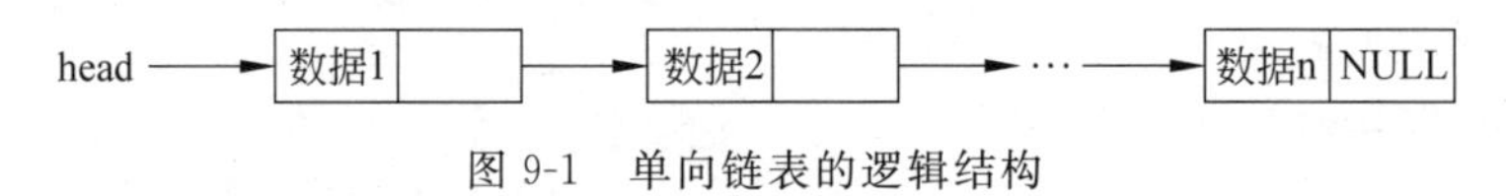

图 9-1　单向链表的逻辑结构

由图 9-1 可知，链表是由一个个的结点构成，每个结点包含两部分：一部分用于存储结点数据，称为**数据域**；另一部分用于存储下一个结点的存储地址，称为**指针域**。

在链表的开头有一个指向链表第一个结点的指针变量 head，称为**链表的头**。由于链表是一个结点链接着一个结点，每个结点都可能存储在内存中的不同位置，只有找到第一个结点，才能通过第一个结点找到第二个结点，再由第二个结点找到第三个结点，直到找到最后一个结点。最后一个结点不再链接着其他结点，称为**链表的尾**，它的指针域值为空(用 NULL 或 0 表示)，表示链表到此结束，如图 9-1 所示。

在程序中若要表示这样的链表结构，可采用第 8 章介绍的结构体来表示链表中的每一个结点。例如，在下面定义的结构体中，成员 data 用于存放链表结点中的数据，属于结点的数据域部分，next 是指针类型的成员，可指向 struct node 类型数据，属于结点的指针域部分：

```
struct node{
    int data;                              /* 数据域 */
    struct node * next;                    /* 指针域 */
};
```

9.2.2 创建动态链表

创建动态链表是指在程序运行过程中从无到有一个结点一个结点地建立起一个完整

的链表。为了更加简单明了,在以下介绍的实例中,设计了一个简单的结构作为链表的结点,即把 9.1 节定义的结构体 struct node 作为要创建链表的结点结构。创建其他的结点结构与此类似。

假设要求创建一个包含若干正整数结点的链表,正整数的值由键盘输入,并以−1 作为结束标志。创建此动态链表的主要步骤如下:

(1) 定义表示链表结点的结构体类型,此类型一经构造,则具有这种类型的数据所要占用的存储空间大小就确定了,可用运算符 sizeof 计算出链表结点所要的存储空间大小。

例如:

```
#define LEN sizeof(struct node)
struct node{
    int data;
    struct node *next;
};
```

(2) 定义三个指向 struct node 类型的指针变量 head(指向链表头)、p1(指向新申请结点)和 p2(指向最后一个结点)。初始令 head=NULL,调用函数 malloc 动态申请一块内存空间分配给新结点,并令 p1 和 p2 指向新结点的首地址,如图 9-2 所示。

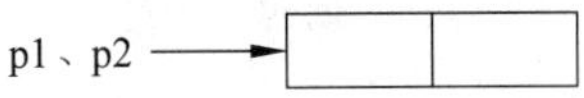

p1、p2

图 9-2　动态申请一块新结点内存空间情况

(3) 输入整数(假如为 3)并存入新结点的数据域中,即赋给 p1->data。如果 p1->data≠−1,则表示输入的值是第一个结点的数据,令 head=p1,如图 9-3 所示。

p1、p2、head　3

图 9-3　输入值保存到新结点数据域情况

(4) 令 p2=p1,即使 p2 指向刚才建立的结点,调用函数 malloc 重新动态申请一块内存空间分配给新结点,并令 p1 指向其首地址,输入数据(假如为 5)并赋给 p1->data,如图 9-4 所示。

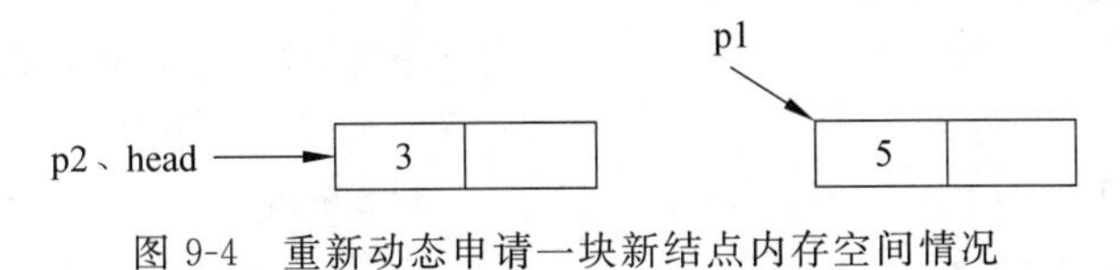

图 9-4　重新动态申请一块新结点内存空间情况

(5) 如果输入的 p1->data≠−1,则执行 p2->next=p1 操作,即把原链表中最后一个结点和新建立的结点链接起来,如图 9-5 所示。

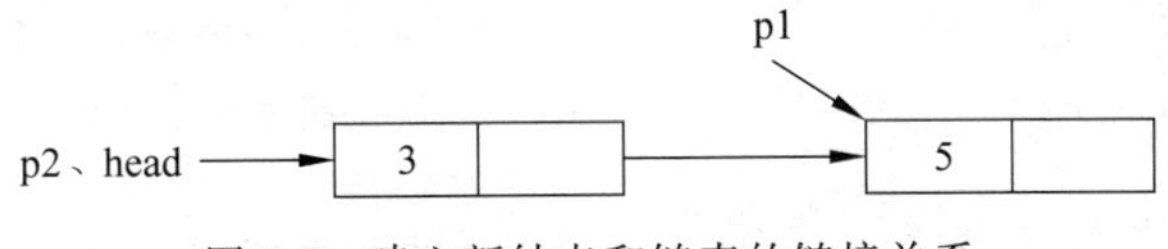

图 9-5　建立新结点和链表的链接关系

(6) 重复步骤(4)、(5),直到 p1->num=-1 时退出循环。令 p2->next=NULL,即 p2 指向的结点为链表尾。链表创建完成。

例如,创建包含三个结点的链表,创建过程如图 9-6(a)、9-6(b)、9-6(c)所示。

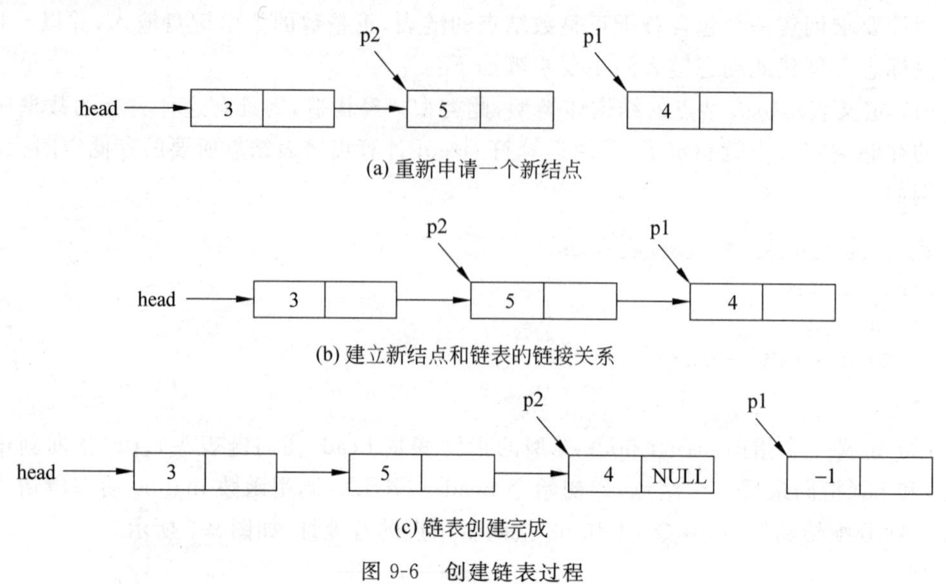

图 9-6　创建链表过程

按以上步骤创建链表的函数如下:

```
#include <stdio.h>
#include <malloc.h>
#define LEN sizeof(struct node)
struct node{
    int data;
    struct node * next;
};
int n;
struct node * create()
{  struct node * head, * p1, * p2;
   n=0;                                   /* 全局变量 n 表示链表结点个数,初值为 0 */
   head=NULL;                             /* head 表示链表的头,初值为 NULL */
   p1=p2=(struct node * )malloc(LEN);     /* 动态申请一个新结点 */
   scanf("%d",&p1->data);                 /* 将输入的数据放入新结点的数据域中 */
   while(p1->data!=-1)
   {  n=n+1;                              /* 链表结点个数加 1 */
      if(n==1) head=p1;                   /* 令 head 指向链表头 */
      else  p2->next=p1;                  /* 将原链表中最后一个结点和新建立的结点
                                             链接起来 */
      p2=p1;
      p1=(struct node * )malloc(LEN);     /* 重新动态申请一个新结点 */
```

```
    scanf("%d",&p1->data);
  }
  p2->next=NULL;                         /* 令链尾结点的指针域为 NULL */
  free(p1);                              /* 释放 p1 指向的结点内存 */
  return(head);
}
```

9.2.3 输出动态链表

输出链表是指从链表的第一个结点起至链表尾逐个输出各结点数据域的值。假设要输出 9.2.2 节创建的链表中各结点的值，主要步骤如下：

(1) 定义指向 struct node 类型的指针变量 p(指向每一个要访问的结点)，如果 head≠NULL，即不是空链表时，令 p=head，即使 p 指向链表的首结点(第一个要访问的结点)，如图 9-7 所示。

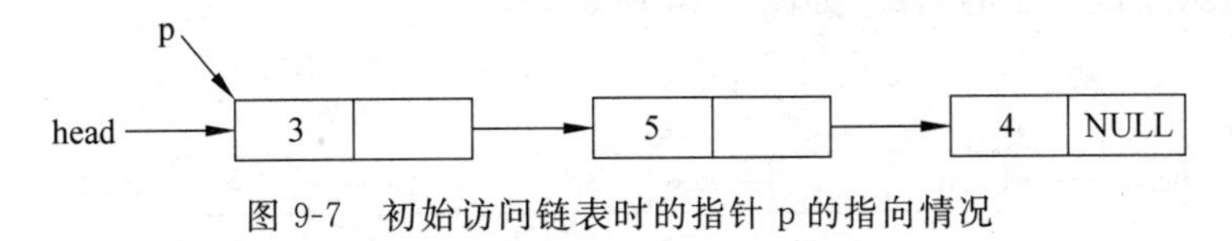

图 9-7　初始访问链表时的指针 p 的指向情况

(2) 输出 p->data，即输出 p 指向结点的数据域的值。再令 p=p->next，使 p 指向下一个要访问的结点，如图 9-8 所示。

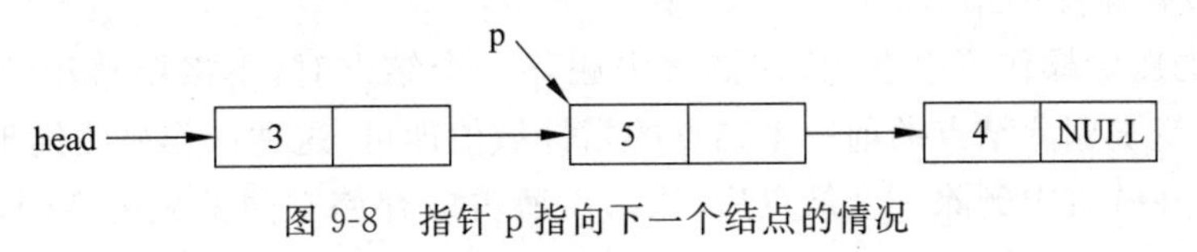

图 9-8　指针 p 指向下一个结点的情况

(3) 若 p≠NULL，重复步骤(2)，直到 p=NULL，即访问到链表尾结束。

按以上步骤输出链表的函数如下：

```
void print(struct node * head)
{  struct node * p;
   if(head!=NULL)                          /* 链表不是空链表 */
   {  p=head;                              /* 令 p 指向首结点 */
      do{
          printf("%d\n",p->data);          /* 输出数据域的值 */
          p=p->next;                       /* 令 p 指向下一个结点 */
        }while(p!=NULL);
   }
}
```

9.2.4 动态链表的删除操作

对链表的删除操作是指删除链表中的某个结点，即把该结点从链表中分离出来，不再和链表中的其他结点有任何联系。假设要删除 9.2.2 节创建的链表中数据为 5 的结点，主要步骤如下：

(1) 查找要删除的结点，并令 p1 指向该结点，p2 指向该结点的前一个结点，如图 9-9 所示。

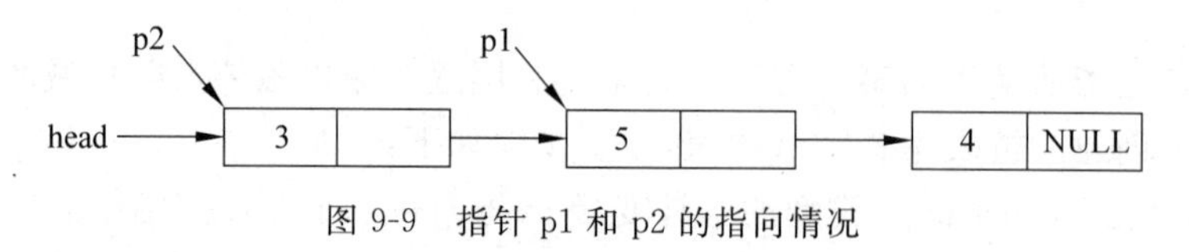

图 9-9 指针 p1 和 p2 的指向情况

(2) 令 p2->next=p1->next，即将要删除结点的前一个结点和后一个结点链接起来，从而达到删除该结点的目的，如图 9-10 所示。

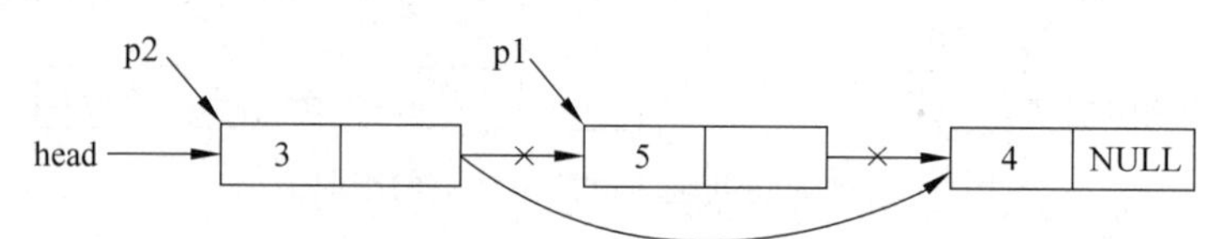

图 9-10 删除 p1 指向的结点情况

(3) 释放被删除的结点。

从链表的删除操作可以看出，在链表中删除一个结点时，不需要移动链表的结点位置，只需要改变被删除结点的前一个结点的指针域值即可，这种操作显然优于数组的删除操作。另外，在链表中删除一个结点后，该结点所占的存储空间就变为空闲，应将该空闲结点释放。

按照以上步骤删除结点的函数如下：

```
struct node * delete(struct node * head,int x)
{  struct node * p1, * p2;
   if(head==NULL)                              /* 链表为空链表 */
   {  printf("\nlist null!\n");
      goto end;
   }
   p1=head;
   while(x!=p1->data&&p1->next!=NULL)          /* 查找要删除的结点,即值为 x 的结点 */
   {  p2=p1;p1=p1->next;  }
   if(x==p1->data)                             /* 找到了要删除的结点 */
   {  if(p1==head)                             /* 要删除的结点是头结点 */
          head=p1->next;                       /* 将第二个结点的地址赋给 head */
      else                                     /* 要删除的结点是中间结点 */
          p2->next=p1->next;                   /* 将要删除结点的前一个结点和后一个
```

```
                                                    结点链接起来 * /
        printf("delete the node\n");
        n=n-1;                                      /* 链表结点个数减 1 */
        free(p1);                                   /* 释放被删除的结点内存 */
    }
    else                                            /* 找不到要删除的结点 */
        printf("%ld not been found!\n",x);
    end: return(head);
}
```

9.2.5 动态链表的插入操作

对链表的插入操作是将一个新的结点插入到已经建立好的链表中的适当位置。假设已建立好一个按成员 data 值由小到大顺序排列的链表,如图 9-11 所示。要求插入一个新结点后,该链表中的数据仍然保持有序。

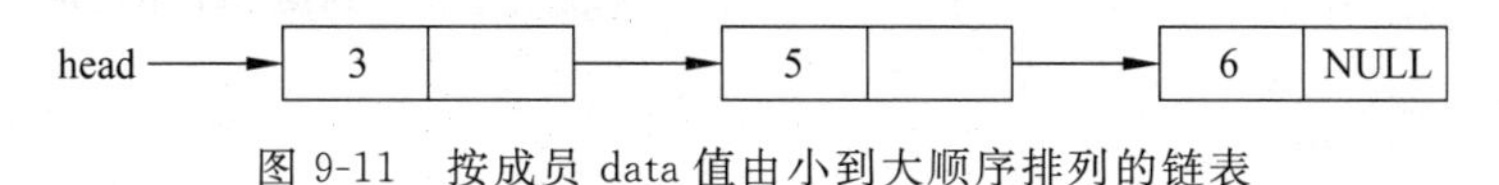

图 9-11　按成员 data 值由小到大顺序排列的链表

如果设置要插入的新结点的成员 data 值为 4,则插入该结点的主要步骤如下:

(1) 令指针 p0 指向要插入的新结点。

(2) 在链表中找到要插入结点的合适位置。例如本例应插入到第一个和第二个结点之间,则令 p1 指向第二个结点,p2 指向第一个结点,如图 9-12 所示。

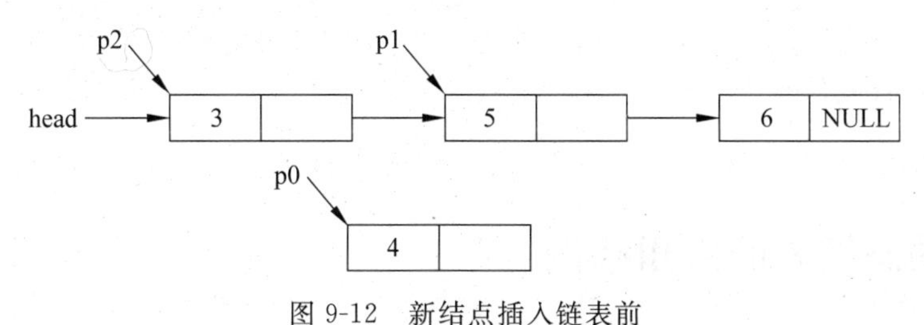

图 9-12　新结点插入链表前

(3) 令 p2->next=p0 和 p0->next=p1,即将新结点链接到链表中。插入操作完成,如图 9-13 所示。

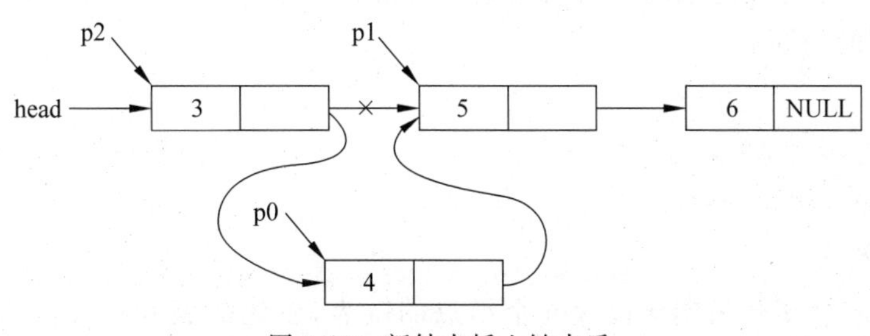

图 9-13　新结点插入链表后

由链表的插入过程可以看出，链表在插入过程中不发生结点移动的现象，只需要改变结点的指针即可，从而提高了插入的效率。

按以上步骤插入结点的函数如下：

```
struct node * insert(struct node * head,struct node * d)
{   struct node * p0, * p1, * p2;
    p1=head;
    p0=d;                                        /* p0 指向要插入的结点 */
    if(head==NULL){                              /* 如果链表为空，新结点作为头结点 */
        head=p0;p0->next=NULL;
    }
    else{
        while((p0->data>p1->data)&&(p1->next!=NULL))    /* 查找要插入的位置 */
        { p2=p1; p1=p1->next; }
        if(p0->data<=p1->data)
        {
            if(head==p1)                         /* 新结点插入到第一个结点前 */
                head=p0;
            else
                p2->next=p0;                     /* 新结点插入到 p2 和 p1 指向的结点之间 */
            p0->next=p1;
        }
        else                                     /* 新结点插入到链尾 */
        { p1->next=p0;p0->next=NULL; }
    }
    n=n+1;                                       /* 结点个数加 1 */
    return(head);
}
```

9.2.6 动态链表的应用举例

【例 9-4】 建立一个有 n(n<20)个结点的链表，其结点数据域值为 0～100 的随机整数，然后依次输出链表所有结点的数据域值。

编程点拨：本题先定义以下结构类型作为链表的结点结构，然后分别编写三个函数来实现要求解的问题：

```
typedef  struct node {
    int num;
    struct node * next;
}Listnode;
```

① 编写 creat 函数来创建包含 n 个结点的链表，创建链表方法可参见 10.2.2 节的介绍。

那么如何产生值为 0～100 的随机整数呢？可以通过计算式“rand()%101”得到，其中 rand 函数为系统库函数。要使每次运行产生不同的随机数，可调用 srand 函数初始化随机发生器。

② 编写 print 函数输出链表的值，具体方法可参见 10.2.3 节的介绍。

③ 编写 main 函数先输入链表的结点个数 n，然后调用 creat 函数创建链表，再调用 print 函数输出链表的值。

相应的程序如下：

```
#include <stdio.h>
#include <stdlib.h>
#include <time.h>
typedef  struct node {
  int num;
  struct node * next;
}Listnode;
Listnode * creat(int);
void print(Listnode * );
int main()
{ Listnode * head;
  int n;
  printf("please input the number: ");
    scanf("%d",&n);                  /* 输入结点个数 */
  head=creat(n);
  print(head);
  return 0;
}
Listnode * creat(int n)              /* 创建包含 n 个结点的链表 */
{ int i;
  Listnode * head, * p1, * p2;
  head=NULL;
  srand((unsigned)time(NULL));       /* 调用函数 srand 为 rand 设置随机数种子 */
  if(n>0){
    for(i=1;i<=n;i++){
      p1=(Listnode * )malloc(sizeof(Listnode));
      p1->num=rand()%101;            /* 调用函数 rand 产生 0~100 的随机整数 */
      if(i==1) head=p1;              /* 令 head 指向链表的第一个结点 */
      else p2->next=p1;
      p2=p1;
    }
  p2->next=NULL;                     /* 设置链表的尾结点 */
  }
  return(head);
}
```

```
void print(Listnode * head)             /* 输出链表中各元素值 */
{ Listnode *p;
  p=head;
  if(head!=NULL){
    do{ printf("%5d",p->num);
      p=p->next;
    }while(p!=NULL);
  }
  printf("\n");
}
```

运行结果：

```
please input the numner:5
    3   56   30   95   22
```

【例 9-5】 设有一学生成绩表，表中信息包括：学号、姓名和3门课成绩。编写程序，建立一个表示学生成绩的链表（当输入学号值为"*"时结束），然后统计并输出每个学生的平均分。

编程点拨：本题先定义以下结构类型作为链表的结点结构，然后分别编写三个函数来实现要求解的问题：

```
typedef  struct student{
  char num[10];                      /* 学号 */
  char name[20];                     /* 姓名 */
  float score[3];                    /* 3门课成绩 */
  float ave;                         /* 平均分 */
  struct student *next;
}STU;
```

① 编写 creat 函数来创建学生成绩链表，创建链表方法可参见10.2.2节的介绍；

② 编写 average 函数通过遍历学生成绩链表（可参见10.2.3节）计算并输出每个学生的平均分；

③ 编写 main 函数，先调用 creat 函数创建链表，再调用 average 函数求出每个学生的平均分。

相应的程序为：

```
#include <stdio.h>
#include <stdlib.h>
#include <string.h>
typedef  struct student{
  char num[10];                      /* 学号 */
  char name[20];                     /* 姓名 */
  float score[3];                    /* 3门课成绩 */
  float ave;                         /* 平均分 */
  struct student *next;
```

```
}STU;
STU * creat();
void average(STU * );
int n;                                        /* 全局变量 n 用于统计链表的结点数 */
int main()
{ STU * head;
  head=creat();
  average(head);
  return 0;
}
STU * creat()
{ STU * head, * p1, * p2;
  int i;
  n=0;
  head=NULL;                                  /* head 表示链表的头,初值为 NULL */
  p1=p2=(STU*)malloc(sizeof(STU));            /* 动态申请一个新结点 */
  scanf("%s%s",p1->num,p1->name);
  for(i=0;i<3;i++)
      scanf("%f",&p1->score[i]);
  while(strcmp(p1->num, "*")!=0)              /* 如果学号不为"*"时 */
  { n=n+1;                                    /* 链表结点个数加 1 */
    if(n==1) head=p1;                         /* 令 head 指向链表的第一个结点 */
    else  p2->next=p1;                        /* 将原链表中最后一个结点和新建立的结点链接
                                                 起来 */
    p2=p1;
    p1=(STU*)malloc(sizeof(STU));             /* 重新动态申请一个新结点 */
    scanf("%s%s",p1->num,p1->name);
    for(i=0;i<3;i++)
        scanf("%f",&p1->score[i]);
  }
  p2->next=NULL;                              /* 令链尾结点的指针域为 NULL */
  free(p1);                                   /* 释放 p1 指向的结点内存 */
  return(head);
}
void average(STU * head)                      /* 统计每个学生的平均分 */
{ STU * p;
  int i;
  p=head;
  if(head!=NULL){
    do{
      p->ave=0;
      for(i=0;i<3;i++)
        p->ave+=p->score[i];                  /* 计算每个学生的总分 */
      p->ave/=3;                              /* 计算每个学生的平均分 */
```

```
        printf("%.1f\n",p->ave);          /* 输出每个学生的平均分 */
        p=p->next;
    }while(p!=NULL);
  }
}
```

运行结果：

```
101 Li 78 89 76
102 Wang 76 65 98
103 Jiang 87 89 97
* kk 0 0 0
81.0
79.7
91.0
```

复习与思考

1. 在程序中为什么要采用动态数据结构？采用这样的结构有何优点？

2. C语言提供了哪几个库函数来实现内存的动态分配？每个函数的调用形式和功能如何？

3. 如何建立和使用一个动态数组？

4. 如何实现动态链表的创建、输出以及插入和删除操作？

习　题　9

一、填空题

1. 假定建立了如图所示链表结构且指针 p、q 分别指向图中相应结点，可将 q 所指结点插入到链表末尾的语句组是________。

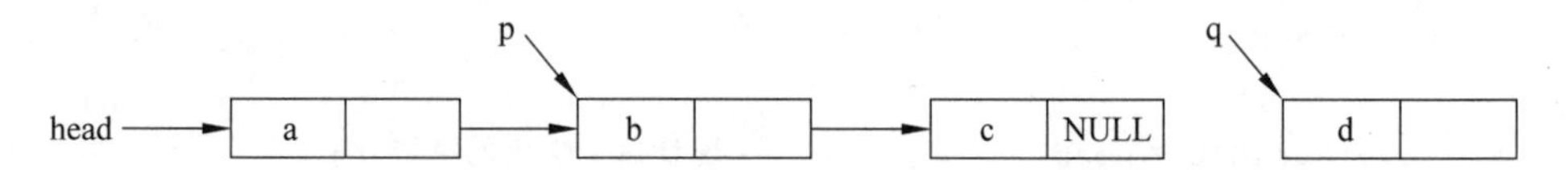

2. 设有以下定义，且指针 p 指向结点 a，指针 q 指向结点 b，如图所示。可将结点 b 连接到结点 a 之后的语句组是________。

```
struct node {
  char data;
  struct node * next;
} a,b, * p=&a, * q=&b;
```

3. 以下程序运行结果是________。

```c
#include <stdlib.h>
#include <stdio.h>
struct NODE{
  int num;
  struct NODE * next;
};
int main ( )
{   struct NODE * p, * q, * r;
    p= (struct NODE * )malloc(sizeof(struct NODE));
    q= (struct NODE * )malloc(sizeof(struct NODE));
    r= (struct NODE * )malloc(sizeof(struct NODE));
    p->num=10; q->num=20; r->num=30;
    p->next=q; q->next=r;
    printf("%d\n",p->num+q->next->num);
    return 0;
}
```

4. 以下程序的功能是：读入一行字符（如：a,…,y,z），按输入时的逆序建立一个链表，即先输入的位于链表尾。然后再按输入的相反顺序输出，并释放全部结点。请完善程序。

```c
#include <stdio.h>
#include <stdlib.h>
int main( )
{   struct node {
      char info;
      struct node * link;
    } * top, * p;
    char c;
    top=NULL;
    while((c=getchar( ))____(1)____)
    {  p= (struct node * )malloc(sizeof(struct node));
       p->info=c;
       p->link=top;
       top=p;
    }
    while( top )
    {  ____(2)____ ;
       top=top->link;
       putchar(p->info);
       free(p);
    }
    return 0;
}
```

5. 下面函数将指针 p2 所指向的链表链接到 p1 所指向的链表的末端。假定 p1 所指向的链表非空。请完善程序。

```
#define NULL 0
struct link{
    float a;
    struct link *next;
};
void concatenate (struct list *p1, struct list *p2 )
{
    if(p1->next==NULL)
        p1->next=p2;
    else
        concatenate(____,p2);
}
```

6. 下面函数的功能是创建一个带有头结点的链表,将头结点返回给主调函数。链表用于储存学生的学号和成绩。新产生的结点总是位于链表的尾部。请完善程序。

```
#define LEN sizeof(struct student)
struct student{
  long num;
  int score;
  struct student *next;
};
struct student *creat()
{  struct student *head=NULL, *tail;
   long num;  int a;
   tail=__(1)__malloc(LEN);
   do
   {  scanf("%ld,%d",&num,&a);
      if(num!=0)
      {  if(head==NULL) head=tail;
         else __(2)__;
         tail->num=num;
         tail->score=a;
         tail->next=(struct student *)malloc(LEN);
      }
      else
          tail->next=NULL;
   }while(num!=0);
   return( __(3)__ );
}
```

二、编程题

1. 编写程序,计算两个长度为 n 的向量的和。要求用动态数组实现。

2. 编写程序,输入 m 个班的 n 个学生的某门课成绩,计算最高分,并指出具有最高分的学生是第几个班的第几个学生。要求用动态数组实现。

3. 编写程序,从键盘输入一行字符,且每个字符存入一个结点,调用函数按输入顺序建立一个链表,然后输出并释放全部结点。

4. 假设有以下结点结构的链表:

```
struct node{
  char ch;
  struct node * link;
};
```

编写一个函数,删除 ch 成员等于 x(x 由键盘输入)的所有结点。

5. 某学习小组有 n 个成员,每个成员的信息包括:学号、姓名和 4 门课成绩。编写程序,从键盘上输入他们的信息并建立一个链表,求出每个成员的平均成绩以及找出最高平均成绩的成员信息。

6. 编写程序,使用单链表作数据结构,解决 Josephus 问题。

Josephus 问题描述如下:设有 n 个人围坐一圈,现从第 1 个人开始报数,顺时针方向数到 m 的人出列,然后从出列的下一个人重新开始报数,数到 m 的人出列,……,如此反复,直至最后剩下一个人便是胜利者。Josephus 问题是:对于任意给定的 n 和 m($m<n$),究竟第几个是胜利者?

第10章

文　件

所谓“**文件**”是指一组驻留在外部介质(如磁盘等)上的数据的集合。实际上在前面的应用中已经多次使用了文件,如源程序文件、目标文件、可执行文件、头文件等。一般来说,不同的文件有不同的文件名,计算机操作系统就是根据文件名对各种文件进行存取和处理。在C语言中,文件操作都是由库函数来完成的。在本章将介绍主要的文件操作函数。

10.1　文件的基本概念

10.1.1　字节流

输入输出是数据传送的过程,数据如流水一样从一处流向另一处,故把输入输出操作中传送的字节序列称为**字节流**,根据对字节内容的解释方式,字节流分为字符流(也称文本流)和二进制流。

字符流将字节流的每字节按ASCII字符解释,它在数据传输时需要作转换,效率较低。例如,源程序文件和文本文件都是字符流。由于ASCII字符是标准的,因此字符流可直接编辑、显示或打印。

二进制流将字节流的每字节以二进制方式解释,它在数据传输时不作任何转换,效率高。但各台计算机对数据的二进制存放格式各有差异,且无法人工阅读,故二进制流产生的文件可移植性差。

若每字节按ASCII字符解释,则该文件就是**文本文件**;若每字节按二进制数据解释,则该文件就是**二进制文件**。

10.1.2　缓冲文件系统

一般C编译系统处理数据文件的输入和输出有两种方式,即缓冲文件系统和非缓冲文件系统。通常使用缓冲文件系统,非缓冲文件系统仅在特殊场合才使用,本章不做介绍。

所谓缓冲文件系统是指系统在内存区为每一个正在使用的文件开辟一个缓冲区。不论是输入还是输出，数据必须都先存放到缓冲区中，然后再输入或输出，如图 10-1 所示。

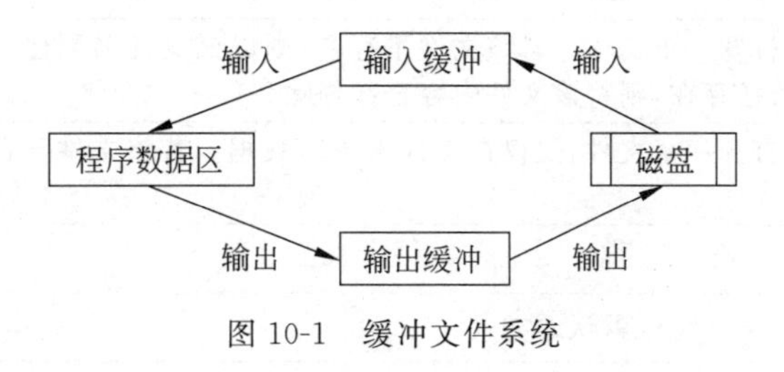

图 10-1 缓冲文件系统

10.1.3 文件类型指针

在缓冲文件系统中，每个被使用的文件都在内存中开辟了一个区域，用来存放文件的有关信息，这些信息用一个结构体类型 FILE 来表示。FILE 结构体类型的各成员已由系统定义，并在 stdio.h 头文件中作了说明，用户不必了解其中的细节，只需要在程序开头加上包含该头文件的预处理命令即可。

在 C 语言中用一个指针变量指向一个文件，这个指针称为文件类型指针。通过文件类型指针就可对它所指的文件进行各种操作。定义文件指针的一般形式为：

```
FILE  * 文件指针名;
```

例如：

```
FILE * fp;
```

注意：*若要对多个文件进行操作，则需要定义相同个数的文件类型指针，一个文件类型指针只能指向一个文件。*

例如：

```
FILE * fp1, * fp2, * fp3;
```

10.1.4 文件位置指针及文件打开方式

文件位置指针用于指示文件当前要读写的位置，以字节为单位，从 0 开始连续编号(0 代表文件的开头)。每读一字节，文件位置指针就向后移动一字节。

如果文件位置指针是按照字节位置顺序移动的，就称为顺序读写；如果文件位置指针是按照读写需要任意移动的，就称为随机读写。

通常，文件位置指针的值与打开文件时采用的打开方式有关。文件的打开方式及其含义如表 10-1 所示。

表 10-1　文件的打开方式及其含义

方式	具体含义	文件读写位置
r	以只读方式打开一个已存在的文件。若该文件不存在，则出错	文件开头
w	以只写方式打开一个文件。若该文件不存在，则以该文件名创建一个新文件；若已存在，则将该文件内容全部删除	文件开头
a	以追加方式打开一个文件，仅仅在文件末尾写数据。若该文件不存在，则出错	文件末尾
＋	可读可写	
t	以文本方式打开，系统默认的方式	
b	以二进制方式打开	

通常把 r(read)、w(write)、a(append)、＋称为操作类型字符，t(text)和 b(binary)称为文件类型字符。t 表示文本文件，b 表示二进制文件。在打开文件时采用的打开方式是由操作类型和文件类型组合而成，操作类型字符在前，文件类型字符在后。当没有指定文件类型时，系统默认是文本文件，即 t 方式。＋是与 r、w 和 a 搭配使用。

例如：

r 与 rt 等价，都表示以只读方式打开一个文本文件。

wb 表示以只写方式打开一个二进制文件。

r＋表示以读写方式打开一个已存在的文件。

w＋表示以读写方式创建一个新文件。若该文件已存在，则将该文件内容全部删除。

a＋表示在文件末尾追加数据，而且可以从文件中读取数据。若指定文件不存在，则出错。

10.2　文件的打开与关闭

对文件操作的一般过程是：

```
打开文件->读/写文件->关闭文件
```

即对一个文件进行读写之前首先应该打开该文件，在使用完文件之后应关闭该文件，以避免丢失数据。所有的这些操作都通过调用库函数实现，在这一节将介绍与打开文件和关闭文件相关的函数，读/写文件的函数将在下一节介绍。

10.2.1　文件的打开

文件的打开用 fopen 函数来实现，该函数的原型为：

```
FILE *   fopen( char * filename,char * mode);
```

该函数的功能是以 mode 方式打开由 filename 指向的文件。若打开成功，该函数就返回一个指向该文件的文件指针，这样对文件的操作就可以通过该文件指针进行；如果失败（磁盘故障；磁盘满以至于无法创建文件等），则返回 NULL。

其中，mode 表示的打开方式可以取表 10-1 中的值；filename 如果仅仅是文件名，则表示在当前目录下操作。如果想在指定目录下操作，则 filename 要包含路径。

例如：

```
FILE * fp;
fp=fopen("f.txt", "r");
```

表示在当前目录下打开文件 f.txt，只允许进行“读”操作，并使文件指针 fp 指向该文件。

又如：

```
FILE * fp;
fp=fopen("c:\\f.txt","rb");
```

表示打开 C 盘根目录下的文件 f.txt。两个反斜线“\\”中的第一个表示转义字符的标志，第二个表示根目录。注意，此处必须有两个反斜线“\\”，缺一不可。

对文件的读/写操作之前，必须要保证文件能够被正确打开，所以通常在打开文件时，通过采用如下语句，根据 fopen 函数的返回值来判断该文件是否被正确打开。

```
if((fp=fopen("c:\\f.txt","rb"))==NULL)      /* 文件打开失败，返回空指针 */
{
    printf("\nCan not open this file!");
    exit(1);                                 /* 退出整个程序，终止进程 */
}
```

10.2.2 文件的关闭

在使用完一个文件后应该关闭它，以解除文件指针与其所指向文件的关系，释放它占用的系统资源，以防止文件的数据丢失或被误用。fclose 函数就实现了文件关闭功能，该函数原型是：

```
int fclose(FILE * fp);
```

正常完成关闭文件操作时，fclose 函数返回值为 0。如果返回 EOF，则表示有错误发生。EOF 是在 stdio.h 文件中定义的符号常量，值为－1。

例如：

```
FILE * fp;
fp=fopen("f.txt", "r");
…
fclose(fp);                                  /* 文件不再使用，关闭该文件 */
```

文件一旦使用 fclose 函数关闭，则不能再通过该文件指针对原来与其关联的文件进行读写操作，除非再次通过 fopen 函数打开该文件。

10.3 文件的读写

在文件被打开之后，就可以对它进行读写操作了。ANSI C 标准提供了多种文件读写的库函数，在本节将介绍如下常用的文件读写函数，使用这些函数时都要包含头文件 stdio.h。

(1) 字符读写函数：fgetc 和 fputc。

(2) 字符串读写函数：fgets 和 fputs。

(3) 格式化读写函数：fscanf 和 fprintf。

(4) 数据块读写函数：fread 和 fwrite。

10.3.1 字符读写函数

1. fgetc 函数

fgetc 函数的原型为：

```
int fgetc(FILE * fp);
```

该函数的功能是从 fp 所指向的文件中读取一个字符。

例如：

```
ch=fgetc(fp);
```

其作用是从已打开的文件(由 fp 指向)中读取一个字符并赋值给字符变量 ch。如果在执行 fgetc 函数读字符时遇到文件结束符，函数返回一个文件结束标志 EOF(即－1)。

例如，从一个磁盘文件顺序读取一个个字符并在屏幕上显示，可以编写以下主要程序代码：

```
char ch;
ch=fgetc(fp);
while(ch!=EOF){
  putchar(ch);
  ch=fgetc(fp);
}
```

每调用一次 fgetc 函数后，该文件位置指针将向后移动一字节。因此可连续多次使用 fgetc 函数从文件中读取多个字符。

对于一个文本文件，上述代码是能够正确读写文件所有内容的。因为在文本文件中，数据是以字符的 ASCII 值的形式存放，ASCII 的范围是 0～255，不可能出现－1，因此可以用 EOF 作为文件结束标志。

但是，如果一个二进制文件字节流中某个字节的十六进制表示是 FF(即－1，在计算机中的补码表示)，那么当通过“ch＝fgetc(fp)；”语句读取到该字节时，ch的值就为－1，此时循环条件不成立，退出循环，即显示器上不输出该字节及后续内容，但是该字节及后续内容是文件中的有效信息。那么，如何判断某字节内容为FF时文件是否结束呢？在C语言中通过判断函数**feof(fp)**的返回值来解决，即如果遇到文件结束，函数feof(fp)的值为1，否则为0。

所以上述程序代码可以修改如下：

```
char ch;
ch=fgetc(fp);
while(!feof(fp))                          /* 文件没有结束 */
{
    putchar(ch);
    ch=fgetc(fp);                         /* 读取文件内容 */
}
```

从上面的分析可以看出，feof(fp)函数既可用来判断二进制文件是否结束，又可用来判断文本文件是否结束；但EOF只能作为文本文件的结束标志，不能作为二进制文件的结束标志。

2. fputc函数

fputc函数的原型为：

```
int fputc(char ch,FILE * fp);
```

该函数的功能是把ch字符写入fp所指向的文件中。

fputc函数有一个返回值，如写入成功，则返回写入的字符，否则返回EOF。可用此来判断写入是否成功。

例如：

```
fputc('b',fp);                          //其作用是把字符b写入fp所指向的文件中
```

每调用一次fputc函数，就向文件中写入一个字符，文件位置指针向后移动1字节。

【例10-1】 从键盘输入一些字符并逐个把它们保存到文件中，直到遇到#号为止。

编程点拨：对文件操作要依照“打开文件->读/写文件->关闭文件”的顺序。从键盘输入字符可用getchar函数，将字符写入文件中可用fputc函数。相应的程序如下：

```
#include <stdio.h>
#include <stdlib.h>
int main( )
{  FILE * fp;                           /* 定义文件指针 */
   char ch,filename[15];
   scanf("%s",filename);                /* 输入需要操作的文件名 */
   if((fp=fopen(filename,"w"))==NULL)   /* 打开文件判断 */
   {  printf("cannot open file");
```

```
        exit(1);
    }
    getchar();                              /* 接收 scanf 函数的回车字符 */
    ch=getchar();                           /* 接收输入的第一个字符 */
    while(ch!='#') {                        /* 循环读取字符并写到文件中 */
      fputc(ch,fp);
      ch=getchar();
    }
    fclose(fp);                             /* 关闭文件 */
    return 0;
}
```

运行结果：

```
f:\\c\\f1.txt
abcdefghijk#
```

运行结果中输入的 f：\\c\\f1.txt，表示将键盘输入的 abcdefghijk 这些字符存放到 f 盘 c 文件夹下的 f1.txt 文件中。

【例 10-2】 将数据从磁盘文件读出，逐个显示到屏幕上，直到文件结束。

编程点拨：从文件中读字符可用 fgetc 函数，将字符写到屏幕上可用 putchar 函数。

相应的程序如下：

```
#include <stdlib.h>
#include<stdio.h>
int main( )
{  FILE * fp;
   char ch,filename[15];
   scanf("%s",filename);                    /* 输入磁盘上的文件名 */
   if((fp=fopen(filename,"r"))==NULL)
   {  printf("cannot open file");
      exit(1);
   }
   ch=fgetc(fp);                            /* 从 fp 所指向的文件中读取字符 */
   while(!feof(fp))                         /* 利用循环读取并显示字符 */
   {  putchar(ch);
      ch=fgetc(fp);
   }
   fclose(fp);
   putchar('\n');
   return 0;
}
```

运行结果：

```
f:\\c\\f1.txt
abcdefghijk
```

运行结果中输入的 f：\\c\\f1.txt，表示将存放在 f 盘 c 文件夹下的 f1.txt 文件中的 abcdefghijk 这些字符全部读取出来并输出到屏幕上。

需要提及的是，例 10-1 和例 10-2 中出现的 getchar 和 putchar 函数可以分别改为 fgetc(stdin)和 fputc(ch,stdout)。当程序开始运行时，系统自动打开标准的输入文件和标准的输出文件，这两个文件的文件指针分别为 **stdin** 和 **stdout**，通常 stdin 指的是键盘，stdout 指的是显示器。

10.3.2 格式读写函数

fprintf 和 fscanf 函数与 printf 和 scanf 函数相仿，都是格式读写函数，不同的是 fprintf 和 fscanf 读写的对象不是终端而是文件。

fprintf 函数的原型为：

```
int fprintf(FILE *fp,char *format,…);
```

该函数的功能是把数据按指定格式写入 fp 所指向的文件中。

fscanf 函数的原型为：

```
int fscanf(FILE *fp,char *format,…);
```

该函数的功能是按照指定格式从文件中读出数据，并赋值到参数列表中。

例如：

```
fprintf(fp,"%d,%f",i,t);
```

表示将整型变量 i 和实型变量 t 的值按%d 和%f 的格式输出到 fp 指向的文件中。

又如：

```
fscanf(fp,"%d,%f",&i,&t);
```

它的作用是从 fp 指向的文件中按指定格式读入数据，赋给变量 i 和变量 t。

很明显，fprintf(stdout,"%d,%f",i,t)与 printf("%d,%f",i,t)等价，fscanf(stdin,"%d,%f",&i,&t)与 scanf("%d,%f",&i,&t)等价。

【例 10-3】 从键盘输入两个学生的数据(包括姓名、学号、年龄、住址)，写入一个文件中，再读出这两个学生的数据，显示在屏幕上。

编程点拨：两个学生数据可用一个结构体数组表示，将数据写入磁盘文件中，可用函数 fprintf 实现，将数据从文件中读出，可用函数 fscanf 实现。

相应的程序如下：

```
#include <stdlib.h>
#include<stdio.h>
#include<conio.h>
struct stu {
  char name[10];
```

```
    int num;
    int age;
    char addr[15];
}boya[2],boyb[2], * pp, * qq;
int main()
{  FILE * fp;
   int i;
   pp=boya;
   qq=boyb;
   if((fp=fopen("stu_list","w"))==NULL) /* 以写的方式打开文件 stu_list */
   {  printf("Cannot open file strike any key exit!");
      getch();
      exit(1);
   }
   printf("\ninput data\n");
   for(i=0; i<2; i++,pp++)                /* 输入学生数据 */
     scanf("%s%d%d%s",pp->name,&pp->num,&pp->age,pp->addr);
   pp=boya;
   for(i=0;i<2;i++,pp++)                  /* 将数据写入文件中 */
     fprintf(fp,"%s %d %d %s\n",pp->name,pp->num,pp->age,pp->addr);
   fclose(fp);                            /* 关闭文件 */
   if((fp=fopen("stu_list","r"))==NULL) /* 重新以读的方式打开文件 stu_list */
   {  printf("Cannot open file strike any key exit!");
      getch();
      exit(1);
   }
   for(i=0;i<2;i++,qq++)                  /* 从文件中读取数据 */
     fscanf(fp,"%s %d %d %s\n",qq->name,&qq->num,&qq->age,qq->addr);
   printf("\n\nname\tnumber      age       addr\n");
   qq=boyb;
   for(i=0;i<2;i++,qq++)                  /* 输出结果 */
     printf("%s\t%5d  %7d      %s\n",qq->name,qq->num,qq->age,qq->addr);
   fclose(fp);
   return 0;
}
```

运行结果：

```
input data
张三 01 19 5号宿舍楼301室
李四 02 20 6号宿舍楼216室


name     number      age      addr
张三          1       19      5号宿舍楼301室
李四          2       20      6号宿舍楼216室
请按任意键继续. . .
```

使用 fprintf 和 fscanf 函数对磁盘进行文件读写简洁明了，但输入时要将 ASCII 码转换成二进制形式，在输出时将二进制转换成字符形式，较费时间。在内存与磁盘频繁交换数据时，一般不建议使用。

【例 10-4】 从键盘上以字符形式输入 1234，并将它们存储到磁盘文件中，输入以 # 号结束；然后将文件内容读入一个整型变量中，使得该整型变量的值为 1234，并将该整型变量的值输出到屏幕上。

编程点拨：从键盘输入字符并写到文件可用 getchar 和 fputc 函数。

相应的程序如下：

```
#include <stdio.h>
#include <stdlib.h>
int main( )
{  FILE * fp;                              /* 定义文件指针 */
   int  d;
   char ch;
   if((fp=fopen("test","w"))==NULL)        /* 打开文件判断 */
   {  printf("cannot open file");
      exit(1);
   }
   ch=getchar();
   while(ch!='#') {                        /* 循环读取文件中的字符 */
     fputc(ch,fp);
     ch=getchar();
   }
   fclose(fp);                             /* 关闭文件 */
   if((fp=fopen("test","r"))==NULL)        /* 打开文件判断 */
   {  printf("cannot open file");
      exit(1);
   }
   fscanf(fp,"%d",&d);
   fclose(fp);
   printf("%d\n",d);
   return 0;
}
```

运行结果：

```
1234#
1234
```

当输入 1234# 时，test 文件的字节流的十六进制形式为 31 32 33 34(即'1','2','3','4'这 4 个字符对应的 ASCII 码)，当从 test 文件将信息读取到整型变量 d 中时，d 的值为十进制整数 1234，这种转换是编译器内部自动完成的。

10.3.3 数据块读写函数

C 语言还提供了用于整块数据的读写函数 fread 和 fwrite,可用来读写一组数据。比如一个数组元素,一个结构变量的值等。

fread 函数的原型为:

```
int fread(void *pt,unsigned size,unsigned count,FILE *fp);
```

fwrite 函数的原型为:

```
int fwrite(void *pt,unsigned size,unsigned count,FILE *fp);
```

其中:

- pt 是一个指针,对 fread 来说,它是存放所读入数据的地址;对 fwrite 来说,它是要输出数据的地址。
- size 是每次要读写的字节数,即数据块的大小。
- count 是要重复读写数据块的次数。
- fp 指向要读写的文件。

它们的功能分别是:

- fread 函数是从 fp 所指向的文件中读取 count 字节数为 size 大小的数据块,存放到 pt 所指向的存储空间。
- fwrite 函数是从 pt 所指向的存储空间中取出 count 字节数为 size 大小的数据块,写入 fp 所指向的文件。

如果 fread 或 fwrite 函数调用成功,则函数返回值为 count 的值。

例如:

```
float f=3.14;
fwrite(&f,4,1,fp);
```

表示向 fp 所指向的文件写入 1 次 4 字节(一个实数)的值。

又如,如果有以下结构体定义:

```
#define  N  3
struct test {
  char name[20];
  int score;
}stu[N];
```

结构体数组 stu 有三个元素,每个元素用来存放一个学生的数据(包括姓名、成绩)。假设该数据都已事先存放在磁盘文件中,可以用以下语句读取数据:

```
fread(stu,sizeof(struct test),N,fp);
```

也可以用 for 语句实现:

```
for(i=0;i<N;i++)
    fread(&stu[i], sizeof(struct test), 1,fp);
```

fread 和 fwrite 函数一般用于二进制文件的输入输出。因为它们是按数据块的长度来处理输入输出的，按数据在存储空间存放的实际情况原封不动地在磁盘文件和内存之间传送，一般不会出错。

【例 10-5】 从键盘输入 3 个学生的数据(包括姓名、学号、年龄、住址)，然后写入一个磁盘文件中。

编程点拨：3 个学生数据可用一个结构体数组 stu 表示，将数据写入磁盘文件中，可用函数 fwrite 实现。

相应的程序如下：

```
#include <stdlib.h>
#include<stdio.h>
struct student{
  char name[10];
  int num;
  int age;
  char addr[15];
}stu[3];                                    /* 定义结构体数组 */
void save()
{  FILE * fp;
   int i;
   if((fp=fopen("stu.dat","wb"))==NULL)
   {  printf("Can not open this file\n");
      exit(1);
   }
   for(i=0;i<3;i++)                         /* 将学生数据一项一项地写入文件中 */
   if(fwrite(&stu[i],sizeof(struct student),1,fp)!=1)
       printf("file write error\n");
   fclose(fp);
}
int main()
{  int i;
   for(i=0;i<3;i++)
     scanf("%s%d%d%s",stu[i].name,&stu[i].num,&stu[i].age,stu[i].addr);
   save();                                  /* 调用 save 函数,用来保存到磁盘 */
   return 0;
}
```

运行结果：

```
张三 17908001 19 1号宿舍楼102室
李四 17908002 19 1号宿舍楼208室
王五 17908003 20 2号宿舍楼505室
请按任意键继续. . .
```

10.3.4 其他读写函数

1. fgets 函数

fgets 函数的原型是：

```
char * fgets(char * s, int n, FILE * fp);
```

该函数的功能是从 fp 所指向的文件读取 n－1 个字符或读完一行，参数 s 用来接收读取的字符，并在末尾自动加上字符串结束符'\0'。

例如：

```
fgets(str,n,fp);
```

其作用是从 fp 所指的文件中读出 n－1 个字符，送入字符数组 str 中。

对 fgets 函数有两点说明：

(1) 在读出 n－1 个字符之前，如果遇到了换行符或 EOF，则读取结束；

(2) fgets 函数也有返回值，其返回值是字符串的首地址。

2. fputs 函数

fputs 函数的原型是：

```
int fputs(char * s, FILE * fp);
```

该函数的功能是将 s 所指向的字符串写入 fp 所指向的文件。

例如：

```
fputs("efg",fp);
```

其作用是把字符串"efg"写入 fp 所指的文件中。

3. putw 函数

多数 C 编译系统还提供另外两个函数：putw 和 getw。

putw 函数的原型是：

```
int putw(int i, FILE * fp);
```

其功能是输出一个 int 型数据到文件中。

例如：

```
putw(20,fp);
```

其作用是将整数 20 输出到 fp 指向的文件。

4. getw 函数

getw 函数的原型是：

```
int getw(FILE * fp);
```

其功能是从文件中读取一个 int 型数据。

例如：

```
a=getw(fp);
```

其作用是从磁盘文件读一个整数到内存，赋值给整型变量 a。

10.4 文件的定位

在对文件的读写操作中有两个指针，一个是文件指针，该指针在整个文件操作过程中始终保持不变，除非使用 fclose 函数关闭文件。另外一个指针就是文件位置指针，该指针在文件操作过程中自动移动，例如顺序读写一个文件，每次读写完一个字符后，该指针自动移动，指向下一个字符位置。如果想人为改变这样的规律，可以使用一些定位函数。

1. rewind 函数

该函数的原型为：

```
void rewind(FILE * fp);
```

该函数的功能是使文件位置指针重新返回到文件的开头。

2. ftell 函数

该函数原型为：

```
int ftell(FILE * fp);
```

该函数的功能是取得 fp 所指向文件中文件位置指针的当前读写位置，也就是当前的文件位置指针。

该函数返回值为 int 型，如果返回值为－1，表示出错。

例如：

```
int a;
a=ftell(fp);
if(a==-1) printf("ERROR\n");
```

以上程序段的功能是：变量 a 用来存放当前位置，如果调用函数出错（文件未打开或不存在），则输出 error。

3. fseek 函数

对流式文件可以进行顺序读写，也可以进行随机读写，fseek 函数用来移动文件流的读写位置。该函数的原型为：

```
int fseek(FILE * fp,long offset,int base);
```

该函数的功能是将 fp 所指向的文件中的文件位置指针移动到由参数 offset 和 base 共同确定的位置。其中 base 是基准位置，该参数可以取 SEEK_SET、SEEK_CUR 或 SEEK_END，它们实质上是在 stdio.h 文件中定义的符号常量，其值分别是 0、1、2，各个值的含义如表 10-2 所示。offset 是位移量，指以基准位置为基点，向前或向后移动的字节数。

表 10-2　文件起始点的表示

起　始　点	表 示 符 号	用数字表示
文件开始	SEEK_SET	0
文件当前位置	SEEK_CUR	1
文件末尾	SEEK_END	2

“位移量”指以“起始点”为基点，向前或向后移动的字节数。“位移量”数据类型是 long 型数据。

以下是 fseek 函数调用的几个例子：

```
fseek(fp,20,0);        表示将位置指针向后移动到离文件头 20 字节处
fseek(fp,20,1);        表示将位置指针向后移动到离当前位置 20 字节处
fseek(fp,-20,2);       表示将位置指针从文件末尾后退 20 字节
```

下面通过一个实例进一步理解该函数的用法。

【例 10-6】　文件定位函数应用示例。

```
#include<stdio.h>
int main()
{  FILE * stream;                              /* 定义文件类型指针 */
   int offset;                                 /* offset 用来存放当前位置指针 */
   stream=fopen("file","r");
   fseek(stream,5,SEEK_SET);                   /* 移动位置指针到指定位置 */
   offset=ftell(stream);
   printf("offset=%ld\n",offset);
   rewind(stream);                             /* 使位置指针回到文件头 */
   offset=ftell(stream);
   printf("offset =%ld\n",offset);             /* 输出文件位置指针当前位置 */
   fclose(stream);
   return 0;
}
```

复习与思考

1. 文本文件和二进制文件有何区别？
2. 什么是缓冲文件系统？什么是非缓冲文件系统？

3. C语言中,如何打开一个文件?有哪些打开方式?

4. 文件操作结束后如何关闭一个文件?

5. C语言中,文件可采用哪些方式读写?具体的函数有哪些?

6. C语言中,有哪些文件定位操作函数?

习　题　10

一、选择题

1. 若已经存在一个名为 file1.txt 的文件,函数 fopen("file1.txt","r+")的功能是________。

   A. 打开 file1.txt 文件,清除原有的内容

   B. 打开 file1.txt 文件,只能写入新的内容

   C. 打开 file1.txt 文件,只能读取原有内容

   D. 打开 file1.txt 文件,可以读取和写入新的内容

2. fread(buf,64,2,fp)的功能是________。

   A. 从 fp 所指向的文件中,读出整数 64,并存放在 buf 指向的存储单元中

   B. 从 fp 所指向的文件中,读出整数 64 和 2,并存放在 buf 指向的存储单元中

   C. 从 fp 所指向的文件中,读出 64 字节的数据块,读两次,并存放在 buf 指向的存储单元中

   D. 从 fp 所指向的文件中,读出 64 字节的数据块,并存放在 buf 指向的存储单元中

3. 若有以下定义和说明:

```
#include<stdio.h>
struct std
{  char num[6];
   char name[8];
   float mark[4];
}a[30];
FILE * fp;
```

设文件中以二进制形式存有许多学生的数据,且已经正确打开,文件指针定位在文件开头,若要从文件中读出 30 个学生的数据放在 a 数组中,以下正确的语句是________。

   A. fread(a,sizeof(struct std),30,fp);

   B. fread(&a[i],sizeof(struct std),1,fp);

   C. fread(a+i,sizeof(struct std),1,fp);

   D. fread(a,struct std,30,fp);

4. 设有以下结构体类型:

```
struct st
{ char name[8];
  int num;
  float s[4];
}student[20];
```

结构体数组 student 中的元素都已经有值，若要将这些元素写到 fp 所指向的磁盘文件中，以下不正确的形式是________。

A. fwrite(student,sizeof(struct st),20,fp);

B. fwrite(student,20 * sizeof(struct st),1,fp);

C. fwrite(student,10 * sizeof(struct st),10,fp);

D. for(i=0;i<20;i++)

fwrite(student+i,sizeof(struct st),1,fp);

5. 以下可作为 fopen 函数中第一个参数的正确格式是________。

A. c\user\text. txt　　B. c:\user\text. txt

C. "c: \user\text. txt"　　D. "c: \\user\\text. txt"

6. 若 fp 已正确定义并指向某个文件，当未遇到该文件结束标志时，函数 feof(fp)的值为________。

A. 0　　B. 1　　C. －1　　D. 一个非 0 值

7. C 语言中标准输入文件 stdin 是指________。

A. 键盘　　B. 显示器　　C. 软盘　　D. 硬盘

8. C 语言中标准输出文件 stdout 是指________。

A. 键盘　　B. 显示器　　C. 软盘　　D. 硬盘

9. C 语言中对文件操作的一般步骤是________。

A. 打开文件->操作文件->关闭文件　　B. 打开文件->关闭文件->操作文件

C. 打开文件->读文件->写文件　　D. 读文件->写文件->关闭文件

10. 若要打开 C 盘 user 子目录下名为 abc. txt 的文本文件进行读、写操作，下面符合此要求的函数调用是________。

A. fopen("C: \user\abc. txt","r");

B. fopen("C: \\user\\abc. txt","r+");

C. fopen("C: \user\abc. txt","rb");

D. fopen("C: \\user\\abc. txt","w");

11. 若执行 fopen 函数时发生错误，则函数的返回值是________。

A. 地址值　　B. NULL　　C. 1　　D. EOF

12. 若要用 fopen 函数打开一个新的二进制文件，该文件要既能读也能写，则文件打开方式的字符串应是________。

A. "ab+"　　B. "wb+"　　C. "rb+"　　D. "ab"

13. 若以“a+”方式打开一个已存在的文件，则以下叙述正确的是________。

A. 文件打开时，原有文件内容不被删除，位置指针移到文件末尾，可进行添加

和读操作

B. 文件打开时，原有文件内容不被删除，位置指针移到文件开头，可进行添加和读操作

C. 文件打开时，原有文件内容被删除，位置指针移到文件末尾，可进行添加和读操作

D. 文件打开时，原有文件内容被删除，位置指针移到文件开头，可进行添加和读操作

14. 函数调用语句 fseek (fp, -10L, 2)；的含义是________。

A. 将文件位置指针移到距离文件头 10 字节位置处

B. 将文件位置指针从文件尾处向后退 10 字节

C. 将文件位置指针从当前位置向后移 10 字节

D. 将文件位置指针从当前位置向前移 10 字节

15. 函数 rewind 的作用是________。

A. 将文件位置指针重新返回文件的开始

B. 将文件位置指针指向文件中所要求的特定位置

C. 将文件位置指针指向文件的尾部

D. 将文件位置指针自动移向下一个字符位置

16. 函数 ftell 的作用是________。

A. 移动流式文件的位置指针　　B. 初始化流式文件的位置指针

C. 得到流式文件的位置指针　　D. 以上答案均不正确

17. 在 C 程序中，可把整型数以二进制形式存放到文件中的函数是________。

A. fprintf 函数　B. fread 函数　C. fwrite 函数　D. fputc 函数

18. 以下叙述中错误的是________。

A. 二进制文件打开后可以先读文件的末尾，而顺序文件不可以

B. 在程序结束时，应使用 fclose 函数关闭已打开的文件

C. 利用 fread 函数从二进制文件中读数据，可以用数组名给数组中的所有元素读入数据

D. 不可以用 FILE 定义指向二进制文件的文件指针

二、阅读程序题

1. 以下程序的功能是________。

```
#include <stdio.h>
int main()
{
  FILE * fp;
  Char str[]="Beijing 2008";
  fp=fopen("file2", "w");
  fputs(str,fp);
```

```
  fclose(fp);
  return 0;
}
```

2. 执行以下的程序后，文件 test 中的内容是________。

```
#include <stdio.h>
#include <string.h>
void fun(char * fname,char * st)
{
  FILE  * myf;
  int   i;
  myf=fopen(fname,"w" );
  for(i=0;i<strlen(st); i++)
      fputc(st[i],myf);
  fclose(myf);
}
int main()
{ fun("test","new world");
  fun("test","hello,");
  return 0;
}
```

3. 以下程序运行后的输出结果是________。

```
#include <stdio.h>
int main()
{ FILE * fp;
  int i=20,j=30,k,n;
  fp=fopen("d1.dat","w");
  fprintf(fp,"%d\n",i);
  fprintf(fp,"%d\n",j);
  fclose(fp);
  fp=fopen("d1.dat", "r");
  fscanf(fp,"%d%d",&k,&n);
  printf("%d%d",k,n);
  fclose(fp);
  getch();
  return 0;
}
```

三、完善程序题

1. 以下程序段打开文件后，先利用 fseek 函数将文件位置指针定位在文件末尾，然后调用 ftell 函数返回当前文件位置指针的具体位置，从而确定文件长度。请完善程序。

```
FILE *myf;
int f1;
myf=_______(1)_______("test.t","rb");
fseek(myf,0,SEEK_END);
f1=ftell(myf);
fclose(myf);
printf("%d\n",f1);
```

2. 下面程序把从终端读入的 10 个整数以二进制方式写到一个名为 bi.dat 的新文件中。请完善程序。

```
#include<stdio.h>
#include<stdlib.h>
FILE  *fp;
int main()
{  int i,j;
   if((fp=fopen(______(1)______,"wb"))==NULL)
      exit(1);
   for(i=0; i<10; i++)
   {  scanf("%d",&j);
      fwrite(&j,sizeof(int),1,_______(2)_______);
   }
   fclose(fp);
   return 0;
}
```

3. 以下程序用来统计文件中的字符个数。请完善程序。

```
#include<stdio.h>
#include<stdlib.h>
int main()
{  FILE  *fp;
   int num=0;
     if((fp=fopen("fname.dat","r"))==NULL)
     {  printf("Open error\n"); exit(1);}
     while(______________)
     {  fgetc(fp); num++;}
     printf("num=%d\n",num-1);
     fclose(fp);
   return 0;
}
```

4. 以下程序的功能是由键盘输入一个文件名，然后输入一串字符(用#结束输入)存放到此文件中，形成文本文件，并将字符的个数写到文件尾部。请完善程序。

```
#include <stdio.h>
```

```
#include <stdlib.h>
int main( )
{  FILE * fp;
   char ch,fname[32];
   int count=0;
   printf("Input the filename:");
   scanf("%s",fname);
   getchar();
   if((fp=fopen(_____(1)_____,"w"))==NULL)
   {  printf("Can't open file:%s \n",fname);
      exit(1);}
   printf("Enter data:\n");
   while((ch=getchar())!='#')
   {  fputc(ch,fp); count++;}
   fprintf(_____(2)_____,"\n%d\n", count);
   fclose(fp);
   return 0;
}
```

5. 以下程序的功能是从键盘上输入一个字符串，把该字符串中的小写字母转换为大写字母，输出到文件 test.txt 中，然后从该文件读出字符串并显示出来。请完善程序。

```
#include <stdio.h>
#include <stdlib.h>
int main( )
{ FILE * fp;
char str[100];
int i=0;
if((fp=fopen("text.txt","w"))==NULL)
{ printf("can't open this file.\n");exit(1);}
printf("input a string:\n");
gets(str);
while (str[i])
{ if(str[i]>='a'&&str[i]<='z')
  str[i]=_____(1)_____;
  fputc(str[i],fp);
  i++;
}
fclose(fp);
if((fp=fopen("text.txt",_____(2)_____))==NULL)
{ printf("can't open this file.\n");exit(1);}
fgets(str,100,fp);
printf("%s\n",str);
fclose(fp);
return 0;
}
```

四、编程题

1. 编写一个程序，从键盘读入10个整数，以二进制形式存入文件中，再从文件中读出数据，显示在屏幕上。

2. 从键盘输入一个字符串，将其中的小写字母全部转换成大写字母，然后输出到一个磁盘文件test中保存，输入的字符串以“!”表示结束。

3. 编写一个程序，调用fputs函数，把10个字符串输出到文件中；再从此文件中读取这10个字符串，放在一个数组中；最后将数组输出到终端屏幕，以检查所有操作的正确性。

第11章

综合应用案例——股票交易系统

到目前为止，通过对前面章节的学习，读者应该对 C 语言的基本理论和知识有了较全面的了解，并应该能编写一些简单的应用程序，对程序设计的开发过程也有了初步的认识。但是，要深刻理解 C 语言的精髓，提高编程能力，学习 C 语言的步伐不应该停留于此，还应该综合应用所学知识，掌握开发大型应用程序的方法，即遵循软件工程的开发步骤和结构化程序设计思想，用 C 语言开发出解决复杂问题的大型应用程序。

本章将结合前面章节的知识，详细介绍一个综合应用案例——股票交易系统管理程序，旨在加深读者对 C 语言基础知识和理论的理解和掌握，熟悉程序开发的一般流程，培养综合运用所学知识分析和解决问题的能力，为进一步开发高质量的程序打下坚实的基础。

股票交易系统管理程序作为一个教学模型比较理想，它小而精，可塑性大，读者可在读通它的基础上，根据需要做进一步的拓展，例如可增加新股票，删除旧股票，将股票挂起停止交易，根据需要以股票的挂牌价进行排序等功能，还可以将股票数据的处理由数组改为动态链表，提高程序效率。

11.1 功能模块设计

作为一个典型案例，股票交易系统管理程序可以对一般用户股票交易操作的全过程进行管理，包括用户注册、登录系统，股票交易操作等功能，其功能模块图如图 11-1 所示。

1. 输入股票信息模块

该模块是系统管理员操作的重要界面，主要功能是将股票的一些基本信息(如股票代码、股票名称、总股数、可交易的股数等)录入系统，以二进制数据文件形式存储，作为股票交易操作的基本数据。

2. 股票交易平台模块

该模块是用户完成股票一系列交易操作的重要界面。用户进入股票交易系统前，首

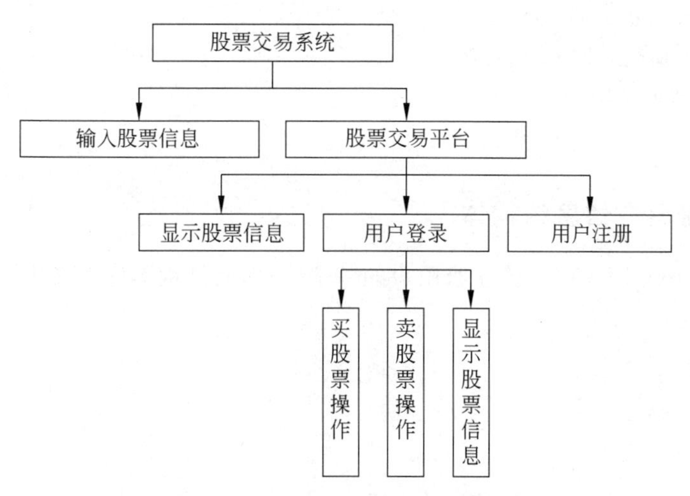

图 11-1　股票交易系统功能模块图

先必须注册为会员;注册成功后,可登录交易平台操作。在交易平台的主要操作包括:查看当前用户拥有的股票信息情况,完成买、卖股票操作。一旦用户完成对股票的买、卖操作,相关信息都会保存于相应的二进制数据文件中,供后续操作使用。该模块由用户注册、用户登录和显示股票信息三个子模块构成。其中用户登录模块又包含卖股票、买股票、显示用户股票三个子模块。

11.2　数据结构设计

股票交易系统管理程序的数据结构主要采用结构体数组实现,主要包括三类结构体数据:股票信息结构体、注册用户信息结构体和用户股票账户信息结构体。

1. 股票信息结构体

结构体 stock 用于存储股票的基本信息,其结构类型定义为:

```
struct stock
{ char StockCode[6];          /* 股票代码 */
  char StockName[30];         /* 股票名称 */
  long StockVol;              /* 总股数 */
  long StockAva;              /* 可交易的股数 */
  long StockNum;              /* 股票数 */
  char chChoice;              /* 股票操作选择 */
};
```

结构中各字段的含义如下:

StockCode[6]:存储股票代码,长度不超过 6 个字符
StockName[30]:存储股票名称,长度不超过 30 个字符

StockVol:存储股票的总股数
StockAva:存储股票可交易的股数
StockNum:统计一共有多少只股票
chChoice:存储股票操作选择

2. 已注册用户信息结构体

结构体 custom 用于存储已注册用户的基本信息，其结构类型定义为：

```
struct custom
{ char CustomerName[20];      /* 用户名 */
  char PassWord[6];           /* 密码 */
};
```

结构中各字段的含义如下：

CustomerName[20]:存储已注册用户名
PassWord[6]:存储已注册用户密码

3. 用户股票账户信息结构体

结构体 custstock 用于存储用户股票账户的基本信息，其结构类型定义为：

```
struct custstock
{   char StockCode[6];        /* 股票代码 */
    char StockName[30];       /* 股票名称 */
    long StockVal;            /* 拥有的股数 */
};
```

结构中各字段的含义如下：

StockCode[6]:存储股票代码
StockName[30]:存储股票名称
StockVal:存储用户拥有的某只股票的股数

11.3 函数功能描述

1. main 函数

股票交易系统管理程序首先从 main 函数开始执行，在进入交易系统平台前，询问是否需要更新保存股票信息的数据文件，如果要更新文件，则调用 Input_Stock 函数完成股票信息的输入，并保存到数据文件中。然后调用 Interface_StockExchange 函数进入股票交易系统的主界面，程序流程图如图 11-2 所示。

2. Input_Stock 函数

函数的原型为：

```
void Input_Stock();
```

函数的功能是重新输入股票信息并保存到数据文件中。函数首先以写的方式打开保存股票信息的二进制数据文件，然后调用 Input_NewStock 函数输入股票的基本信息，并写入数据文件中。程序流程图如图 11-3 所示。

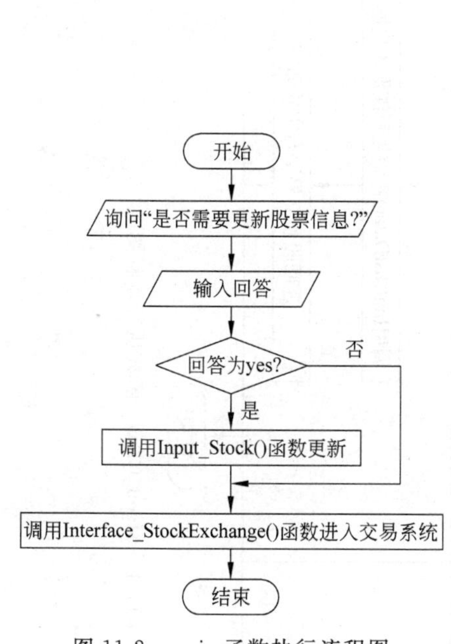

图 11-2　main 函数执行流程图

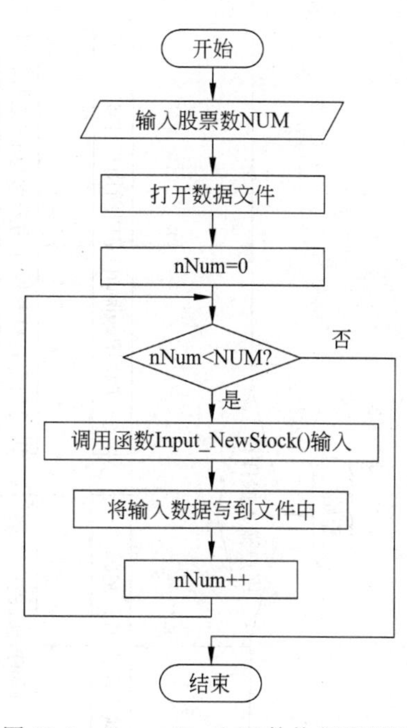

图 11-3　Input_Stock 函数执行流程图

3. Interface_StockExchange 函数

函数的原型为：

```
void Interface_StockExchange(Stock *);
```

本函数是进入股票交易系统平台的主界面。主界面以功能菜单形式显示用户可以完成的操作，用户可按需求输入相应的字符，系统会自动对用户输入的字符进行检测，若输入的是正确的字符，则调用 Menu_Choice 函数执行相应的操作。

4. Menu_Choice 函数

函数的原型为：

```
void Menu_Choice(Stock *);
```

函数的功能是根据用户输入的字符，选择执行相应的操作。程序流程图如图 11-4 所示。

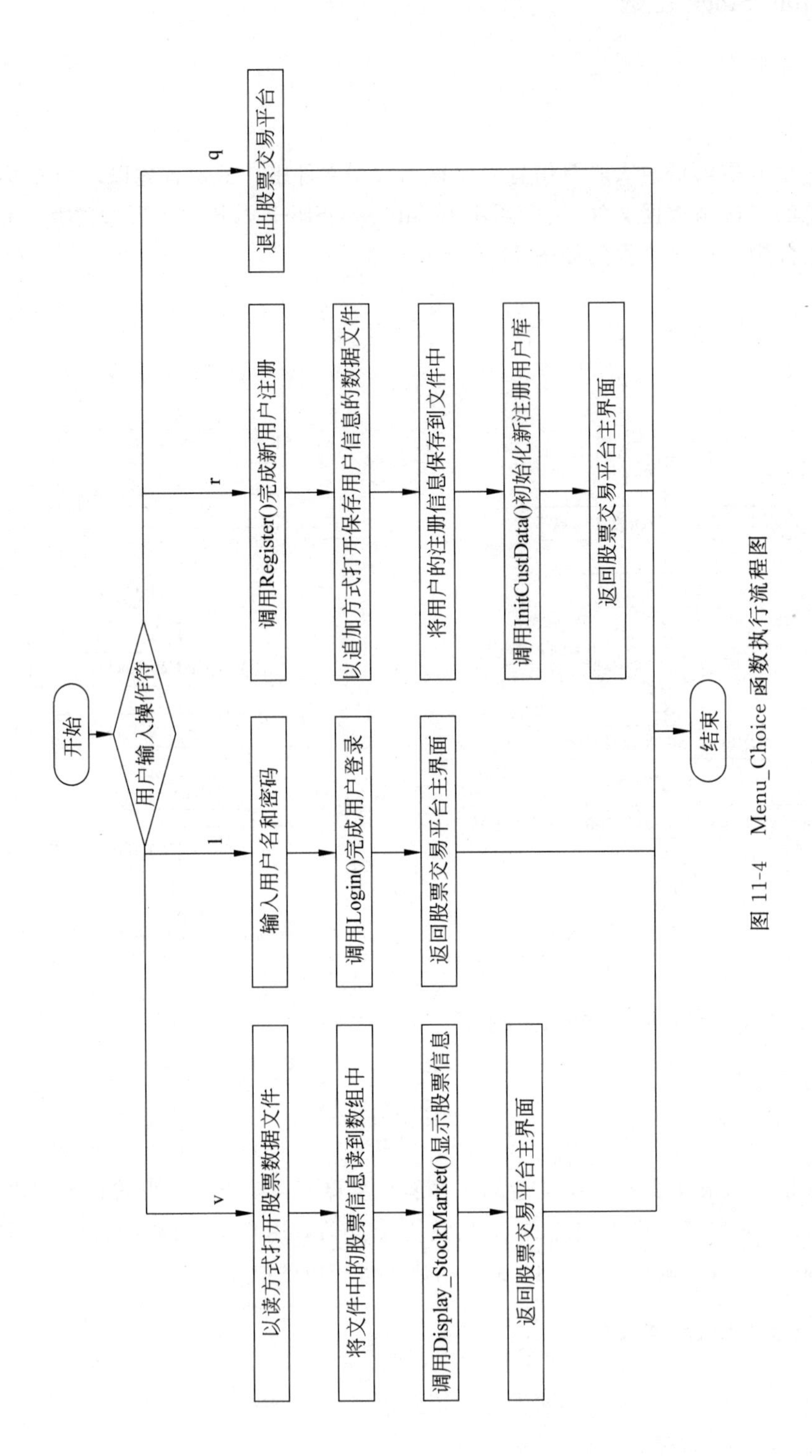

图 11-4　Menu_Choice 函数执行流程图

5. Login 函数

函数原型为：

```
void Login(char *,char *,Customer *);
```

函数的功能是根据用户输入的用户名和密码，在保存已注册用户信息的数据文件中查找是否有该用户存在。若存在，则调用 Interface_CustOperation 函数进入用户操作平台。程序流程图如图 11-5 所示。

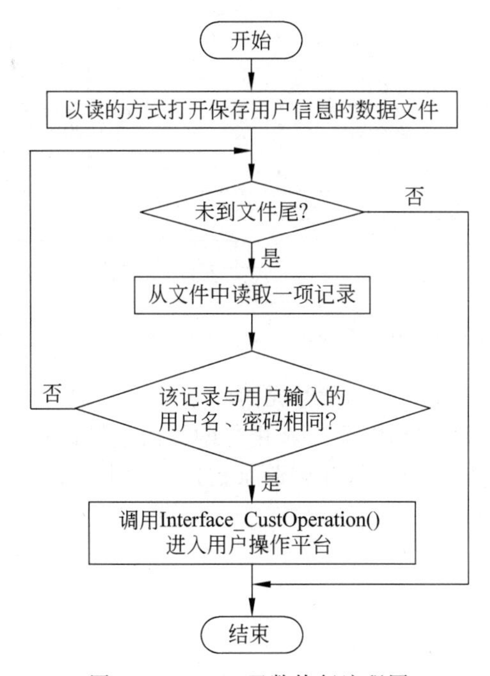

图 11-5　Login 函数执行流程图

6. Interface_CustOperation 函数

函数原型为：

```
void Interface_CustOperation(Customer *);
```

函数的功能是根据用户输入的字符，选择执行买股票、卖股票或显示用户拥有的股票等操作。程序流程图如图 11-6 所示。

7. Buy 函数

函数原型为：

```
void Buy(Customer *);
```

函数的功能是先显示股票数据文件中所有股票的信息，用户可输入要购买股票的代码以及股数，然后根据用户输入的股票代码查找。若股票数据文件中某只股票的股票代

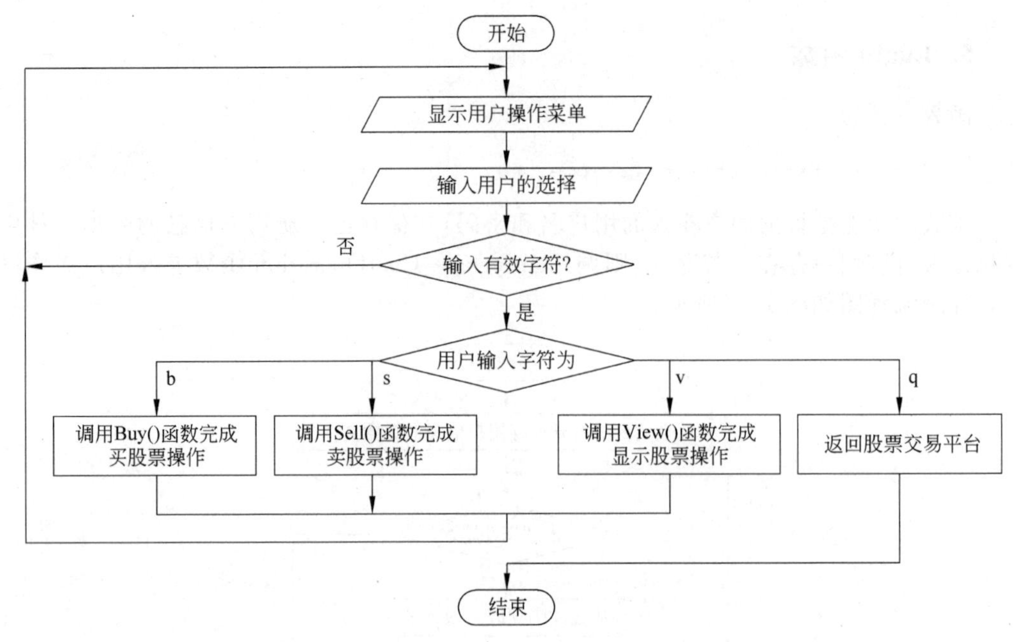

图 11-6　Interface_CustOperation 函数执行流程图

码与此相同,则再比较用户要购买的股数是否小于股票数据文件中相应股票可交易的股数。若小于,则完成购买股票操作,最后将用户购买信息保存到该用户的股票账户数据文件中,将更改后的股票信息也重新保存到股票数据文件中。程序流程图如图 11-7 所示。

8. Sell 函数

函数原型为:

```
void Sell(Customer *);
```

函数的功能是首先显示用户的股票账户数据文件中的所有股票信息,用户输入要卖的股票代码以及股数,然后根据用户输入的股票代码查找,若用户的股票账户数据文件中某只股票的股票代码与此相同,则再比较用户要卖的股数是否小于用户的股票账户数据文件中某股票的股数,若小于,则完成卖股票操作,最后将用户操作信息保存到该用户的股票账户数据文件中,将更改后的股票信息也重新保存到股票数据文件中。程序流程图如图 11-8 所示。

9. View 函数

函数原型为:

```
void View(Customer *);
```

函数的功能是从用户的股票账户数据文件中读取股票信息并保存在结构体数组中,然后显示其中字段 StockVal 值不为 0 的各项。程序流程图如图 11-9 所示。

10. Register 函数

函数原型为:

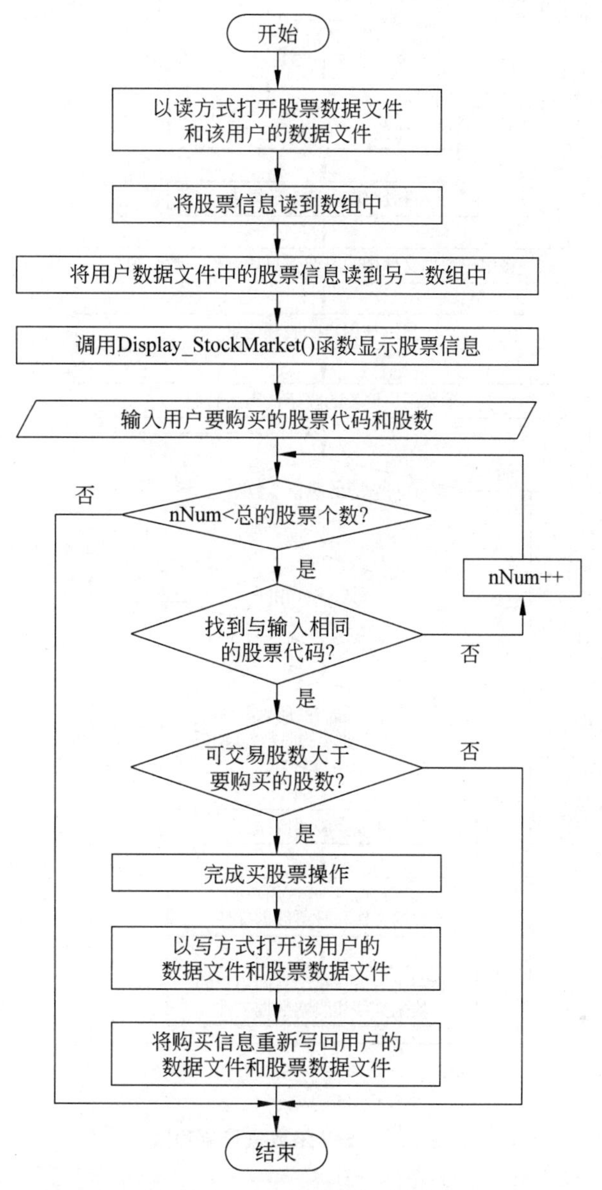

图 11-7 Buy 函数执行流程图

```
void Register(Customer *);
```

函数的功能是输入要注册用户的用户名和密码,并保存在结构体变量中。

11. InitCustData 函数

函数原型为:

```
void InitCustData(Customer *);
```

函数的功能是新注册用户新建一保存股票信息的数据文件,并将其各值初始化。程序流程图如图 11-10 所示。

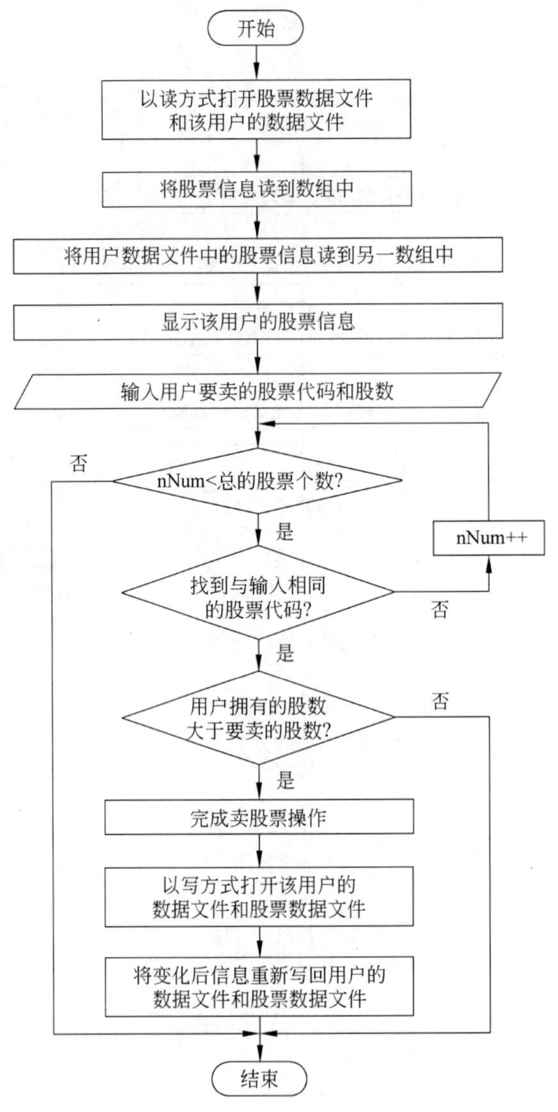

图 11-8　Sell 函数执行流程图

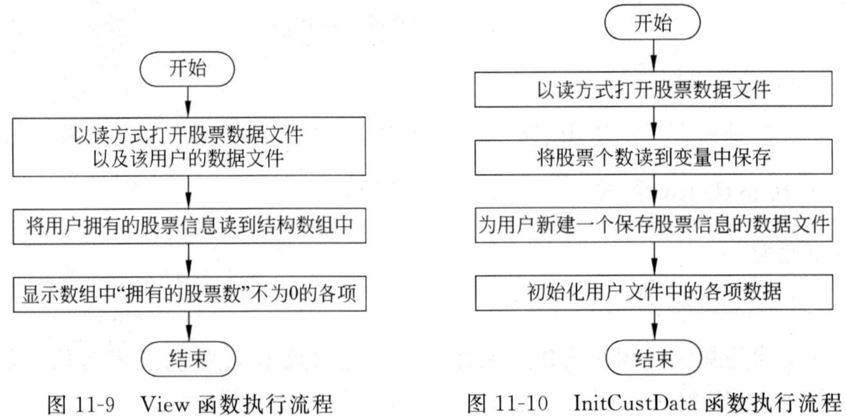

图 11-9　View 函数执行流程

图 11-10　InitCustData 函数执行流程

11.4 编 制 程 序

1. 预处理命令及全局量

```
#include "stdio.h"
#include "stdlib.h"
#include "string.h"
#include "conio.h"
#include "math.h"
#define  MAX 100
#define Stock struct stock
#define Customer struct custom
int NUM;
typedef struct custstock                              /*用户账户数据*/
{ char StockCode[6];                                  /*股票代码*/
  char StockName[30];                                 /*股票名称*/
  long StockVal;                                      /*拥有的股票数*/
}CustStock;
Customer                                              /*已注册用户数据*/
{ char CustomerName[20];                              /*用户名*/
  char PassWord[6];                                   /*密码*/
};
Stock                                                 /*股票数据*/
{ char StockCode[6];                                  /*股票代码*/
  char StockName[30];                                 /*股票名称*/
  long StockVol;                                      /*总股数*/
  long StockAva;                                      /*可交易的股数*/
  long StockNum;                                      /*股票数*/
  char chChoice;                                      /*股票操作选择*/
};
void Login(char *,char *,Customer *);
void Register(Customer *);
void Interface_CustOperation(Customer *);
void Interface_StockExchange(Stock *);
void Display_StockMarket(Stock *);
void Menu_Choice(Stock *);
void InitCustData(Customer *);
void Buy(Customer *);
void Sell(Customer *);
void View(Customer *);
void Input_Stock();
void Input_NewStock(Stock *);
```

2. 主函数

```
int main()
{
    char chChoice;
    Stock strTemp;
    system("cls");
    printf("\n\n\t\t***************股票交易平台***************\n\n");
    printf("\n\n\n\t\t需要更新股票信息吗?(y|Y--yes  n|N--no)");
    scanf("%c",&chChoice);
    if(chChoice=='y'||chChoice=='Y')
        Input_Stock();                              /*输入股票信息*/
    Interface_StockExchange(&strTemp);              /*股票交易平台*/
    return 0;
}
```

3. 输入股票信息

```
void Input_Stock()                                  /*输入股票信息*/
{   FILE *fpData;
    int nNum;
    Stock straSto[MAX];
    printf("\n\t\t输入股票种类数:");
    scanf("%d",&NUM);
    if((fpData=fopen("Stock_File.dat","wb"))==NULL)
    {   printf("FILE ERROR\n");
        exit(0);
    }
    fwrite(&NUM,sizeof(NUM),1,fpData);
    for(nNum=0;nNum<NUM;nNum++)
    {   Input_NewStock(&straSto[nNum]);             /*输入股票数据*/
        fwrite(&straSto[nNum],sizeof(straSto[nNum]),1,fpData);
    }
    fclose(fpData);
}
void Input_NewStock(Stock *a)                       /*输入股票数据*/
{
    system("cls");
    getchar();
    printf("\n\t\t请输入股票代码(字符个数<=6:)");
    gets(a->StockCode);
    printf("\n\t\t请输入股票名称:");
    gets(a->StockName);
    printf("\n\t\t请输入总股数:");
```

```
    scanf("%ld",&a->StockVol);
    a->StockAva=a->StockVol;                          /*初始化可交易的股票数*/
    a->StockNum++;
}
```

4. 股票交易平台主界面

```
void Interface_StockExchange(Stock *a)                /*股票交易平台*/
{
    system("cls");
    printf("\n\n\n\t\t***************欢迎进入股票交易平台*************\n\n");
    printf("\t\t\t显示股票情况          [v]\n");
    printf("\t\t\t老用户登录            [l]\n");
    printf("\t\t\t新用户注册            [r]\n");
    printf("\t\t\t退出交易系统          [q]\n");
    printf("\n\n\t\t\t请选择:");
    scanf(" %c",&a->chChoice);
    if(a->chChoice!='q'&&a->chChoice!='v'&&a->chChoice!='l'
                          &&a->chChoice!='r')
    {   system("cls");
        Interface_StockExchange(a);                   /*股票交易平台*/
    }
    else
        Menu_Choice(a);                               /*执行相关选择*/
}
```

5. 股票交易平台操作

```
void Menu_Choice(Stock *a)                            /*执行相关选择*/
{
    int nNum;
    FILE *fpCust,*fpData;
    Stock strTemp,straCust[MAX];
    Customer strCust;
    char CustomerName[20],PassWord[6];
    switch(a->chChoice)
    {
        case 'v':                                     /*显示股票情况*/
            system("cls");
            printf("\n\n\n\t*************************股票信息***********
                        *************\n\n\n");
            printf("\t\t股票名称    股票代码   总股数   可交易的股数\n\n");
            if((fpData=fopen("Stock_File.dat","rb"))==NULL)
            {   printf("FILE ERROR! \n");
```

```
            exit(0);
        }
        fread(&NUM,sizeof(NUM),1,fpData);
        for(nNum=0;nNum<NUM;nNum++)
            fread(&straCust[nNum],sizeof(straCust[nNum]),1,fpData);
        fclose(fpData);
        for(nNum=0;nNum<NUM;nNum++)
            Display_StockMarket(&straCust[nNum]);  /*显示股票信息*/
        getch();
        Interface_StockExchange(&strTemp);         /*返回股票交易平台*/
    case 'l':                                      /*老用户登录*/
        system("cls");
        printf("\n\n\n\t\t***************用户登录***************\n\n");
        printf("\t\t\t 用户名:");
        scanf("%s",CustomerName);
        printf("\n\t\t\t 密码:");
        scanf("%s",PassWord);
        getchar();
        Login(CustomerName,PassWord,&strCust);     /*用户登录*/
        Interface_StockExchange(&strTemp);         /*返回股票交易平台*/
    case 'r':                                      /*新用户注册*/
        system("cls");
        printf("\n\n\n\t\t***************用户注册***************\n\n");
        Register(&strCust);                        /*新用户注册*/
        if((fpCust=fopen("customer.dat","ab"))==NULL)
        {
            printf("FILE ERROR!\n");
            exit(0);
        }
        fwrite(&strCust,sizeof(strCust),1,fpCust);
        fclose(fpCust);
        InitCustData(&strCust);                    /*初始化新注册用户库*/
        Interface_StockExchange(&strTemp);         /*返回股票交易平台*/
    case 'q':                                      /*退出系统*/
        system("cls");
        printf("\n\n\n\n\n\t\t 谢谢使用股票交易平台\n\n");
        printf("\t\t 再      见\n\n");
        getchar();   getchar();
        exit(0);
    }
}
```

6. 显示股票信息

```
void Display_StockMarket(Stock *a)                 /*显示股票信息*/
```

```
{
    printf("\n\t\t%-12s%-10s%-10ld%-10ld\n",a->StockName,a->StockCode,
        a->StockVol,a->StockAva);
}
```

7. 用户登录

```
void Login(char *name,char *password,Customer *a)/*用户登录*/
{
    FILE *fp;
    int Flag;
    if((fp=fopen("customer.dat","rb"))==NULL)
    {   printf("Read File error!\n");
        exit(1);
    }
    while(!feof(fp))                                    /*查看用户库中的信息*/
    {   Flag=fread(a,sizeof(Customer),1,fp);
        if(Flag!=1)
        {   printf("\n\n\t\t该用户还未注册!\n");
            printf("\n\n\t\t按任意键返回\n");
            getchar();
            break;
        }
        if(strcmp(name,a->CustomerName)==0&&strcmp(password,a->PassWord)==0)
        {  Interface_CustOperation(a);                  /*登录成功进入用户操作平台*/
           break;
        }
    }
    fclose(fp);
}
```

8. 用户操作平台界面

```
void Interface_CustOperation(Customer *a)          /*用户操作平台,完成股票交易*/
{
    char choice;
    Stock strTemp;
    do{
        system("cls");
        printf("\n\n\t********************欢迎进入用户操作平台*****
                    **************\n\n");
        printf("\n\n\t\t\t   [b]-----买股票\n");
        printf("\t\t\t   [s]-----卖股票\n");
        printf("\t\t\t   [v]-----显示用户股票\n");
```

```
        printf("\t\t\t  [q]-----退出交易\n");
        printf("\n\t\t 请选择:");
        scanf("%c",&choice);
        if(choice!='b'&&choice!='s'&&choice!='v'&&choice!='q')
            break;
        else
        {
            switch(choice)
            {
                case 'b':Buy(a); break;                          /*买股票*/
                case 's':Sell(a); break;                         /*卖股票*/
                case 'v':View(a); break;                         /*显示用户的股票信息*/
                case 'q':Interface_StockExchange(&strTemp); /*返回交易平台*/
            }
        }
    }while(1);
}
```

9. 买股票操作

```
void Buy(Customer *a)                                            /*买股票*/
{
    FILE *fpData,*fpCust;
    Stock straShare[MAX];
    CustStock straCuSto[MAX];
    Customer straCust[MAX];
    int nNum;
    char szShareCode[6];
    long nVolume;
    system("cls");
    printf("\n\n\n\t*************************股票信息*******
                    *****************\n\n\n");
    printf("\t\t 股票名称    股票代码   总股数   可交易的股数\n\n");
    if((fpData=fopen("Stock_File.dat","rb"))==NULL)  /*打开股票库*/
    {   printf("FILE ERROR! \n");
        exit(0);
    }
    fread(&NUM,sizeof(NUM),1,fpData);
    for(nNum=0;nNum<NUM;nNum++)
      fread(&straShare[nNum],sizeof(straShare[nNum]),1,fpData);
    if((fpCust=fopen(a->CustomerName,"rb"))==NULL)   /*打开用户股票账户库*/
    {   printf("FILE ERROR! \n");
        exit(0);
    }
```

```
for(nNum=0;nNum<NUM;nNum++)
    fread(&straCuSto[nNum],sizeof(straCuSto[nNum]),1,fpCust);
fclose(fpData);
fclose(fpCust);
for(nNum=0;nNum<NUM;nNum++)
    Display_StockMarket(&straShare[nNum]);          /*显示股票信息*/
getchar();
printf("\n\t\t请输入要买入的股票代码:");
scanf("%s",szShareCode);
printf("\n\t\t请输入股数:");
scanf("%ld",&nVolume);
getchar();
nNum=0;
while((strcmp(straShare[nNum].StockCode,szShareCode)==0)||nNum<NUM)
{
    if(strcmp(straShare[nNum].StockCode,szShareCode)==0)
    {
        if(straShare[nNum].StockAva>nVolume)        /*符合买股票条件*/
        {
            straCuSto[nNum].StockVal=straCuSto[nNum].StockVal+nVolume;
            strcpy(straCuSto[nNum].StockName,straShare[nNum].StockName);
            strcpy(straCuSto[nNum].StockCode,straShare[nNum].StockCode);
            straShare[nNum].StockAva=straShare[nNum].StockAva-nVolume;
            if((fpCust=fopen(a->CustomerName,"wb"))==NULL)
            {   printf("FILE ERROR! \n");
                exit(0);
            }
            for(nNum=0;nNum<NUM;nNum++)
                fwrite(&straCuSto[nNum],sizeof(straCuSto[nNum]),1,fpCust);
            if((fpData=fopen("Stock_File.dat","wb"))==NULL)
            {   printf("FILE ERROR! \n");
                exit(0);
            }
            fwrite(&NUM,sizeof(NUM),1,fpData);
            for(nNum=0;nNum<NUM;nNum++)
                fwrite(&straShare[nNum],sizeof(straShare[nNum]),1,fpData);
                    fclose(fpData);
            fclose(fpCust);
            break;
        }
        else
        {   printf("\n\n\t\t该股票可交易份额不足,不能完成本次交易\n");
            printf("\n\t\t\t退出本次交易\n");
            getchar();
```

```
                break;
            }
        }
        else
        {
            nNum++;
            if(nNum==NUM)
            {
                printf("\n\n\t\t输入的股票代码有误.....\n");
                printf("\n\t\t\t退出本次交易\n");
                getchar();
                break;
            }
        }
    }
}
```

10. 卖股票操作

```
void Sell(Customer *a)                                    /*卖股票*/
{
    FILE *fpData,*fpCust;
    Stock straShare[MAX];
    CustStock straCuSto[MAX];
    Customer straCust[MAX];
    int nNum;
    char szShareCode[6];
    long nVolume;
    system("cls");
    if((fpData=fopen("Stock_File.dat","rb"))==NULL)   /*打开股票库*/
    {   printf("FILE ERROR! \n");
        exit(0);
    }
    fread(&NUM,sizeof(NUM),1,fpData);
    for(nNum=0;nNum<NUM;nNum++)
        fread(&straShare[nNum],sizeof(straShare[nNum]),1,fpData);
    if((fpCust=fopen(a->CustomerName,"rb"))==NULL)   /*打开用户股票账户库*/
    {   printf("FILE ERROR!\n");
        exit(0);
    }
    for(nNum=0;nNum<NUM;nNum++)
        fread(&straCuSto[nNum],sizeof(straCuSto[nNum]),1,fpCust);
    fclose(fpData);
    fclose(fpCust);
```

```
printf("\n\n\n\t **************************用户股票信息*********
              ****************\n\n\n");
printf("\t\t 股票名称      股票代码    持股数\n\n");
for(nNum=0;nNum<NUM;nNum++)
{   if(straCuSto[nNum].StockVal!=0)
        printf("\t\t%s\t\t%s\t%ld\n",straCuSto[nNum].StockName,
           straCuSto[nNum].StockCode,straCuSto[nNum].StockVal);
}
getchar();
printf("\n\t 输入要卖的股票代码:");
scanf("%s",szShareCode);
printf("\n\t 输入要卖的股数:");
scanf("%ld",&nVolume);
getchar();
nNum=0;
while((strcmp(straShare[nNum].StockCode,szShareCode)==0)||nNum<NUM)
{
    if(strcmp(straShare[nNum].StockCode,szShareCode)==0)
    {
        if(straCuSto[nNum].StockVal>nVolume)       /*符合卖股票条件*/
        {
            straCuSto[nNum].StockVal=straCuSto[nNum].StockVal-nVolume;
            straShare[nNum].StockAva=straShare[nNum].StockAva+nVolume;
            if((fpCust=fopen(a->CustomerName,"wb"))==NULL)
            {   printf("FILE ERROR! \n");
                exit(0);
            }
            for(nNum=0;nNum<NUM;nNum++)
                fwrite(&straCuSto[nNum],sizeof(straCuSto[nNum]),1,fpCust);
            if((fpData=fopen("Stock_File.dat","wb"))==NULL)
                                                  /*打开股票库*/
            {   printf("FILE ERROR! \n");
                exit(0);
            }
            fwrite(&NUM,sizeof(NUM),1,fpData);
            for(nNum=0;nNum<NUM;nNum++)
                fwrite(&straShare[nNum],sizeof(straShare[nNum]),1,fpData);
                    fclose(fpData);
            fclose(fpCust);
            break;
        }
        else
        {   printf("\n\n\t\t 你可交易股票份额不足,不能完成本次交易\n");
            printf("\n\t\t 退出本次交易\n");
```

```
                getchar();
                break;
            }
        }
        else
        {
            nNum++;
            if(nNum==NUM)
            {
                printf("输入的股票代码有误......\n");
                printf("退出本次交易\n");
                getchar();
                break;
            }
        }
    }
}
```

11. 显示用户股票信息

```
void View(Customer *a)                                          /*显示用户股票*/
{
    FILE *fpCust, *fpData;
    CustStock straCuSto[MAX];
    int nNum;
    int flag=1;
    system("cls");
    if((fpData=fopen("Stock_File.dat","rb"))==NULL)    /*打开股票库*/
    {   printf("FILE ERROR! \n");
        exit(0);
    }
    fread(&NUM,sizeof(NUM),1,fpData);
    if((fpCust=fopen(a->CustomerName,"rb"))==NULL)    /*打开用户股票账户库*/
    {   printf("FILE ERROR! \n");
        exit(0);
    }
    for(nNum=0;nNum<NUM;nNum++)
        fread(&straCuSto[nNum],sizeof(straCuSto[nNum]),1,fpCust);
    fclose(fpCust);
    fclose(fpData);
    printf("\n\n\n\t**************************用户股票信息*******
                *****************\n\n\n");
    printf("\t\t股票名称      股票代码   持股数\n\n");
    for(nNum=0;nNum<NUM;nNum++)
```

```
    {
        if(straCuSto[nNum].StockVal!=0)
        {   printf("\t\t%s\t\t%s\t%ld\n",straCuSto[nNum].StockName,
                straCuSto[nNum].StockCode,straCuSto[nNum].StockVal);
            flag=0;
        }
    }
    if(flag)  printf("\n\t\t暂无可显示的股票信息");
    fflush(stdin);
    getchar();
}
```

12. 新用户注册

```
void Register(Customer *a)                                /*新用户注册*/
{
    system("cls");
    getchar();
    printf("\n\n\t********************用户注册********************\n\n");
    printf("\n\t\t\t输入用户名:");
    scanf("%s",a->CustomerName);
    printf("\n\t\t\t输入密码:");
    scanf("%s",a->PassWord);
    system("cls");
    printf("\n\n你已注册成功\n");
    fflush(stdin);
    getchar();
}

void InitCustData(Customer *a)                            /*初始化新注册用户库*/
{
    int nNum;
    CustStock straCuSto[MAX];
    FILE *fpCust,*fpData;
    if((fpData=fopen("Stock_File.dat","rb"))==NULL)  /*打开股票库*/
    {   printf("FILE ERROR! \n");
        exit(0);
    }
    fread(&NUM,sizeof(NUM),1,fpData);
    if((fpCust=fopen(a->CustomerName,"wb"))==NULL)
    {
        printf("FILE ERROR!\n");
        exit(0);
    }
```

```
    for(nNum=0;nNum<NUM;nNum++)
    {
        strcpy(straCuSto[nNum].StockCode,"");
        strcpy(straCuSto[nNum].StockName,"");
        straCuSto[nNum].StockVal=0;
        fwrite(&straCuSto[nNum],sizeof(straCuSto[nNum]),1,fpCust);
    }
    fclose(fpCust);
    fclose(fpData);
}
```

11.5 运行程序

11.5.1 VC++ 2010 下的多文件管理

C 程序结构规定：一个 C 程序可以由多个文件组成，一个文件可以包含若干函数、预处理命令和全局量等。在本书前面介绍的章节中，由于程序规模都比较小，故把所有函数都放在一个源文件中。但对于编写较大型的程序而言，如果还是把一个“完整”的程序放在一个文件中，是很不明智的。因为这种做法对于查看代码，调试程序，查找局部错误，提高代码的重用等都是十分不利的。因此，编写较大型的程序，程序一般都是由多个文件组成，采用这种方法主要有以下优点：

(1) **代码重用率高**。程序中一些通用性强的重复的功能只要写一遍，就可以用在以后的其他程序上；

(2) **便于团队协作**。一个大型程序往往需要由多人完成，在设计之初，就很清楚地把任务分配给各开发人员，模块的编写者只要关注他所写的代码并留出接口就可以了；

(3) **方便调试和维护**。程序一旦出错，如果能确定只是某个模块有问题，在模块内解决即可。若要扩充某一部分的功能，也可以只针对具体的模块重新开发。

由于股票交易系统程序规模较大，为了便于调试和维护，一个较好的做法是把程序分解为多个模块，并由多个文件组成。依照程序功能划分和保证程序声明一致性的原则，组成股票交易系统程序的主要文件如表 11-1 所示。

表 11-1　主要文件列表

文 件 名	说　明
quanj. h	程序主要的预处理命令、全局量和函数原型声明
main. c	main 函数模块
shurgp. c	输入股票信息相关模块
gupiaojyjm. c	股票交易平台界面相关模块

续表

文 件 名	说 明
gupiaojycz. c	股票交易平台操作相关模块
xiansgpxx. c	显示股票信息相关模块
yonghudl. c	用户登录相关模块
yonghuczjm. c	用户操作平台界面相关模块
maigpcz. c	买股票操作相关模块
mai_1gpcz. c	卖股票操作相关模块
xianshiyhgp. c	显示用户股票信息相关模块
yonghucz. c	新用户注册相关模块

VC++ 2010 的项目管理机制是以解决方案为中心，同一个解决方案下可以添加多个项目，每个项目可添加多个文件。这种管理机制把一些相关的程序放在一起以便于程序员快速切换和相互参照。因此，在 VC++ 2010 环境下为股票交易系统管理程序创建一个解决方案(例如名为 ch11)，在此解决方案下又建立一个项目(例如名为 ex11)，并分别在头文件和源文件下建立表 11-1 中所列的文件，建立后的解决方案 ch1 中头文件和源文件列表如图 11-11 左部所示。

图 11-11　项目主界面

11.5.2　文件包含

在本书前面章节所介绍的程序中，已多次用过文件包含命令，例如 #include<stdio. h>。所谓文件包含是把指定的文件内容全部复制到当前处理的文件中。属于 C 语言的预处理命令。

文件包含命令的一般形式为：

```
#include <文件名>
```

或

```
#include "文件名"
```

以上两种形式的区别是：使用＜ ＞表示系统在 C 编译器指定的名为 include 的目录中查找该文件；使用双引号则表示系统首先在当前目录中查找该文件，若未找到，才到 C 编译器指定的名为 include 的目录中查找该文件。所以一般系统提供的头文件用＜ ＞，用户自己定义的头文件用双引号。

对于模块化程序设计，文件包含是很有用的，尤其是对于大型程序的开发，可以节省程序员的劳动，缩短开发周期。例如某个大程序需要由多个程序员共同完成，对于一些公用的符号常量、函数原型声明和宏定义等可单独组成一个文件(这类文件一般称为头文件，后缀名为.h)，然后在其他文件中，通过用文件包含命令即可把该文件的内容复制到文件中，这样可避免在每个文件中都去书写那些共用信息，从而节省时间，并减少出错。

基于以上介绍，在股票交易系统程序中，将一些共用的信息，如预处理命令、全局量和函数原型声明存放在一个头文件中(文件名为 quanj.h，文件内容详见本章 11.4 节)，然后在相关文件中，用文件包含命令把文件内容全部复制到文件中，例如图 11-12 所示。注意，由于建立的头文件和源程序文件都是放在当前目录下，故文件包含命令中要用双引号把头文件括起来。

```
#include "quanj.h"
int main()
{
    char chChoice;
    Stock strTemp;
    system("cls");
    printf("\n\n\t\t***************股票交易平台***************\n\n");
    printf("\n\n\n\t\t需要更新股票信息吗？(y|Y--yes  n|N--no)");
    scanf("%c",&chChoice);
    if(chChoice=='y'||chChoice=='Y')
        Input_Stock(); /*输入股票信息*/
    Interface_StockExchange(&strTemp);  /*股票交易平台*/
    return 0;
}
```

图 11-12 包含头文件的源代码

11.5.3 调试运行

在 VC++ 2010 环境下，执行菜单命令“生成->生成解决方案”对股票交易系统程序进行编译连接，在输出栏中显示如图 11-13 所示的结果。

程序编译连接通过后，执行菜单命令“调试->开始执行(不调试)”可运行程序，其中运行结果显示的“股票交易平台”界面如图 11-14 所示，依照菜单提示操作可实现股票交易的一般过程。

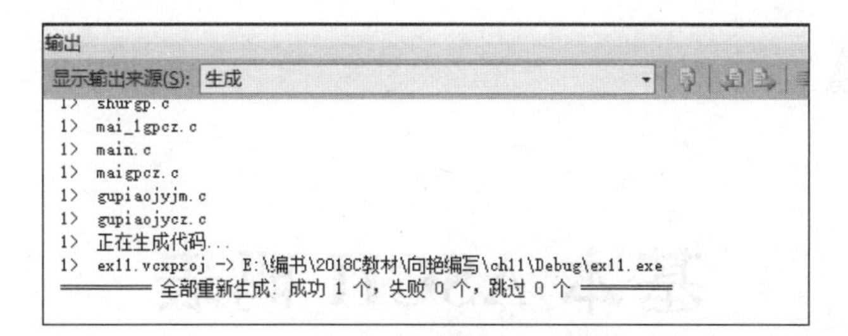

图 11-13　程序调试结果显示

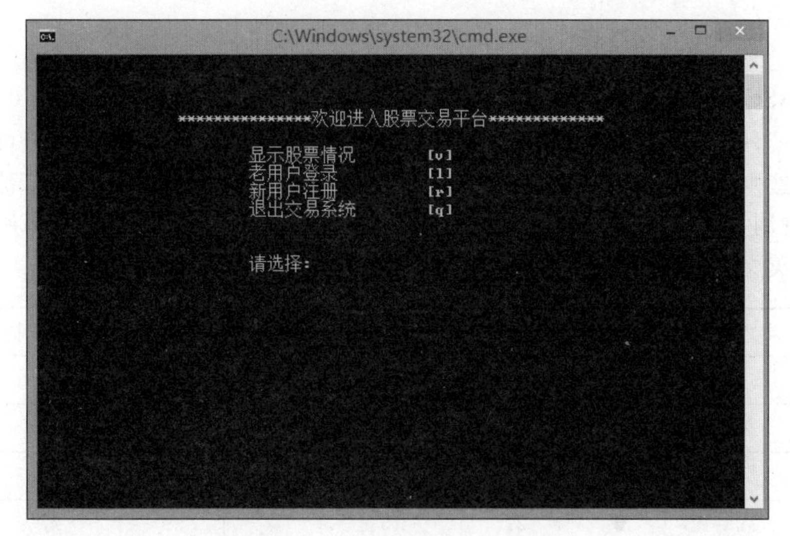

图 11-14　“股票交易平台”界面

附录A

基本 ASCII 码表

基本 ASCII 码表大致可以分成两部分：第一部分 ASCII 码值为十进制 0～31(十六进制 00H～1fH)，共 32 个字符，一般用作通信或作控制之用。其中有些字符可以显示到屏幕上，有些则无法显示到屏幕上，但能看到其效果(例如换行符等)。第二部分 ASCII 码值为十进制 32～127(十六进制 20H～7fH)，共 96 个字符，这 96 个字符是用来表示阿拉伯数字、英文字母大小写、括号等，它们都可以显示到屏幕上。

十进制	十六进制	字符	十进制	十六进制	字符	十进制	十六进制	字符
0	00	NULL	18	12	↕	36	24	¥
1	01	☺	19	13	!!	37	25	%
2	02	☻	20	14	¶	38	26	&
3	03	♥	21	15	§	39	27	'
4	04	♦	22	16	—	40	28	(
5	05	♣	23	17	↨	41	29	)
6	06	♠	24	18	↑	42	2A	*
7	07	响铃	25	19	↓	43	2B	+
8	08	退格	26	1A	→	44	2C	,
9	09	HT	27	1B	←	45	2D	—
10	0A	换行	28	1C	∟	46	2E	.
11	0B	VT	29	1D	↔	47	2F	/
12	0C	FF	30	1E	▲	48	30	0
13	0D	回车	31	1F	▼	49	31	1
14	0E	♫	32	20	空格	50	32	2
15	0F	☼	33	21	!	51	33	3
16	10	►	34	22	″	52	34	4
17	11	◄	35	23	＃	53	35	5

续表

十进制	十六进制	字符	十进制	十六进制	字符	十进制	十六进制	字符
54	36	6	79	4F	O	104	68	h
55	37	7	80	50	P	105	69	i
56	38	8	81	51	Q	106	6A	j
57	39	9	82	52	R	107	6B	k
58	3A	:	83	53	S	108	6C	l
59	3B	;	84	54	T	109	6D	m
60	3C	<	85	55	U	110	6E	n
61	3D	=	86	56	V	111	6F	o
62	3E	>	87	57	W	112	70	p
63	3F	?	88	58	X	113	71	q
64	40	@	89	59	Y	114	72	r
65	41	A	90	5A	Z	115	73	s
66	42	B	91	5B	[	116	74	t
67	43	C	92	5C	\	117	75	u
68	44	D	93	5D	]	118	76	v
69	45	E	94	5E	^	119	77	w
70	46	F	95	5F	—	120	78	x
71	47	G	96	60	`	121	79	y
72	48	H	97	61	a	122	7A	z
73	49	I	98	62	b	123	7B	{
74	4A	J	99	63	c	124	7C	|
75	4B	K	100	64	d	125	7D	}
76	4C	L	101	65	e	126	7E	—
77	4D	M	102	66	f	127	7F	⌂
78	4E	N	103	67	g			

运算符和结合性

优先级	运算符	含　　义	结合方向	说　　明
1	[]	下标运算符	从左到右	
	()	圆括号		
	.	结构体成员运算符		
	->	指向结构体成员运算符		
2	-	负号运算符	从右到左	单目运算符
	(类型)	强制类型转换运算符		
	++	自增运算符		单目运算符
	--	自减运算符		单目运算符
	*	取值运算符		单目运算符
	&	取地址运算符		单目运算符
	!	逻辑非运算符		单目运算符
	~	按位取反运算符		单目运算符
	sizeof	长度运算符		
3	/	除	从左到右	双目运算符
	*	乘		双目运算符
	%	余数(取模)		双目运算符
4	+	加	从左到右	双目运算符
	-	减		双目运算符
5	<<	左移	从左到右	双目运算符
	>>	右移		双目运算符

续表

优先级	运算符	含　义	结合方向	说　明
6	＞	大于	从左到右	双目运算符
	＞＝	大于或等于		双目运算符
	＜	小于		双目运算符
	＜＝	小于或等于		双目运算符
7	＝＝	等于	从左到右	双目运算符
	!＝	不等于		双目运算符
8	&	按位与	从左到右	双目运算符
9	^	按位异或	从左到右	双目运算符
10	|	按位或	从左到右	双目运算符
11	&&	逻辑与	从左到右	双目运算符
12	||	逻辑或	从左到右	双目运算符
13	?：	条件运算符	从右到左	三目运算符
14	＝	赋值运算符	从右到左	
	/＝	除后赋值		
	*＝	乘后赋值		
	%＝	取模后赋值		
	＋＝	加后赋值		
	－＝	减后赋值		
	＜＜＝	左移后赋值		
	＞＞＝	右移后赋值		
	&＝	按位与后赋值		
	^＝	按位异或后赋值		
	|＝	按位或后赋值		
15	,	逗号运算符	从左到右	从左向右顺序运算

说明：

(1) 表中优先级范围是1～15，且优先级1为最高级，优先级15为最低级。

(2) 同一优先级的运算符，运算次序由结合方向所决定。

C 语言关键字

由 ANSI 标准定义的 C 语言关键字共 32 个：

auto	double	int	struct	break
else	long	switch	case	enum
register	typedef	char	extern	return
union	const	float	short	unsigned
continue	for	signed	void	default
goto	sizeof	volatile	do	if
while	static			

根据关键字的作用，可以将关键字分为数据类型关键字和流程控制关键字两大类。

1. 数据类型关键字

(1) 基本数据类型关键字。

void：声明函数无返回值或无参数，声明无类型指针。

char：字符型类型数据，属于整型数据的一种。

int：普通整型，通常为编译器指定的机器字长。

float：单精度浮点型数据，属于浮点数据的一种。

double：双精度浮点型数据，属于浮点数据的一种。

(2) 类型修饰关键字。

short：修饰 int，短整型数据，可省略被修饰的 int，即 short int 与 short 一样。

long：修饰 int，长整型数据，可省略被修饰的 int，即 long int 与 long 一样。

signed：修饰 short、int 或 long，表示有符号数据类型，可以省略。

unsigned：修饰 short、int 或 long，表示无符号数据类型，不能省略。

(3) 复杂类型关键字。

struct：结构体声明。

union：共用体声明。

enum：枚举声明。

typedef：给已有类型取别名。

sizeof：得到特定类型或特定类型变量的大小。

(4) 存储级别关键字。

auto：指定为自动变量，由编译器自动分配和释放。通常在栈上分配。

static：指定为静态变量，分配在静态变量区，修饰函数时，指定函数作用域为文件内部。

register：指定为寄存器变量，建议编译器将变量存储到寄存器中使用，也可以修饰函数形参，建议编译器通过寄存器而不是堆栈传递参数。

extern：指定对应变量为外部变量，即在另外的目标文件中定义，可以认为是约定由另外文件声明的变量。

const：指定变量不可被当前线程/进程改变。

volatile：指定变量的值有可能会被系统或其他进程/线程改变，强制编译器每次从内存中取得该变量的值。

2. 流程控制关键字

(1) 跳转结构。

return：用在函数体中，返回特定值。

continue：结束当前循环，开始下一次循环。

break：结束整个循环或结束当前的 switch 语句。

goto：无条件跳转语句。

(2) 选择结构。

if：条件语句。

else：条件语句中否定分支(与 if 连用)。

switch：开关语句(多重分支语句)。

case：开关语句中的分支标记。

default：开关语句中的“其他”分支。

(3) 循环结构。

for：for 循环结构，for(1;2;3)4;的执行顺序为 1->2->4->3->2…循环，其中 2 为循环条件。

do：do 循环结构，do 1 while(2)；的执行顺序是 1->2->1…循环，2 为循环条件。

while：while 循环结构，while(1) 2；的执行顺序是 1->2->1…循环，1 为循环条件。

以上循环语句，当循环条件表达式为真，则继续循环，为假，则跳出循环。

VC++ 2010 环境下的常用库函数

1. 输入/输出函数

在调用输入/输出函数(见表 D-1)时,应在程序段前面包含预处理命令:

```
#include <stdio.h>
```

或

```
#include "stdio.h"
```

表 D-1　输入/输出函数

函数名	函 数 原 型	功 能 说 明
fclose	int fclose(FILE * fp);	关闭文件指针 fp 所指向的文件,释放缓冲区。有错误,则返回 EOF(-1),否则返回 0
feof	int feof(FILE * fp);	检查文件是否到达末尾。若文件已经到达末尾,则返回非零值,否则返回 0
fgetc	int fgetc(FILE * fp);	从文件中读一个字符。若文件已经到达末尾,则返回 EOF
fgets	char * fgets(char * buf, int n, FILE * fp);	从 fp 指向的文件读取一个长度为(n-1)的字符串,存放到起始地址为 buf 的空间。成功,则返回地址 buf,若遇文件结束或出错,则返回 NULL
fopen	FILE * fopen(const char * filename,const char * mode);	以 mode 指定的方式打开名为 filename 的文件。成功时,返回一个文件指针,否则返回 NULL
fprintf	int fprintf(FILE * fp,const char * format,args,…);	把 args 的值以 format 指定的格式输出到 fp 指向的文件中。返回实际输出的字符个数
fputc	int fputc(char ch,FILE * fp);	将字符 ch 输出到 fp 指向的文件中。成功,则返回该字符,否则返回 EOF
fputs	int fputs(const char * str,FILE * fp);	将 str 指向的字符串输出到 fp 指向的文件中。成功则返回 0,出错则返回 EOF
fread	int fread(void * pt,unsigned size,unsigned n,FILE * fp);	从 fp 指向的文件中读取长度为 size 的 n 个数据项,存到 pt 指向的内存区。函数返回所读的数据项个数。若遇到错误或在读完指定 n 值前文件提前结束,则返回 0

续表

函数名	函 数 原 型	功 能 说 明
fscanf	int fscanf(FILE * fp,const char * format,args,…);	从 fp 指向的文件中按 format 给定的格式将输入数据送到 args 指向的内存单元。函数返回正确匹配成功的域个数。若函数在第一个匹配之前就结束或者遇到错误,则返回 EOF
fseek	int fseek(FILE * fp,long offset,int base);	将 fp 指向的文件的位置指针移到以 base 指出的位置为基准,以 offset 为位移量的位置。成功,则返回当前位置,否则返回−1
ftell	long ftell(FILE * fp);	返回 fp 所指向的文件中的当前读写位置。若出错,则返回−1
fwrite	int fwrite (const void * ptr, unsigned size, unsigned n, FILE * fp);	将 ptr 指向的 n * size 字节输出到 fp 所指向的文件中。返回值为写到 fp 所指向文件中的数据项个数
getc	int getc(FILE * fp);	从 fp 指向的文件中读入一个字符。返回值为所读的字符。若文件结束或出错,则返回 EOF
getchar	int getchar(void);	从标准输入设备读取下一个字符。返回值为所读字符。若文件结束或出错,则返回 EOF
gets	char * gets(char * str);	从标准输入设备读取字符串,存放到由 str 指向的字符数组中。返回值为字符数组的起始地址。若出错,则返回 NULL
printf	int printf(const char * format,args,…);	按 format 指向的格式字符串中所规定的格式,将输出表列 args 的值输出到标准输出设备。返回值为输出字符的个数,若出错,则返回−1
putc	int putc(int ch,FILE * fp);	将一个字符 ch 输出到 fp 所指向的文件中。返回值为输出的字符 ch,若出错,则返回 EOF
putchar	int putchar(char ch);	将字符 ch 输出到标准输出设备。返回值为输出的字符 ch,若出错,则返回 EOF
puts	int puts(const char * str);	把 str 指向的字符串输出到标准输出设备,将'\0'转换为回车换行。返回值为换行符,若失败,则返回 EOF
rename	int rename(const char * oldname,const char * newname);	把由 oldname 所指向的文件名改为由 newname 所指向的文件名。成功时,返回 0,若出错,则返回−1
rewind	void rewind(FILE * fp);	将 fp 指向的文件中的位置指针移到文件开头位置,并清除文件结束标志和错误标志
scanf	int scanf(const char * format,args,…);	从标准输入设备按 format 指向的格式字符串规定的格式,输入数据给 args 指向的单元。函数返回值为正确匹配成功的域个数。若函数在第一个匹配之前就结束或者遇到错误,则返回 EOF
fflush	int fflush(FILE * stream);	刷新一个"流"文件,若该文件用于输出,则将输出缓存中的所有内容写到文件。若该文件用于输入,则抛弃所有输入缓存的内容。例如,fflush(stdin)清空输入缓冲区。注:标准输入输出在 C 语言中也看作文件。例如常见的输入为 stdin,常见的输出为 stdout

续表

函数名	函数原型	功能说明
flushall	int flushall();	刷新所有打开的“流”文件。包括未“写透”到磁盘的文件,以及未处理完毕的标准输入输出。返回值为当前活跃的“流”文件的数目

2. 数学函数

在调用数学函数(见表 D-2)时,应在程序段前面包含预处理命令:

```
#include <math.h>
```

或

```
#include "math.h"
```

表 D-2 数学函数

函数名	函数原型	功能说明
abs	int abs(int x);	计算并返回整数 x 的绝对值
acos	double acos(double x);	计算并返回 arccos(x)的值,要求 x 为−1～1
asin	double asin(double x);	计算并返回 arcsin(x)的值,要求 x 为−1～1
atan	double atan(double x);	计算并返回 arctan(x)的值
atan2	double atan2(double x,double y);	计算并返回 arctan(x/y)的值
cos	double cos(double x);	计算并返回 cos(x)的值,x 单位为弧度
cosh	double cosh(double x);	计算并返回双曲余弦 cosh(x)的值
exp	double exp(double x);	计算并返回 e^x 的值
fabs	double fabs(double x);	计算并返回 x 的绝对值
floor	double floor(double x);	计算并返回不大于 x 的最大整数
fmod	double fmod(double x,double y);	计算并返回整除 x/y 的余数
frexp	double frexp(double val, double *eptr);	将 val 分解为尾数 x 和以 2 为底的指数 n,即 $val=x*2^n$,n 存放到 eptr 所指向的变量中,返回尾数 x,x 为 0.5～1
labs	long labs(long x);	计算并返回长整型数 x 的绝对值
log	double log(double x);	计算并返回自然对数 ln(x)的值,要求 x>0
log10	double log10(double x);	计算并返回常用对数 $log_{10}(x)$的值,要求 x>0
modf	double modf(double val, double *iptr);	将双精度数分解为整数部分和小数部分,小数部分作为函数值返回,整数部分存放在 iptr 指向的双精度型变量中
pow	double pow(double x,double y);	计算并返回 x^y 的值
sin	double sin(double x);	计算并返回正弦函数 sin(x)的值,要求 x 单位为弧度

续表

函数名	函 数 原 型	功 能 说 明
sinh	double sinh(double x);	计算并返回双曲正弦函数 sinh(x)的值
sqrt	double sqrt(double x);	计算并返回 x 的平方根,要求 x≥0
tan	double tan(double x);	计算并返回正切函数 tan(x)的值,要求 x 单位为弧度
tanh	double tanh(double x);	计算并返回双正切函数 tanh(x)的值

3. 字符函数

在调用字符函数(见表 D-3)时,应在程序段前面包含预处理命令:

```
#include <ctype.h >
```

或

```
#include "ctype.h"
```

除了 tolower 函数和 toupper 函数,表 D-3 中的其他函数如果"条件"为真,则返回非0 值,否则返回 0。

表 D-3 字符函数

函数名	函 数 原 型	功 能 说 明
isalnum	int isalnum(int ch);	检查 ch 是否为字母或数字(0~9)。是,返回 1,否则返回 0
isalpha	int isalpha(int ch);	检查 ch 是否为字母。是,返回 1,否则返回 0
isascii	int isascii(int ch);	检查 ch 是否为 ASCII 字符。是,返回 1,否则返回 0
iscntrl	int iscntrl(int ch);	检查 ch 是否为控制字符。是,返回 1,否则返回 0
isdigit	int isdigit(int ch);	检查 ch 是否为数字(0~9)。是,返回 1,否则返回 0
isgraph	int isgraph(int ch);	检查 ch 是否为可打印字符,即不包括控制字符和空格。是,返回 1,否则返回 0
islower	int islower(int ch);	检查 ch 是否为小写字母。是,返回 1,否则返回 0
isprint	int isprint(int ch);	检查 ch 是否为可打印字符(含空格)。是,返回 1,否则返回 0
ispunch	int ispunch(int ch);	检查 ch 是否为标点符号,即除字母、数字和空格之外的所有符号。是,返回 1,否则返回 0
isspace	int isspace(int ch);	检查 ch 是否为空格、水平制表符('\t')、回车符('\r')、走纸换行('\f')、垂直制表符('\v')、换行符('\n')。是,返回 1,否则返回 0
isupper	int isupper(int ch);	检查 ch 是否为大写字母。是,返回 1,否则返回 0
isxdigit	int isxdigit(int ch);	检查 ch 是否为十六进制数字。是,返回 1,否则返回 0
tolower	int tolower(int ch);	将 ch 中的字母转换为小写字母,返回小写字母
toupper	int toupper(int ch);	将 ch 中的字母转换为大写字母,返回大写字母

4. 字符串函数

在调用字符串函数(见表 D-4)时,应在程序段前面包含预处理命令:

```
#include <string.h>
```

或

```
#include  "string.h"
```

表 D-4　字符串函数

函数名	函 数 原 型	功 能 说 明
strcat	char * strcat(char * str1, const char * str2);	将字符串 str2 连接到 str1 后面,返回值为 str1 的地址
strchr	char * strchr(const char * str, int ch);	找出 ch 字符在字符串 str 中第一次出现的位置,返回值为首次出现 ch 位置的地址。若找不到,则返回 NULL
strcmp	int strcmp (const char * str1, const char * str2);	比较字符串 str1 和 str2 的大小,若 str1<str2,则返回负数,若 str1=str2,则返回 0,若 str1>str2,则返回正数
strcpy	char * strcpy(char * str1, const char * str2);	将字符串 str2 复制到 str1 中,返回值为 str1 的地址
strlen	int strlen(const char * str);	求字符串 str 的长度,返回值为 str1 包含的字符数(不含'\0')
strlwr	char * strlwr(char * str);	将字符串 str 中的字母转换为小写字母,返回值为 str 的地址
strncat	char * strncat(char * str1, const char * str2, size_t count);	将字符串 str2 中的前 count 个字符连接到 str1 后面,返回值为 str1 的地址
strncpy	char * strncpy(char * str1, const char * str2, size_t count);	将字符串 str2 中的前 count 个字符复制到 str1 中,返回值为 str1 的地址
strstr	char * strstr(const char * str1, const char * str2);	找出字符串 str2 在字符串 str1 中第一次出现的位置,返回值为该位置的地址。若找不到,则返回 NULL
strupr	char * strupr(char * str);	将字符串 str 中的字母转换为大写字母,返回值为 str 的地址

注:对于以上具有写缓冲的字符串操作,VC++ 2010 以上版本提供了安全版本的对应函数。本书不对此深入探究。

5. 动态分配存储空间函数

在调用动态分配存储空间函数(见表 D-5)时,应在程序段前面包含预处理命令:

```
#include <stdlib.h >
```

或

```
#include " stdlib.h"
```

也可包含预处理命令:

```
#include <malloc.h >
```

或

```
#include "malloc.h "
```

表 D-5　动态分配存储空间函数

函数名	函 数 原 型	功 能 说 明
calloc	void * calloc(size_t num, size_t size);	为 num 个数据项分配内存,每个数据项大小为 size 字节。返回值为分配的内存空间起始地址。若分配不成功,则返回 0
free	void * free(void * ptr);	释放 ptr 指向的内存空间
malloc	void * malloc(size_t size);	分配 size 字节的内存,返回值为分配的内存空间起始地址。若分配不成功,则返回 0
reallc	void * realloc(void * ptr, size_t newsize);	将 ptr 指向的内存空间改为 newsize 字节,返回值为新分配的内存空间起始地址。若分配不成功,则返回 0

6. 数值与字符串相互转换函数

在调用数值与字符串相互转换函数(见表 D-6)时,应在程序段前面包含预处理命令:

```
#include <stdlib.h >
```

或

```
#include "stdlib.h"
```

表 D-6　数值与字符串相互转换函数

函数名	函 数 原 型	功 能 说 明
atof	double atof(char * nptr);	将字符串转换为浮点数
atoi	int atoi(char * nptr);	将字符串转换为整数
atol	long atol(char * nptr);	将字符串转换为长整型数
ecvt	char ecvt(double value, int ndigit, int * decpt, int * sign);	将一个浮点数转换为字符串。value 是要转换的浮点数;ndigit 是存储的有效数字位数; * decpt 是存储的小数点位置; * sign 是转换的数的符号。 例: str=ecvt(9.876, 10, &dec, &sign); 则: str="9876000000",dec=1,sign=0
fcvt	char * fcvt(double value, int ndigit, int * decpt, int * sign);	将一个浮点数转换为字符串。value 是要转换的浮点数;ndigit 是小数点后面的位数; * decpt 是小数点的位置; * sign 表示符号,0 为正数,1 为负数。 例: str=fcvt(9.876, 10, &dec, &sign); 则: str="98760000000",dec=1,sign=0

续表

函数名	函数原型	功能说明
gcvt	char * gcvt (double value, int ndigit,char * buf);	将浮点数转换成字符串。ndigit 表示显示的位数;若转换成功,则转换后的字符串放在 buf 所指的空间中。 例: gcvt(9.876,4, ptr); 则: ptr="9.876"
itoa	char * itoa (int value, char * string,int radix);	将整型数转换为字符串
strtod	double strtod (char * str, char * * endptr);	将字符串转换为 double 型
strtol	long strtol(char * str,char * * endptr,int base);	将字符串转换为长整型数
ultoa	char * ultoa(unsigned long value, char * string,int radix);	将无符号长整型数转换为字符串
exit	void exit(int status);	终止程序,并向主机环境提供状态代码
srand	void srand(unsigned int seed);	设置伪随机整数序列的起始点。相同的种子生成相同的伪随机数
rand	int rand();	返回从 0 到 RAND_MAX (32767) 范围内的一个伪随机整数。使用前应通过 srand 设置随机种子

7. 控制台命令(CMD)调用

在调用控制台命令(见表 D-8)时,应在程序段前面包含预处理命令:

```
#include <stdlib.h >
```

或

```
#include "stdlib.h"
```

调用控制台命令需要通过 system()函数,如表 D-7 所示。

表 D-7 system()函数

函数名	函数原型	功能说明
system	int system(char * command);	执行一个 CMD 命令,并返回执行结果代码

常见控制台命令(控制台命令不区分大小写)见表 D-8。

表 D-8 控制台命令

命令	含义
ASSOC	显示或修改文件扩展名关联
ATTRIB	显示或更改文件属性
CALL	从另一个批处理程序调用这一个

续表

命　令	含　义
CD	显示当前目录的名称或将其更改
CHDIR	显示当前目录的名称或将其更改
CHKDSK	检查磁盘并显示状态报告
CHKNTFS	显示或修改启动时间磁盘检查
CLS	清除屏幕
CMD	打开另一个 Windows 命令解释程序窗口
COLOR	设置默认控制台前景和背景颜色
COMP	比较两个或两套文件的内容
COPY	将至少一个文件复制到另一个位置
DATE	显示或设置日期
DEL	删除至少一个文件
DIR	显示一个目录中的文件和子目录
DOSKEY	编辑命令行、撤回 Windows 命令并创建宏
ECHO	显示消息，或将命令回显打开或关闭
ERASE	删除一个或多个文件
EXIT	退出 CMD.EXE 程序(命令解释程序)
FC	比较两个文件或两个文件集，并显示它们之间的区别
FIND	在一个或多个文件中搜索一个文本字符串
FINDSTR	在多个文件中搜索字符串
FOR	为一组文件中的每个文件运行一个指定的命令
FORMAT	格式化磁盘，以便用于 Windows
FTYPE	显示或修改在文件扩展名关联中使用的文件类型
GOTO	将 Windows 命令解释程序定向到批处理程序中某个带标签的行
GRAFTABL	使 Windows 在图形模式下显示扩展字符集
HELP	提供 Windows 命令的帮助信息
IF	在批处理程序中执行有条件的处理操作
LABEL	创建、更改或删除磁盘的卷标
MD	创建一个目录
MKDIR	创建一个目录
MODE	配置系统设备
MORE	逐屏显示输出

续表

命　　令	含　　义
MOVE	将一个或多个文件从一个目录移动到另一个目录
PATH	为可执行文件显示或设置搜索路径
PAUSE	暂停批处理文件的处理并显示消息
PRINT	打印一个文本文件
PROMPT	更改 Windows 命令提示
RD	删除目录
REM	记录批处理文件或 CONFIG.SYS 中的注释(批注)
REN	重命名文件
RENAME	重命名文件
REPLACE	替换文件
RMDIR	删除目录
ROBOCOPY	复制文件和目录树的高级实用工具
SET	显示、设置或删除 Windows 环境变量
SHUTDOWN	允许通过本地或远程方式正确关闭计算机
SORT	对输入排序
START	启动单独的窗口以运行指定的程序或命令
SUBST	将路径与驱动器号关联
SYSTEMINFO	显示计算机的特定属性和配置
TIME	显示或设置系统时间
TITLE	设置 CMD.EXE 会话的窗口标题
TREE	以图形方式显示驱动程序或路径的目录结构
TYPE	显示文本文件的内容
VER	显示 Windows 的版本
VERIFY	告诉 Windows 是否进行验证，以确保文件正确写入磁盘
VOL	显示磁盘卷标和序列号
XCOPY	复制文件和目录树

附录E

基于 VC ++ 2010 环境下的 C 语言程序运行步骤与方法

E. 1　C 程序运行步骤

C 语言是编译型语言，编写好一个后缀名为. c 的 C 程序源文件（例如取名为 test. c）后，经过编译、连接就可以生成一个后缀名为. exe 的可执行文件（即 test. exe）。具体运行步骤如图 E-1 所示。

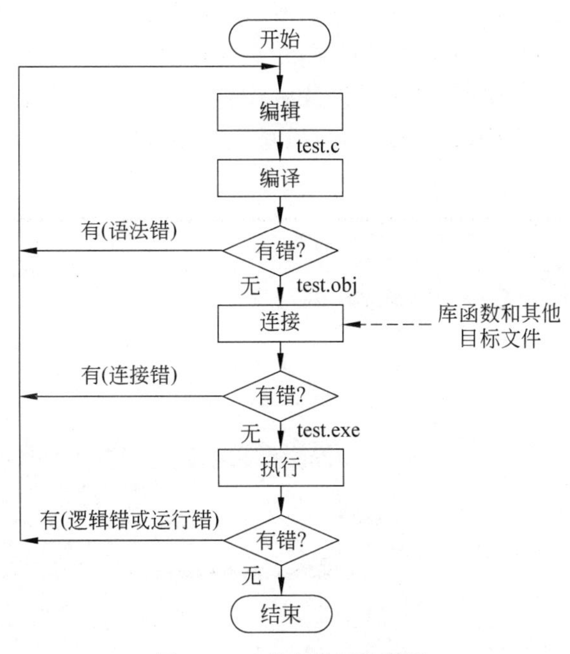

图 E-1　C 程序运行流程图

E.2 基于 VC++ 2010 环境 C 程序运行方法

VC++ 2010 为用户开发 C 和 C++ 程序提供了一个功能齐全的集成开发环境，能完成源程序的录入、编辑、修改和保存，源程序的编译和连接，程序运行期间的调试与跟踪，项目对源程序的自动管理等。

下面以 VC++ 2010 Express(以后简称 VC)为编程环境，介绍如何在 VC 环境下实现图 E-1 中的各条步骤。

1. 启动 VC 集成开发环境

启动 VC 可以采用以下两种方法之一：

方法 1 安装 VC 时，会询问用户是否在桌面上和快捷任务栏上安装图标。若选择是，则可从桌面或快捷任务栏直接进入 VC；

方法 2 若安装时没有选择同时安装图标或者图标被删除，则可从"开始"按钮中选择字母"M"集合，在其中找到"Microsoft Visual Studio 2010 Express"目录，在目录下可以找到 VC。可以右键拖动 VC 图标到桌面上或者到任务栏以快速重建图标。

打开 VC 后，通常会出现一个如图 E-2 所示的欢迎页面。可以单击"新建项目"来开始第一个 C 程序，也可以通过单击"打开项目"来打开过去创建的项目。如果之前打开过项目，则可以在下方"最近使用的项目"栏目里看到以往打开的项目列表。图 E-2 右侧是开发者社区栏目，是以网页形式呈现的，可以通过右侧社区栏目学习 VC，也可以和微软的开发者社区互动。

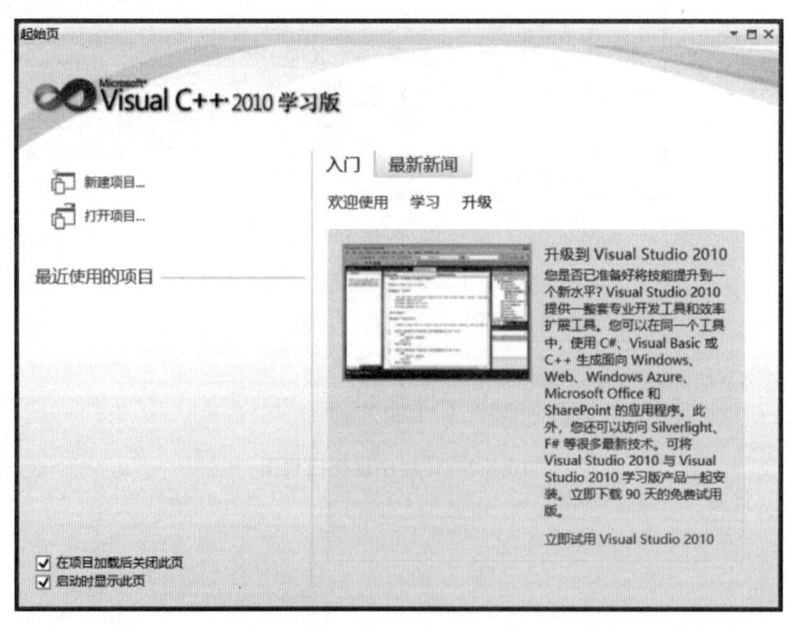

图 E-2　VC 欢迎界面

2. 创建第一个 VC 项目

在图 E-2 所示页面上单击“新建项目”，或者在 VC 主界面上从“文件”菜单中选择“新建->项目”，会弹出如图 E-3 所示的对话框。初学者应选择“Win32 控制台应用程序”项目类型，图 E-3 下方需要填入项目有关信息。在阅读本书时可以发现，在学习 C 语言的过程中会编写很多程序，这些程序都是按照章节号连续编号的，有些程序相互之间还有一定的相似和借鉴的地方，因此将每个章节的程序集中放在一起以便相互参照，对学习很有帮助。VC 环境提供了一种名叫“解决方案”的程序管理机制，这种管理机制把一些相关的程序放在一起以便于程序员快速切换和相互参照，可以利用这种机制将每个章节的程序全都放在一个解决方案中。例如，先在 D 盘根目录创建名为 CLearn 的文件夹；在学习本书第 1 章时，不妨创建一个名叫 ch1 的解决方案，将位置定位在 CLearn 目录下，别忘记勾选“为解决方案创建目录”；最后填入第一个项目，例如项目名为 ex1_1，如图 E-3 下方所示。

图 E-3 “新建项目”对话框

单击“确定”后会弹出应用程序向导，这个向导在创建复杂程序时很有用。不过初学者暂时还用不到那么复杂的内容。单击“下一步”，会出现“应用程序设置”，纯粹为学习 C 语言而创建项目时，应勾选“空项目”，应用程序类型则不要修改，如图 E-4 所示。

检查无误后，单击“完成”即可进入 VC 主界面，如图 E-5 所示。

下面准备在 ex1_1 项目中添加源程序。在图 E-5 左侧“解决方案资源管理器”的 ex1_1 上单击右键，在弹出的菜单中选择“添加->新建项”，如图 E-6 所示。以上过程也可以从“项目”菜单中选择“添加新项”来操作，如图 E-7 所示。此外，由菜单项可以看出，这个功能还可以通过快捷键 Ctrl+Shift+A 来调用。

在图 E-6 中选择“新建项”后，可打开“添加新项”对话框，如图 E-8 所示。在文件类型

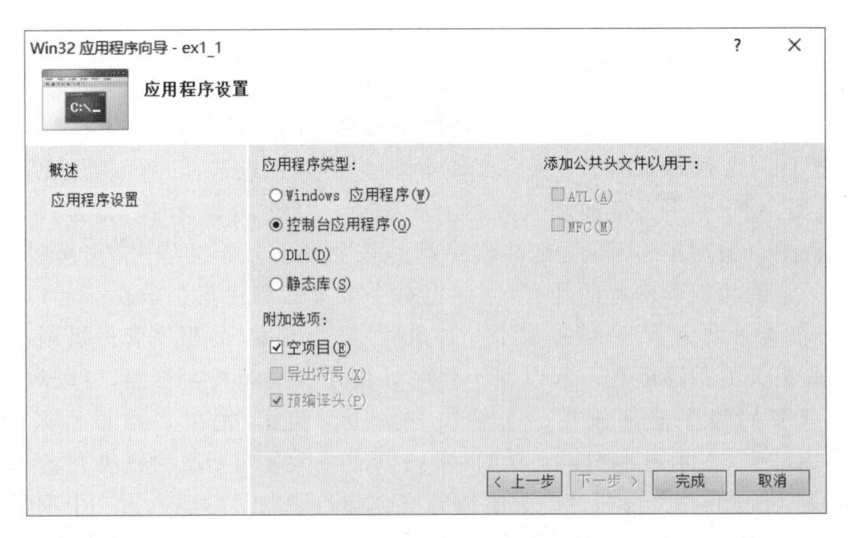

图 E-4　应用程序向导

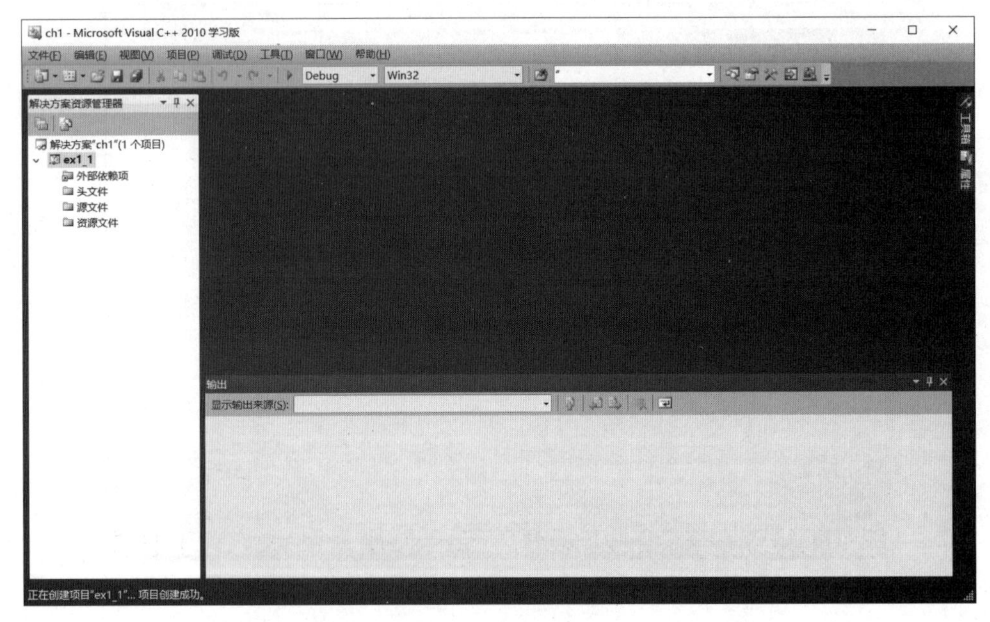

图 E-5　VC 主界面

中选择"C++ 文件",在名称中填入 ex1_1.c。注意文件名应完整地输入,包括后缀名。若不添加.c 后缀,则 VC 默认创建的是 C++ 源文件(后缀名为.cpp)。有些 C 语言特性在以.cpp 为后缀的文件中与以.c 为后缀的文件表现不一致,初学者容易混淆。

3. C 程序的编辑和编译

在创建了 C 源文件后,VC 会打开编辑窗口,如图 E-9 所示。可在编辑窗口中输入代码,例如在编辑窗口输入如图 E-9 中所示的代码。注意,因为编辑代码需要非常仔细,所以是一件辛苦的工作。如果因为各种随机原因,编辑了代码没有保存,那是非常遗憾的事

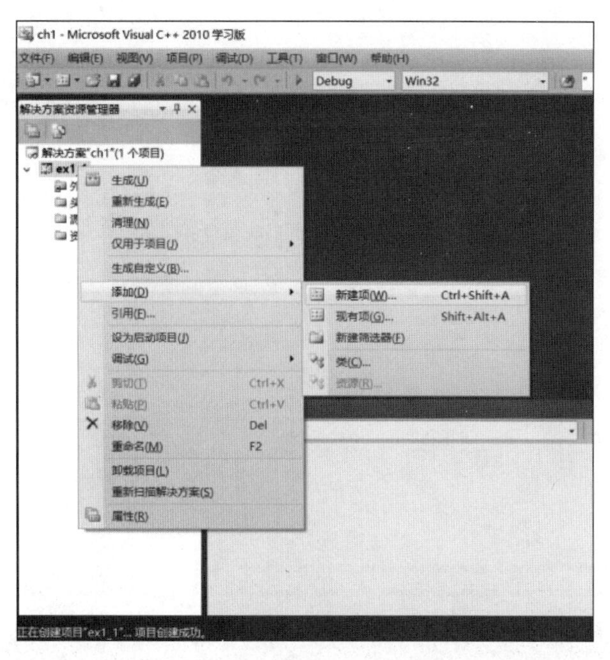

图 E-6　在弹出菜单中选择“添加”

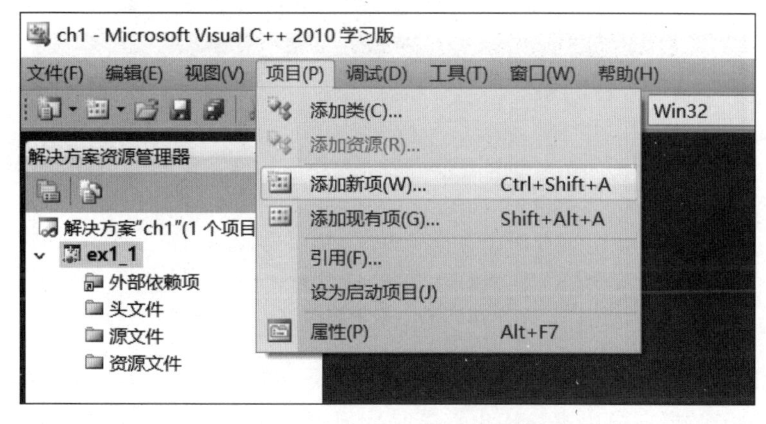

图 E-7　从“项目”菜单中选择“添加新项”

情,所以一定要记得及时保存。

在图 E-9 中可看到,当前所编辑的文件名出现在编辑窗口标题上,文件名后显示的星号(*)表示当前文件还没有保存。在执行一段时间的编辑工作后,应及时按下 Ctrl+S 键,或者选择菜单中的“文件->保存”选项,或者选择工具栏上的磁盘图标来保存当前编辑的内容。在标题下方是快速引导栏,对于初学者暂时还用不到。在编辑区左下角有缩放栏,若是觉得 VC 字体太小看不清,或者字体太大导致每屏幕显示的信息量太小,可以单击下拉框选择一个合适的缩放比例。

程序编辑好后,首先应该人工浏览程序代码以检查错误。编译程序只能检查一些简单的语法错误,有些错误是计算机不能检查出来的。如果直接交给计算机检查错误,很可能会将一些错误带入后期,从而使排错的代价增加。

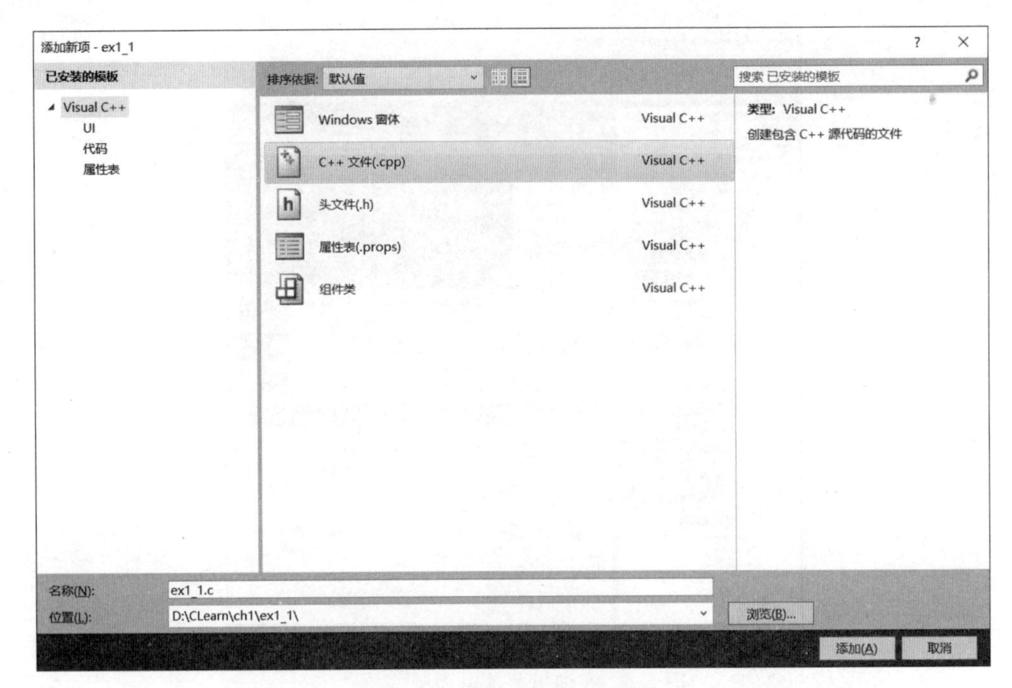

图 E-8 “添加项目”对话框

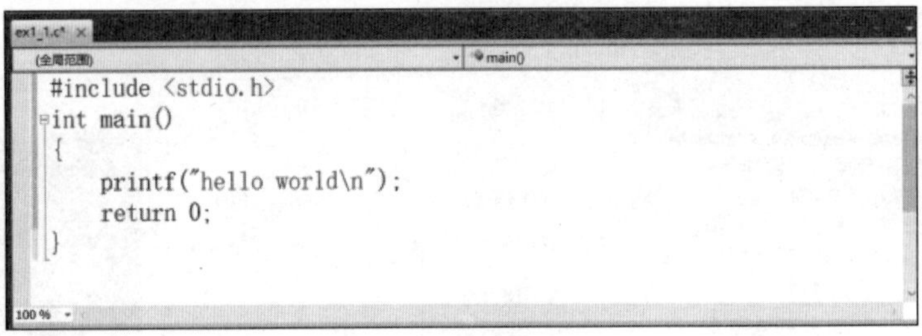

```
#include <stdio.h>
int main()
{
    printf("hello world\n");
    return 0;
}
```

图 E-9 编辑窗口

在人工浏览大致无误后，可由编译器检查错误。按下 Ctrl+F7 键来编译当前源代码，VC 会将编译结果在输出窗口输出。若是代码正确无误，其输出如图 E-10 所示。

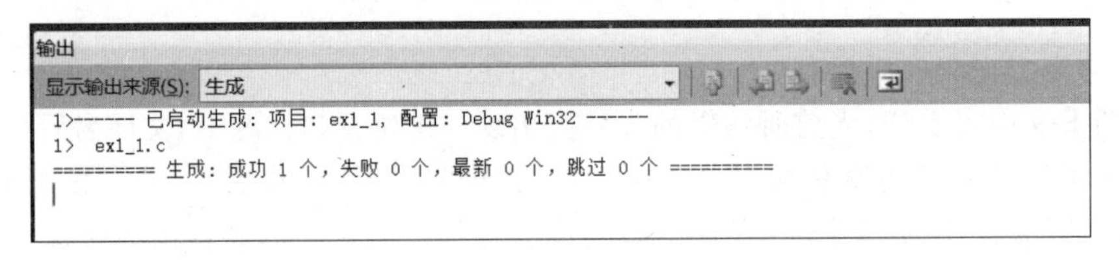

图 E-10 编译结果正确

若是程序代码有语法错误，在编译过程中会检查出来，并同样呈现在输出窗口。例如，若是在输入上述代码时不慎将 printf 后的双引号输入成中文符号，这种错误凭眼睛很难看出来，而在录入代码时，VC 已经发现可能存在问题了，且会以波浪线标出，如图 E-11 所示。

对于这类错误，在编译过程中会检查出来并在输出栏给出错误提示，如图 E-12 所示。

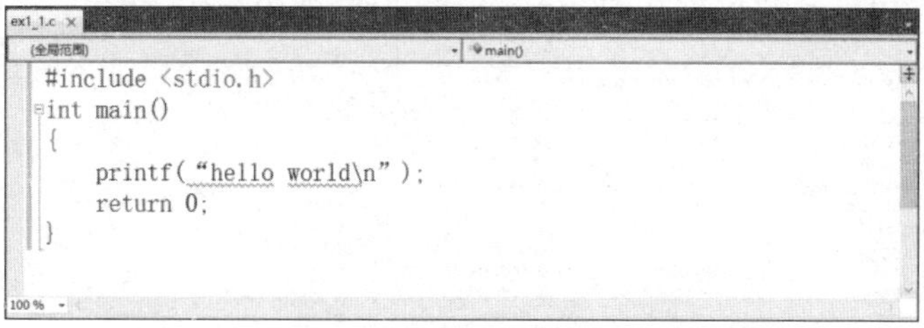
ex1_1.c
(全局范围)
main()
#include <stdio.h>
int main()
{
printf(“hello world\n”);
return 0;
}
100 %

图 E-11　含有语法错误的代码

与经典的 VC++ 6.0 相比，VC++ 2010 中文版的错误提示已经支持中文显示了，对于初学者，理解出错信息是个利好信息。

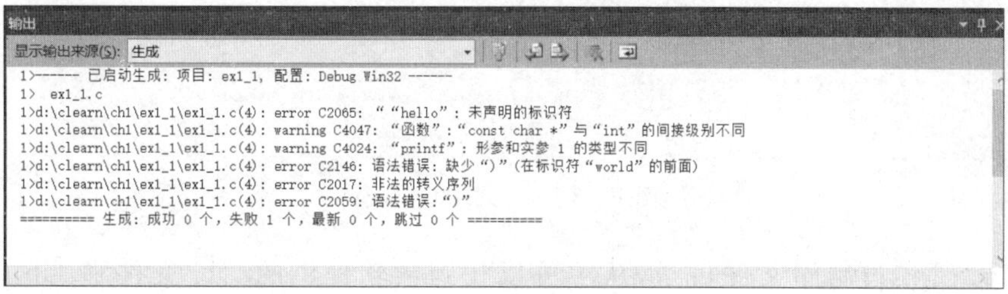
输出
显示输出来源(S): 生成
1>------ 已启动生成: 项目: ex1_1, 配置: Debug Win32 ------
1> ex1_1.c
1>d:\clearn\ch1\ex1_1\ex1_1.c(4): error C2065: ““hello”: 未声明的标识符
1>d:\clearn\ch1\ex1_1\ex1_1.c(4): warning C4047: “函数”:“const char *”与“int”的间接级别不同
1>d:\clearn\ch1\ex1_1\ex1_1.c(4): warning C4024: “printf”: 形参和实参 1 的类型不同
1>d:\clearn\ch1\ex1_1\ex1_1.c(4): error C2146: 语法错误: 缺少“)”(在标识符“world”的前面)
1>d:\clearn\ch1\ex1_1\ex1_1.c(4): error C2017: 非法的转义序列
1>d:\clearn\ch1\ex1_1\ex1_1.c(4): error C2059: 语法错误:“)”
========== 生成: 成功 0 个，失败 1 个，最新 0 个，跳过 0 个 ==========

图 E-12　编译出错信息

观察图 E-11 中的程序和图 E-12 中的出错信息可以发现，源程序中只有一行错误，但是在输出栏中却出现了六行出错信息。这往往是由于前面的出错信息带来的衍生错误。因此改错时，通常只需要修改第一个出现的错误，然后再编译，则出错信息就会少了很多衍生错误。若是还有错误，再继续修改第一个错误，反复操作，即可快速编译完代码。

编译出错信息有 error 和 warning 两类，其中 error 类的出错信息说明源程序中肯定有错误，必须修改源程序，否则编译仍然出错；warning 类的出错信息说明源程序中可能存在潜在的错误，不影响目标文件的生成，但存在风险。所以提倡用户把 warning 错误当成 error 错误来处理，直到输出栏出现“0 error”和“0 warning”信息为止。对于本程序而言，一共才六行代码，因此寻找第一个出错点位置是很轻松的。但如果源程序中代码行较多，根据输出栏的出错信息来查找出错点就有点累眼睛。可以在输出栏双击错误输出的行，则 VC 会自动跳转到出错点。也可以按下 F4 或者 Shift＋F4 快捷键来寻找下一个错误或者前一个错误。当所有的语法错误都修正完毕后，再执行编译，即可得到后缀名为.obj 的目标文件。例如对于源文件名为 ex1_1.c 的第一个 C 语言程序，编译的结果将得到 ex1_1.obj 文件。

4. 对 C 项目进行连接

连接的含义是将本程序用到的一些其他的目标文件、系统支持的库函数等资源合并到一起，生成后缀名为.exe 的可执行文件。例如正在编译的 ex1_1.c 源程序文件，程序中使用了 printf 这个标准输入输出函数，因此在源程序中需要添加＃include ＜stdio.h＞，使在连接过程中，VC 要将这个标准输入输出的二进制代码连接到程序中。

在 VC 的安装目录中可以找到大量的库文件和头文件。＜include＞是头文件目录，里面有大量的头文件，从中可以找到 stdio.h 头文件，如图 E-13 所示。

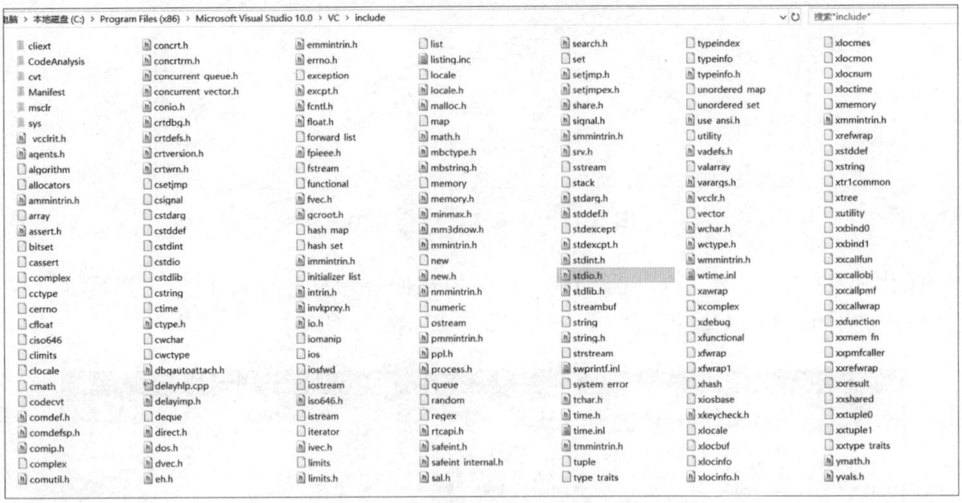

图 E-13　＜include＞目录

＜lib＞是二进制库文件目录，从中可以找到微软提供的.obj 文件和.lib 文件，如图 E-14 所示。.lib 文件是一种特殊的.obj 文件，编译系统发布的常用的二进制库文件往往以.lib 形式提供。从 VC 的库文件目录中可以找到 msvcrt.lib，printf 输入输出所用到的二进制代码就在这个文件中。初学者并不需要了解具体会用到哪个二进制库，VC 连接程序会自动搜索并连接到所需要的库。

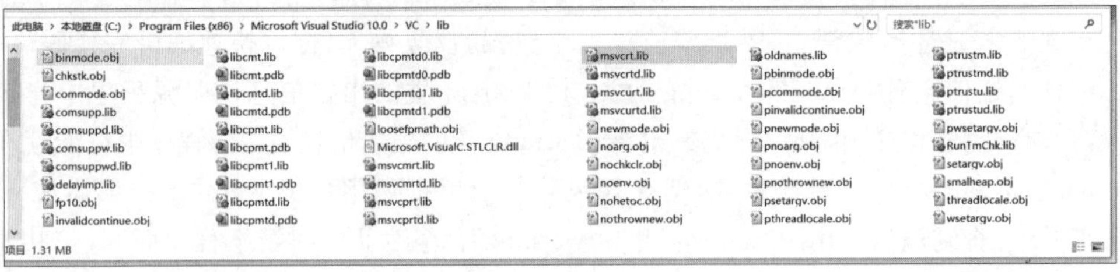

图 E-14　＜lib＞目录

如前操作，当源代码已经编译正确后，可以按 F7 键连接所有的目标文件并生成可执行文件 ex1_1.exe。在过去的老版本的 C 语言编译器中，编译和连接是两个不同的步骤，若是当前代码还存在语法错误，则编译不能通过，是无法进入连接阶段的。随着计算机性能增强，连接操作也越来越智能化，VC 编译器合并了这两个步骤，统称为“生成”。在“生成”菜单中可找到“生成解决方案”的选项，或者在“解决方案资源管理器”窗口中右击 ex1_1 的名字，然后选择“生成”。

当上述所有步骤都正确通过后，“生成”操作的输出栏如图 E-15 所示。

程序编译正确后，会在解决方案的 Debug 或 Release 目录中生成对应的可执行文件。图 E-16 所示是仅包含一个项目的解决方案的目录示意。其中 ex1_1 是刚刚创建的项目目录，而 debug 是编译正确后可执行文件保存的位置。若是解决方案中有项目设置为

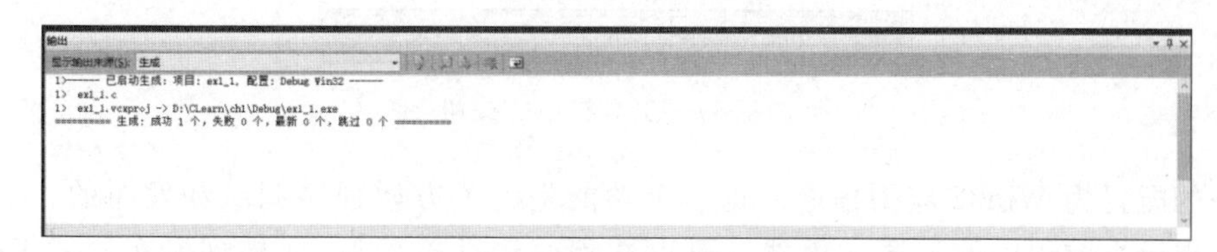

图 E-15 “生成”操作的输出栏

Release 模式，则还会增加一个 Release 目录。若解决方案中有多个项目，这些项目的可执行文件都保存在 Debug 或 Release 目录下。

电脑 › 新加卷 (D:) › CLearn › ch1　　搜索"ch1"

名称	修改日期	类型	大小
Debug	2018/02/08 星期...	文件夹	
ex1_1	2018/02/08 星期...	文件夹	
ipch	2018/02/08 星期...	文件夹	
ch1.opensdf	2018/02/08 星期...	OPENSDF 文件	0 KB
ch1.sdf	2018/02/08 星期...	SQL Server Compact Edition Databa...	1,620 KB
ch1.sln	2018/02/07 星期...	Microsoft Visual Studio Solution	1 KB
ch1.suo	2018/02/08 星期...	Visual Studio Solution User Options	8 KB

图 E-16 仅包含一个项目的解决方案的目录

5. 执行和调试程序

根据前面选择的 C 程序的类型不同，生成的.exe 文件执行方式也略有不同。控制台应用程序主要适用于控制台场合，即需要进入到命令提示符中执行。控制台模式，或者说命令提示符模式下，人机交互主要通过命令来完成，这就要求掌握一些控制台命令，这对初学者有一定的难度。VC 是一款集成开发环境(IDE)，它集合了编辑、编译、执行、调试和管理等多个功能，因此具有强大的功能，也方便了初学者的使用。

一般情况下，程序员所开发的程序不会如 ex1_1.c 源程序那样简单，往往是一个复杂的任务。在开发过程中，可能会遇到各种各样的问题，包括编译时的语法错误，调用错误的库函数，使用了错误的算法，没有考虑到操作系统是 32 位还是 64 位等问题。因此，开发程序是复杂的工作，需要反复调试正确后才可交付用户使用。交付使用的程序要求具有良好的执行效率，而调试状态下的程序要求能处理各种异常的情况，因此可执行文件就有调试状态 Debug 和发布状态 Release 两种。调试状态 Debug，要求能将各种异常和错误情况反馈给开发者；发布状态 Release，要求程序经过优化后适应用户的环境。程序在编译连接正确后，首先要在 Debug 状态下测试运行，并且尽量排除可能的错误(bug)，最后确信无误后才再次编译为 Release 发布模式，以便交付用户使用。由于初学者编写的程序相对简单，Debug 模式和 Release 模式差别不大。

在 VC 环境中执行应用程序，可以先从简单的入手。当 ex1_1.c 程序编译连接都正确后，可看到在工具栏中有如图 E-17 所示的一排按钮。

图 E-17 左侧箭头按钮是调试方式下执行，中间是设置程序处于调试模式，右侧是应

图 E-17　工具栏中的按钮

用程序的配置为 Win32 应用程序。这三个功能是为了方便程序调试和发布的。下拉框 Debug 表示当前程序处于调试模式。可以在程序调试正确后，切换到发布模式 Release 来重新编译程序，生成更好更快更优秀的代码。在专业版以上的 VC 中，右侧的应用程序配置可以选择 Win32 或者 Win64，以便选择生成 32 位应用程序或者 64 位应用程序。64 位应用程序只能在 64 位操作系统(例如 Win10 的 64 位版本)下运行，而 32 位应用程序在 32 位操作系统和 64 位操作系统下都可运行。64 位应用程序具有更大的可用内存和更好的运行速度，有些高消耗资源的程序只能编译成 64 位应用程序。随着 64 位操作系统越来越流行，将来应用程序改版为 64 位应用程序是一个趋势。VC++ 2010 Express 只能生成 32 位应用程序，对于初学者已经足够了。

按下 F5 键或者单击图 E-17 中左侧的箭头按钮来执行程序，可是执行结果却看不到。这是因为学习 C 语言编写的程序，大多数是控制台模式的程序，在 VC 下面执行完毕后会立即关闭，导致看不到结果。为了能看到运行结果，有以下几种解决方案。

方法 1　在程序末尾添加一段输入的代码，例如在 ex1_1.c 中添加一行代码 getchar();，这样在程序结束前会等待用户的输入，在用户输入之前程序界面会停留在屏幕上。如图 E-18 所示。

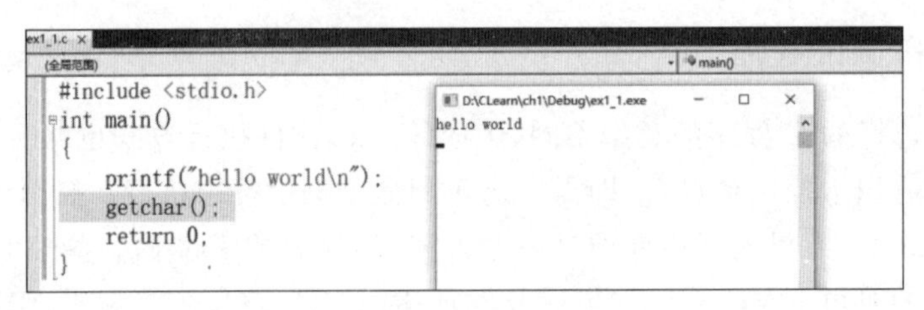

图 E-18　在程序末尾添加一段输入的代码

这种方法的缺点是使用了额外的输入语句，要求用户有多余的输入，在某些情况下与题目的要求不一致。

方法 2　使用"开始执行(不调试)"命令。由于该命令被微软隐藏起来了，不在菜单中，因此程序编译正确后，按下 Ctrl+F5 键可以直接执行程序。执行结果如图 E-19 所示。

图 E-19　使用"直接执行"命令

使用“开始执行(不调试)”命令会在程序结束的地方显示“请按任意键继续…”的字样，这行输出并不是程序本身的输出结果，初学者应当注意。

VC可以通过编辑菜单的方式在工具栏或菜单栏显示“开始执行(不调试)”命令。在工具栏的空白处单击右键，如图E-20所示，选择“自定义”命令打开如图E-21所示的“自定义”对话框，在“自定义”对话框中选择“命令”选项，在工具栏中选择“调试”，单击“添加命令”，调出如图E-22所示的“添加命令”对话框，在类别中找到“调试”，然后在右侧命令中找到“开始执行(不调试)”，单击“确定”后，该命令便被添加到前面所选择的“调试”控件里，最后关闭“自定义”对话框，可以发现现在在VC工具栏中增加了一个“开始执行(不调试)”的按钮，如图E-23所示。单击这个按钮即可实现前述功能，并且以后可以一直使用这个按钮。

图E-20　右击工具栏空白处弹出快捷菜单

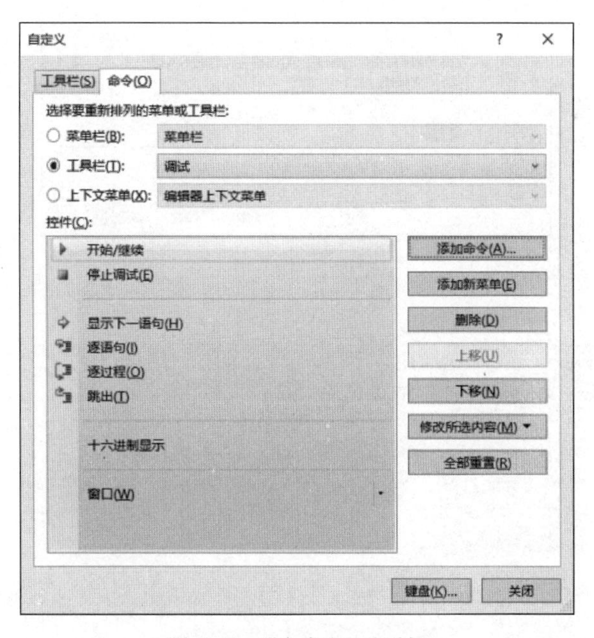

图E-21　“自定义”对话框

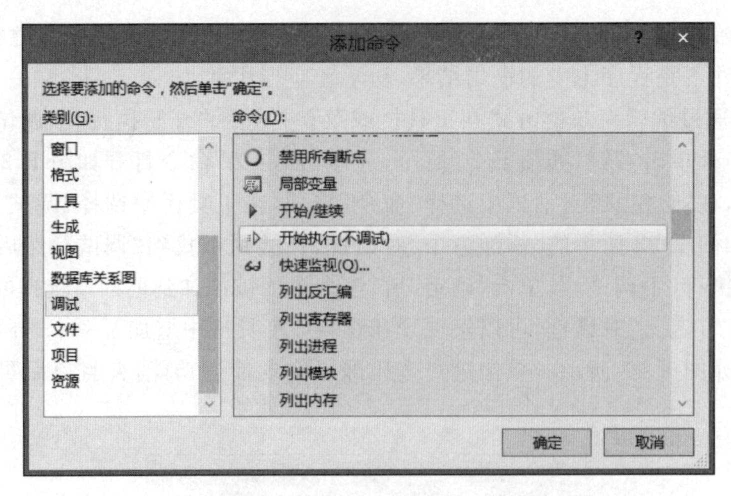

图 E-22 "添加命令"对话框

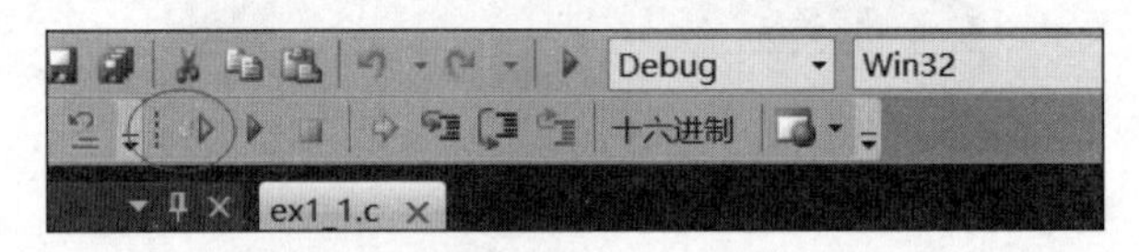

图 E-23 "开始执行(不调试)"按钮

方法 3 通过命令提示符执行。在 Windows 下同时按下 WIN＋R 键，弹出如图 E-24 所示的"运行"框，在"运行"框中输入 cmd 后按"确定"，即进入命令提示符，如图 E-25 所示。

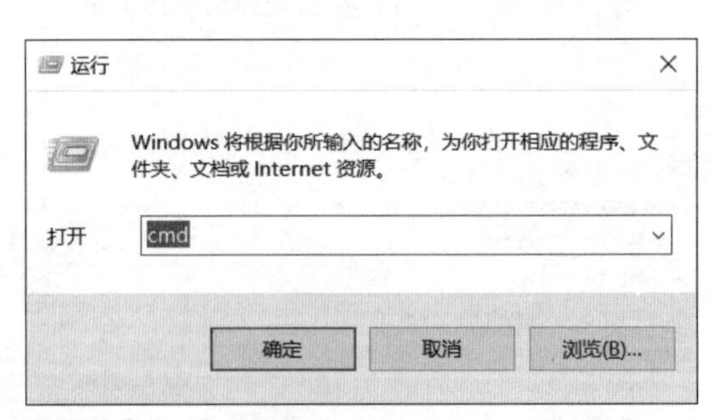

图 E-24 "运行"框

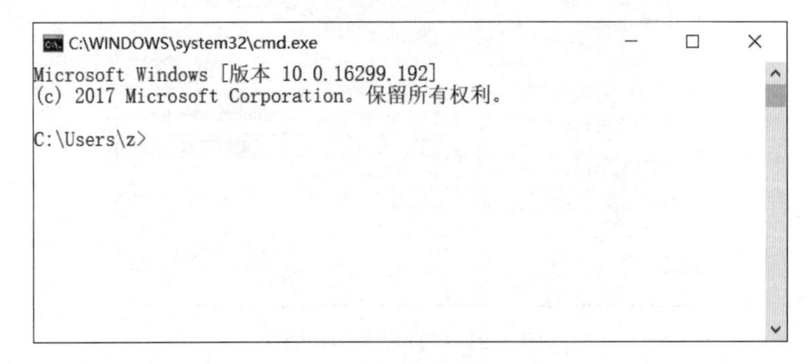

图 E-25 进入命令提示符

命令提示符初进入时，默认在 C 盘下的用户目录中。由于可执行文件放在 D 盘根目录下，故首先需要切换到 D 盘，即输入“D:”，然后回车表示切换到 D 盘。由于前面的解决方案目录是创建在 CLearn 下的 ch1，于是使用命令“cd CLearn\ch1”进入解决方案的目录，使用命令“dir”可以看到解决方案的目录，再次使用命令“cd\Debug”进入 Debug 目录，可以使用命令“dir”观察其中的可执行文件，可执行文件具有.exe 后缀名，可以看到当前只有一个可执行文件(ex1_1.exe)。可以直接输入可执行文件的名字来执行程序。如图 E-26 中标红圈的部分即为用户输入的命令。

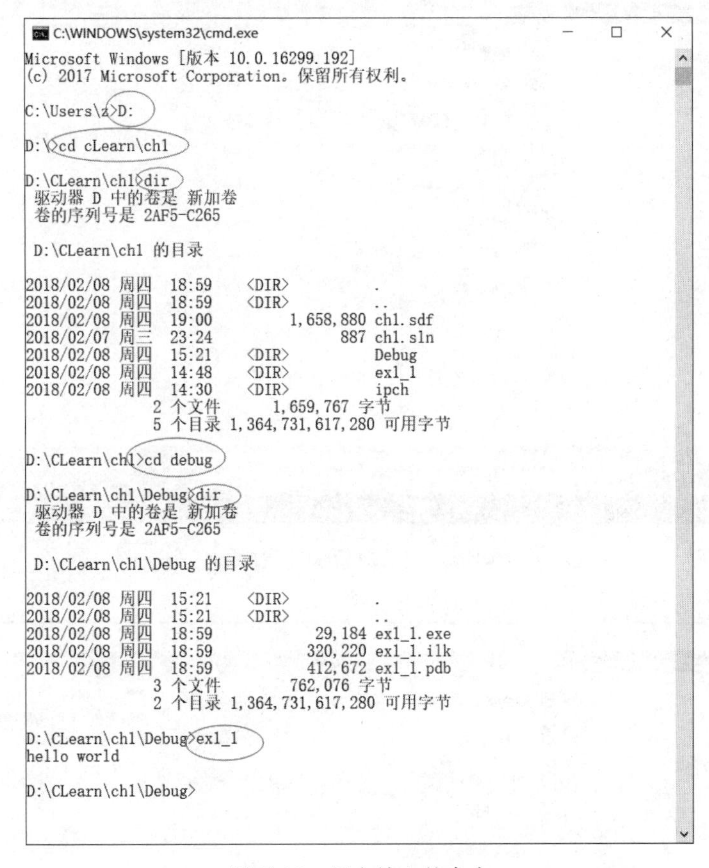

图 E-26　用户输入的命令

6. 编写更多的 C 程序

在一次编程练习过程中，往往需要编辑调试多个 C 程序。由于同一个项目中包含多个.c 源文件，容易相互冲突，特别是初学者练习 C 程序时，每个程序都有自己的 main 函数。如果这些程序都放在一个项目中，就会导致在连接时不知道调用哪个 main 函数的矛盾。因此，初学者在练习编写 C 程序时，应该为每个 C 程序单独创建一个控制台项目。

如前所述，当调试运行完第一个 ex1_1.c 源文件程序后，可以准备编写第二个程序。在 VC 的“解决方案资源管理器”中右击最上一行的解决方案的名字(这里是 ch1)，在弹出菜单中选择“添加->新建项目”，打开“添加新项目”对话框，如图 E-27 所示。也可以在

“文件”菜单中选择“新建->项目”,打开“新建项目”对话框,如图 E-28 所示。这两种方法弹出的对话框很相似,但是在菜单中选择“新建”时,弹出的菜单默认是创建新的解决方案,这不是所想要的。因此要用第一种方法,即右击解决方案的名字,在弹出菜单中选择“添加->新建项目”。在新的项目名称中填入 ex1_2。注意项目类型要选“Win32 控制台应用程序”,不要选错。单击“确定”后,可以类似第一个项目,依照应用程序向导的帮助,生成一个空项目,然后向其中添加新的源文件 ex1_2.c,再编辑。结果如图 E-29 所示。

图 E-27 “添加新项目”对话框

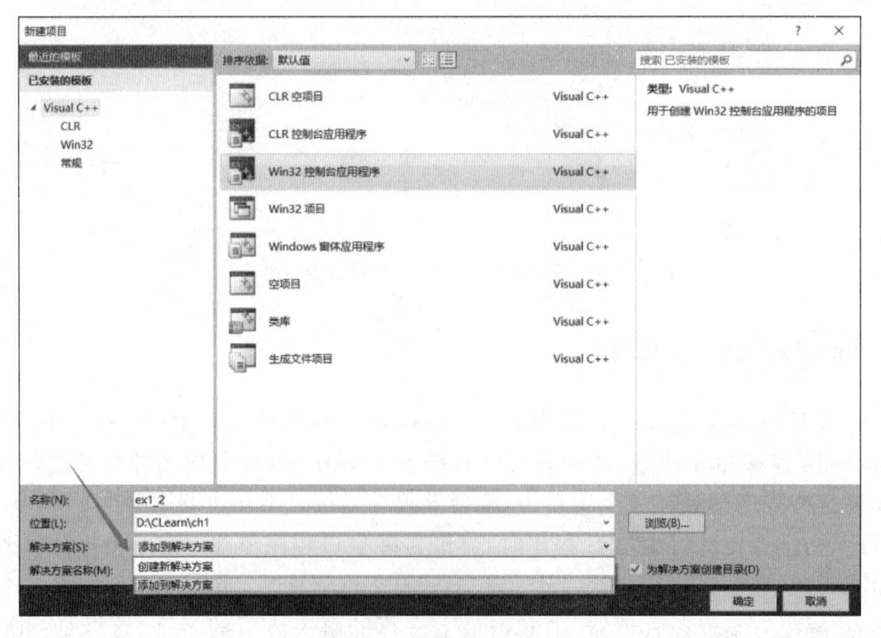

图 E-28 “新建项目”对话框

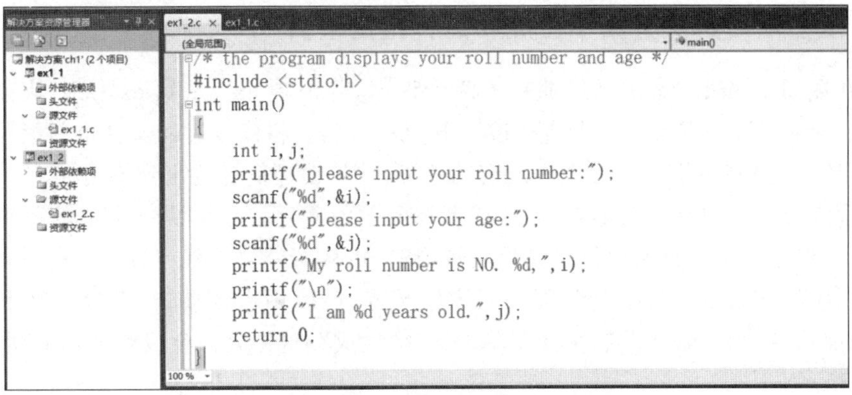

```
/* the program displays your roll number and age */
#include <stdio.h>
int main()
{
    int i,j;
    printf("please input your roll number:");
    scanf("%d",&i);
    printf("please input your age:");
    scanf("%d",&j);
    printf("My roll number is NO. %d,",i);
    printf("\n");
    printf("I am %d years old.",j);
    return 0;
}
```

图 E-29　添加新的源文件 ex1_2.c

编辑完毕后可以对 ex1_2.c 进行编译，输出栏显示内容如图 E-30 所示。

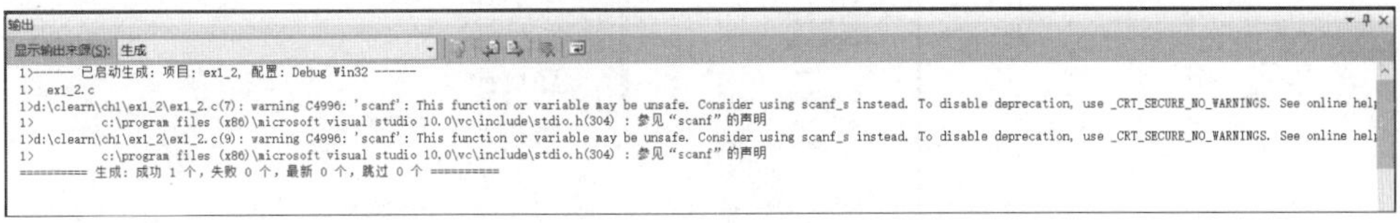

```
1>------ 已启动生成: 项目: ex1_2, 配置: Debug Win32 ------
1>  ex1_2.c
1>d:\clearn\ch1\ex1_2\ex1_2.c(7): warning C4996: 'scanf': This function or variable may be unsafe. Consider using scanf_s instead. To disable deprecation, use _CRT_SECURE_NO_WARNINGS. See online hel
1>          c:\program files (x86)\microsoft visual studio 10.0\vc\include\stdio.h(304) : 参见"scanf"的声明
1>d:\clearn\ch1\ex1_2\ex1_2.c(9): warning C4996: 'scanf': This function or variable may be unsafe. Consider using scanf_s instead. To disable deprecation, use _CRT_SECURE_NO_WARNINGS. See online hel
1>          c:\program files (x86)\microsoft visual studio 10.0\vc\include\stdio.h(304) : 参见"scanf"的声明
========== 生成: 成功 1 个，失败 0 个，最新 0 个，跳过 0 个 ==========
```

图 E-30　对 ex1_2.c 进行编译

可以看到编译时会给出警告，认为 scanf 是不安全的函数，要求使用更加安全的 scanf_s。这是 C 语言的标准化协会对传统 C 语言的更新。为了和大多数 C 语言经典教材兼容，同时也为了简化教学内容，以免初学者过早涉足较深的知识内容，本教材暂时不涉及安全函数。初学者可以忽略这个警告。

不过如果程序中有很多输入输出，在后面的章节中还会有很多函数被提示不安全，大量的不安全函数警告有可能会淹没真正的错误信息。为了简化编译消息输出，可以在源程序的第一行前面添加一行代码"#define _CRT_SECURE_NO_WARNINGS"，如图 E-31 所示，这样就可以阻止这些警告的发生。以后每个学习用的源代码前面都可以复制这行代码以避免不必要的警告。注：#define 后面的字符可以直接从刚才的警告输出中复制粘贴。

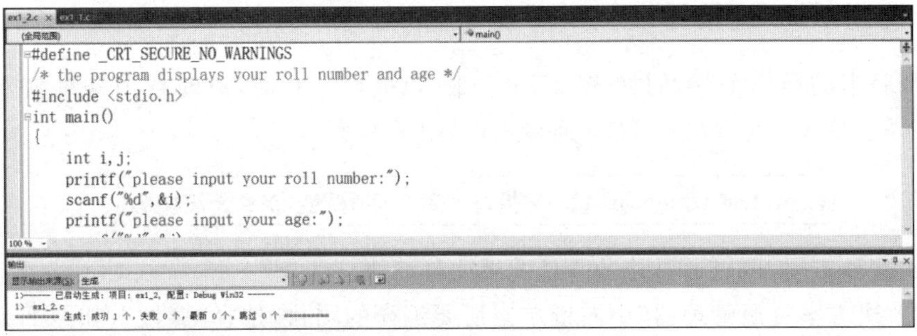

```
#define _CRT_SECURE_NO_WARNINGS
/* the program displays your roll number and age */
#include <stdio.h>
int main()
{
    int i,j;
    printf("please input your roll number:");
    scanf("%d",&i);
    printf("please input your age:");
```

```
1>------ 已启动生成: 项目: ex1_2, 配置: Debug Win32 ------
1>  ex1_2.c
========== 生成: 成功 1 个，失败 0 个，最新 0 个，跳过 0 个 ==========
```

图 E-31　阻止不安全函数警告

7. 从多项目解决方案中生成和运行指定项目

现在在 ch1 解决方案中已经拥有了两个程序，分别是 ex1_1 和 ex1_2。从菜单中选择“生成->生成解决方案”，或者直接按下 F7 快捷键，会将修改过的文件重新编译。如果有必要，VC 会重新编译解决方案中所有的项目，并将编译信息输出到输出栏。

编程练习时往往有一大堆未完工，或者有问题的程序。当解决方案中的程序越来越多时，这些程序统统会将错误信息输出到输出窗口，从而分散了程序员对当前正在编写的程序的纠错的注意力。为了避免无关程序的干扰，可以用右键单击“解决方案资源管理器”中当前项目的名称，然后从快捷菜单中选择“生成”，这样就只生成所选择的项目了，如图 E-32 所示。

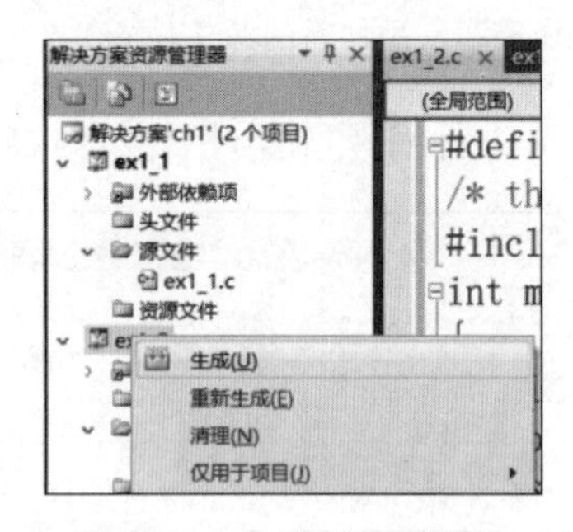

图 E-32 生成所选择项目

如果打算在 VC 开发环境中运行当前程序(即前述的方法 1 和方法 2)，而在解决方案中有两个以上的项目时，要注意当前的启动项目是哪一个。启动项目是选择命令“执行”和“开始执行”时所执行的程序，在“解决方案资源管理器”中以黑体字显示。如图 E-32 所示，解决方案 ch1 中有 ex1_1 和 ex1_2 两个项目，而 ex1_1 是黑体字，所以不管当前编辑和编译的是 ex1_1.c 还是 ex1_2.c，执行的都是 ex1_1 程序。若要执行 ex1_2 程序，需要在 ex1_2 上右击，选择“设为启动项目”，或者在编辑 ex1_2.c 文件时，在“项目”菜单中选择“设为启动项目”。

反之，如果在将来某个时刻又想回过头看看 ex1_1 的执行情况，或者重新编译调试 ex1_1，则可以依此办理，在 ex1_1 上单击右键并设置为启动项目。

8. 遇到 1123 连接错误(COFF 错误)的处理

在低版本的操作系统，例如 Win7 上安装 VC++ 2010 时，有时候因系统软件安装不全，在编译连接 VC 时会出现 1123 连接错误，如下所示：

```
LINK: fatal error LNK1123: 转换到 COFF 期间失败: 文件无效或损坏
```

遇到这种错误，可以通过修改 VC 配置文件解决。

在“解决方案资源管理器”中右键单击所要编译的项目，选择“属性”，如图 E-33 所示，在弹出的属性页(如图 E-34 所示)中，选择左侧“配置属性->清单工具->输入和输出”。在右侧“嵌入清单”选择框中，选择“否”，则该连接错误可解决。

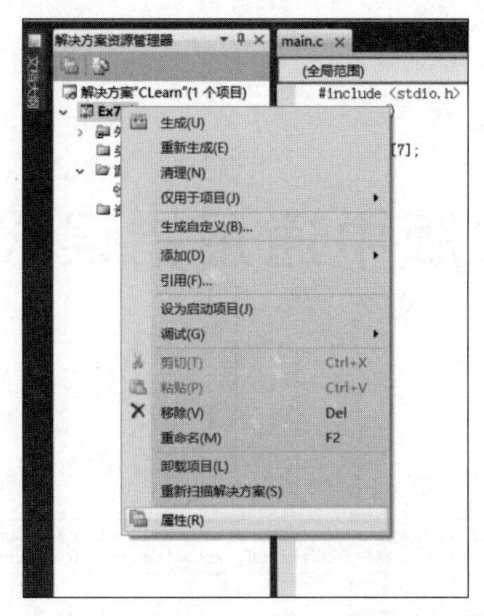

图 E-33　选择"属性"菜单

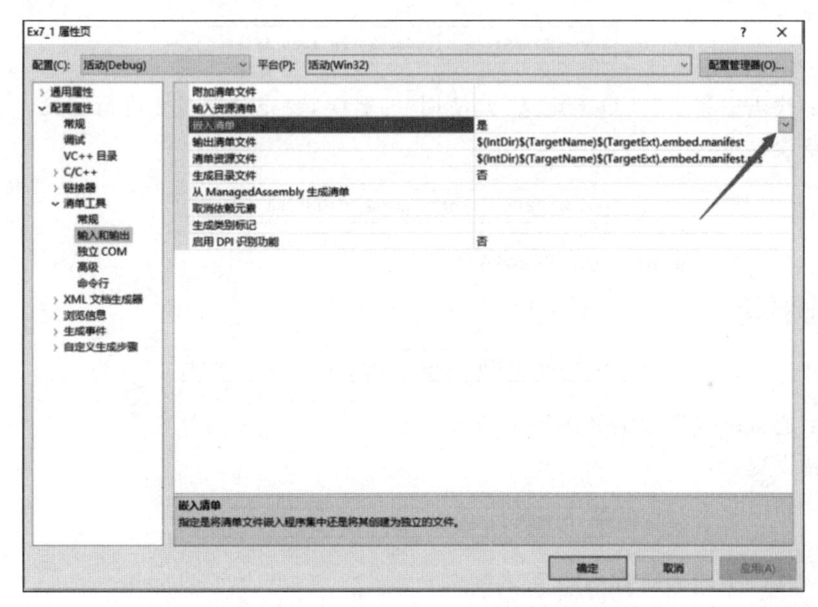

图 E-34　"属性页"窗口

附录F

VC 英文版中通用错误代码分析

(1) 错误提示:

```
warning C4013: 'printf' undefined; assuming extern returning int
warning C4013: 'scanf' undefined; assuming extern returning int
```

分析:代码中漏掉了#include <stdio.h>或#include "stdio.h"预处理命令。

(2) 错误提示:

```
error C2065: 'a' : undeclared identifier
```

分析:代码中犯了"变量未定义,就使用"的错误,要先对变量 a 进行定义。

(3) 错误提示:

```
error C2146: syntax error : missing ';'
```

分析:代码某条语句缺少;(分号)。

(4)错误提示:

```
fatal error C1004: unexpected end of file found
```

分析:通常是代码中某处漏掉了}(大括号)。

(5) 错误提示:

```
error C2181: illegal else without matching if
```

分析:代码中的 else 没有 if 与之配对。

(6) 错误提示:

```
warning C4101: 'j' : unreferenced local variable
```

分析:代码中变量 j 虽然定义了,但是代码中从未使用它,去掉变量 j 的定义。

(7) 错误提示:

```
warning C4700: local variable 't' used without having been initialized
```

分析:当 t 是普通变量时,可能犯了"普通变量先定义,后使用原则";当 t 是指针变量时,可能犯了"指针变量先定义,后赋值,再使用原则"。

(8) 错误提示：

```
fatal error C1083: Cannot open include file: 'tdio.h': No such file or directory
```

分析：编译器找不到代码中指定的头文件"tdio.h"。

(9) 错误提示：

```
error C2106: '=' : left operand must be l-value
```

分析：代码中赋值运算符左边(左值)必须是变量。

(10) 错误提示：

```
error C2086: 'i' : redefinition
```

分析：代码中的变量 i 被重复定义了。

(11) 错误提示：

```
error C2054: expected '(' to follow 'main'
```

分析：代码中 main 函数漏掉了()。

(12) 错误提示：

```
error C2050: switch expression not integral
```

分析：代码 switch 后面的表达式必须是整型或字符型。

(13) 错误提示：

```
error C2051: case expression not constant
```

分析：代码中 case 后面的表达式必须是常量。

(14) 错误提示：

```
error C2198: 'max' : too few actual parameters
```

分析：代码中的 max 函数调用少了实际参数。

(15) 错误提示：

```
warning C4020: 'max' : too many actual parameters
```

分析：代码中的 max 函数调用多了实参。

(16) 错误提示：

```
warning C4244: '=' : conversion from 'const double ' to 'int ', possible loss of data
```

分析：代码中发生了隐式数据类型转换，将 double 型转换成 int 型，可能产生数据信息丢失。

(17) 错误提示：

```
error C2018: unknown character '0xa3'
error C2018: unknown character '0xbb'
```

分析：代码中出错行含有中文的;(分号)。

(18) 错误提示：

```
error C2232: '->i' : left operand has 'struct' type, use '.'
```

分析：代码中运算符->的左边必须是指针类型。

(19) 错误提示：

```
fatal error LNK1168: cannot open Debug/Text1.exe for writing
```

分析：链接错误，把任务栏中的运行程序窗口关闭掉。如果任务栏中没有该窗口，则打开任务管理器，在"进程"标签中找到 Text1.exe，并关闭该进程。

参 考 文 献

［1］ 谭浩强.C程序设计［M］.4版.北京：清华大学出版社，2010.

［2］ Ivor Horton.C语言入门经典［M］.5版.杨浩，译. 北京：清华大学出版社，2013.

［3］ 苏小红，等.C语言程序设计教程［M］.北京：电子工业出版社，2002.

［4］ 徐士良.C语言程序设计教程［M］.2版.北京：人民邮电出版社，2003.

［5］ 张基温.C语言程序设计案例教程［M］.北京：清华大学出版社，2007.

［6］ 崔武子，等.C程序设计教程［M］.2版. 北京：清华大学出版社，2007.

［7］ 甘玲，等.解析C程序设计［M］.北京：清华大学出版社，2007.

［8］ 陈朔鹰，等.C语言程序设计习题集［M］.北京：人民邮电出版社，2000.

［9］ Schildt H. ANSI C标准详解［M］.王曦若，等译.北京：学苑出版社，1994.

［10］ Brian W Kernighan，Dennis M Ritchie.C程序设计语言［M］.2版.徐宝文，李志，译.北京：机械工业出版社，2007.

［11］ Petter Prinz，Tony Crawford.C语言核心技术［M］.袁野，译.北京：机械工业出版社，2007.

［12］ Ivor Horton. Visual C++ 2010入门经典［M］.5版.苏正，李文娟，译.北京：清华大学出版社，2010.

［13］ 张晓民.VC++ 2010应用开发技术［M］. 北京：机械工业出版社，2016.